Springer-Lehrbuch

Hans-Jürgen Warnecke

Der Produktionsbetrieb 2

Produktion, Produktionssicherung

Dritte, unveränderte Auflage
mit 173 Abbildungen

Springer-Verlag
Berlin Heidelberg NewYork
London Paris Tokyo
HongKong Barcelona Budapest

Prof. Dr. h.c. mult. Dr.-Ing. Hans-Jürgen Warnecke
Präsident der Fraunhofer-Gesellschaft
Leonrodstraße 54
80636 München

Die erste Auflage ist 1984 als einbändige Monographie erschienen.

ISBN-13:978-3-540-58397-4 e-ISBN-13:978-3-642-79241-0
DOI: 10.1007/978-3-642-79241-0

Satz: Reproduktionsfertige Vorlage des Autors
SPIN: 10478679 60/3020 5 4 3 2 1 0 Gedruckt auf säurefreiem Papier

Vorwort

Der Produktionsbetrieb, wie wir ihn heute kennen, ist im Wandel begriffen. Damit zeichnet sich nach heutigem Kenntnisstand die 3. industrielle Revolution ab, da bisher gültige Leitsätze zum Gestalten einer Produktion in Frage gestellt werden und nach neuen Leitlinien und Paradigmen gesucht wird. Die Notwendigkeit schneller Änderungen ergeben sich aus dem zunehmenden Wettbewerbsdruck, insbesondere ausgehend von japanischen Industrieunternehmen sowie aus der Fähigkeit etlicher Schwellenländer, als Anbieter industrieller Produkte auftreten zu können. Diese können dann aufgrund niedrigeren Aufwandes für die Produktion die Kostenführerschaft übernehmen. Somit sind die Anbieter aus den hochindustrialisierten Ländern noch mehr gefordert, die Qualitätsführerschaft zu behalten.

Dieses kommt im Streben nach totaler Qualität und nach Null-Fehlern in Produkten und Produktionen zum Ausdruck. Der Wandel wird zudem erzwungen durch sich ausbildende Überkapazitäten und damit eines Käufermarktes. "Der Kunde ist König" ist nicht nur ein Schlagwort, sondern bedingt die Marktorientierung aller Bereiche eines Produktionsbetriebes. Neben Kosten und Qualität tritt die Geschwindigkeit als dritter Wettbewerbsfaktor, um möglichst schnell einen Kundenwunsch zu erfüllen oder eine neue Erkenntnis in ein Leistungsangebot umzusetzen. Dadurch sind in den letzten Jahren die Zahl der angebotenen Produkte und Varianten und damit auch die Entwicklungs- und Produktionskosten je Leistungseinheit stark angestiegen. Die Kostendegression durch Mengeneffekt kann vielfach nicht mehr genutzt werden, insbesondere wenn ein Produktionsbetrieb in eine Marktnische abgedrängt wird. Infolge dieser Tendenz ist die innerbetriebliche Komplexität außerordentlich angestiegen und die Informationsverarbeitung zu einem Engpaß in Kosten und Zeit geworden. Es ist deshalb richtig, heute einen Produktionsbetrieb als ein informationsverarbeitendes System zu betrachten. Als Allheilmittel wurde dafür in den vergangenen Jahren die rechnerintegrierte Produktion betrachtet. Sie ist auch teilweise durch das Bilden von sogenannten Prozeßketten gekennzeichnet; d. h. Informationen werden von der Konstruktion direkt in die Steuerung von Bearbeitungsmaschinen umgesetzt. Insgesamt aber werden die bisherigen Konzepte in Frage gestellt, da man Gefahr läuft, einen zu hohen Aufwand in der Datenverarbeitung zu installieren und noch schlimmer, bestehende Organisationsstrukturen in Rechnerhierarchien abzubilden und zu zementieren.

Zweifellos wird die Automatisierung durch die steigende Leistungsfähigkeit der Informationsverarbeitung weiter vorangetrieben werden. Wir dürfen aber nicht mehr den Produktionsbetrieb als eine komplexe Maschine betrachten, die früher oder später vollautomatisiert sein wird, sondern als einen lebenden Organismus, in dem die Mitarbeiter die entscheidende Rolle spielen. Gerade mit zunehmender Automatisierung rückt der Mensch wieder in den Mittelpunkt, da nur er in der Lage ist, Automaten effizient zu nutzen sowie einen Produktionsbetrieb an die sich schnell ändernden Anforderungen anzupassen. Bisherige Führungs- und Organisationsmethoden haben zu einer sta Trennung zwischen Informiertsein, Planen und Entscheiden einerseits sowie einfac Ausführen auf der Produktionsebene andererseits geführt, mit entspreche Sinnentleerung und Qualifikationsverlust auf der Produktionsebene. Diesem müsse entgegenwirken und versuchen, heute einen Produktionsbetrieb aus schnellen kle Regelkreisen unter Mitwirkung aller Mitarbeiter zu strukturieren. Dabei wird sehr der Dienstleistungsgedanke füreinander und letztlich dann für den Kunden verfol

Ein Produktionsbetrieb ist in seiner Aufbauorganisation in Hierarchie-Eb horizontal und in Funktionen vertikal gegliedert. Die Gliederung des Buches, das in Bändeaufgeteilt ist, ist entsprechend, da auf diese Weise die erforderlichen Funkti zum Erfüllen einer Produktionsaufgabe dargestellt werden können. Gedanklich mü wir aber davon ausgehen, daß wir gegenwärtig versuchen, mit einer stärkeren Gesch und Prozeßorientierung die Zerschneidung des Ablaufes durch die funktic Strukturierung aufzuheben oder zu mildern. Die Zahl der Hierarchie-Ebenen dadurch verringert werden, und die Probleme werden dort angesprochen und gelös sie entstehen. Es wird zunehmend projektgebundene Zusammenarbeit zwischen einzelnen Bereichen und den spezialisierten Mitarbeitern notwendig.

Dem dazu erforderlichen Verständnis der Mitarbeiter für die Belange des and sollen diese Bücher dienen. Sie beschreiben Aufgaben, Lösungen und Methoden, di die einzelnen Bereiche eines Produktionsbetriebes vorhanden sind, und geben heutigen Stand der Erkenntnisse wieder.

Die Aufteilung des Buches in drei Bände erlaubt Schwerpunktsetzung für den I in der Beschaffung und in der Nutzung.

Im Einzelnen befassen sich

Band I - Organisation, Produkt und Planung - mit dem Beziehungsgeflecht, in den Unternehmen und sein Produktionsbetrieb steht, der Organisation und ihrer Gestalt mit den Funktionen Forschung und Entwicklung, der Materialwirtschaft, Produktionsplanung und -steuerung.

Band II - Produktion und Produktionssicherung - mit den Funktionen Fertigung Montage, der Qualitätssicherung und der Instandhaltung.

Band III - Betriebswirtschaft, Vertrieb und Recycling - mit den Funktionen Personalw Rechnungswesen, Vertrieb und Recycling.

Dieses Werk ist im Zusammenhang mit meiner Vorlesung Fabrikbetriebslehre a Universität Stuttgart erarbeitet worden. Erkenntnisse und Informationsmaterial verschiedenen Lehrgängen und Seminaren sowie aus Forschungsarbeiten, die in den mir geleiteten Institut für Industrielle Fertigung und Fabrikbetrieb (IFF) der Unive Stuttgart sowie dem Fraunhofer-Institut für Produktionstechnik und Automatisie (IPA) entstanden, sind eingeflossen. Das gilt auch für Erkenntnisse und Unterlage dem von meinem ehemaligen Mitarbeiter, Herrn Professor Dr.h.c. Dr.-Ing. habil. H

Jörg Bullinger, geleiteten Institut für Arbeitswissenschaft und Technologiemanagement (IAT) an der Universität Stuttgart und dem Fraunhofer-Institut für Arbeitswirtschaft und Organisation (IAO). Ich danke ihm herzlich für seine Mitwirkung und für die seiner Mitarbeiter.

Diese drei Bände haben durchaus den Charakter eines Lehrbuches, sind aber sicher nicht nur für Studenten und junge Ingenieure von Nutzen, sondern auch für den schon länger im Beruf stehenden, der sich über den neuen Stand der Erkenntnisse informieren will und Anregungen sowie Methoden für Verbesserungen in den verschiedenen Bereichen des Produktionsbetriebes sucht.

An den drei Büchern haben viele Kollegen mitgewirkt. Mein herzlicher Dank gilt ihnen, die teilweise in der Zwischenzeit nicht mehr als Mitarbeiter an den genannten Instituten tätig sind und andere Aufgaben übernommen haben oder aber weiterhin als Wissenschaftler hier in Stuttgart wirken.
In alphabetischer Reihenfolge seien genannt:

Prof. Dr.-Ing. Hans-Jörg Bullinger, Prof. Dr.-Ing. Wilhelm Dangelmaier, Dipl.-Psych. Walter Ganz, Dipl.-Psych. Gerd Gidion, Dipl.-Ing. Manfred Hueser, Dipl.-Ing. Hans-Friedrich Jacobi, Prof. Dr.-Ing. Klaus Kornwachs, Dr.-Ing. Josef R. Kring, Dipl.-Ing. Wieland Link, Dipl.-Ing. Herwig Muthsam, Dipl.-Soz. Jochen Pack, Dipl.-Ing. Thomas Reinhard, Dr.-Ing. Manfred Schweizer, Dipl.-Kfm. Georg Spindler, Dr.-Ing. Rolf Steinhilper, Dipl.-Ing. Hartmut Storn.

Die zeitraubende und schwierige Arbeit der Koordination und Redaktion hat Herr Dipl. Wirtsch.-Ing. Siegfried Stender übernommen, zusätzlich zu seiner Projektarbeit. Nur wer bereits einmal ein Buch geschrieben und redigiert hat, insbesondere wenn es von verschiedenen Autoren zusammenzutragen und abzustimmen ist, kann ermessen, welchen Arbeitsumfang er bewältigt hat. Ich danke ihm ganz besonders, da das Buch ohne seinen Einsatz sicher in absehbarer Zeit nicht hätte überarbeitet werden können.

Das Manuskript wurde in druckreifer Form erstellt. Für die umfangreiche Schreibarbeit möchte ich Frau S. Kahr danken. Die Tabellen und Grafiken wurden von Frau M. Koptik gezeichnet. Ferner danke ich Herrn M. Eberle für die Layoutgestaltung und Endredaktion, Frau U. Benzinger für die Textformatierung sowie Frau S. Freitag und Herrn O. Freitag, die als wissenschaftliche Hilfskräfte an der Gestaltung mitgearbeitet haben.

Stuttgart, im März 1995 Hans-Jürgen Warnecke

Verantwortlich für die einzelnen Kapitel sind:

Band I - Organisation, Produkt und Planung

Kapitel 1	
- Das Unternehmen	Prof. Dr.-Ing. Hans-Jürgen Warnecke
- Organisationsentwicklung	Prof. Dr.-Ing. Hans-Jörg Bullinger
Kapitel 2, 3, 4	Prof. Dr.-Ing. Wilhelm Dangelmaier
Kapitel 5	
- Arbeitsvorbereitung	Dr.-Ing. Rolf Steinhilper
- Fertigungssteuerung	Prof. Dr.-Ing. Wilhelm Dangelmaier

Band II - Produktion und Produktionssicherung

Kapitel 6	
- Produktion	Dr.-Ing. Rolf Steinhilper
- Montage	Dr.-Ing. Manfred Schweizer
Kapitel 7	Dr.-Ing. Josef R. Kring
Kapitel 8	Dipl.-Ing. Hans-Friedrich Jacobi

Band III - Betriebswirtschaft, Vertrieb und Recycling

Kapitel 9	Prof. Dr.-Ing. Hans-Jörg Bullinger
Kapitel 10	
- Personalwesen	Prof. Dr.-Ing. Hans-Jörg Bullinger
- Arbeitsschutzrecht	Dipl.-Ing. Wieland Link
Kapitel 11	Prof. Dr.-Ing. Hans-Jürgen Warnecke
Kapitel 12	Dr.-Ing. Rolf Steinhilper

Inhaltsverzeichnis Band 2

Inhaltsverzeichnis Band 1

Inhaltsverzeichnis Band 3

6 Produktion

6.1 Einleitung

Die Produktion im engeren Sinne läßt sich in die Teilbereiche *Teilefertigung* und *Montage* gliedern. In der Praxis werden die Begriffe "Produktion" und "Fertigung" häufig synonym verwendet; zur besseren Unterscheidung zwischen "Teilefertigung" und "Fertigung" wird hier der Begriff "Produktion" (i.e.S.) als Oberbegriff für die Bereiche Teilefertigung und Montage gewählt, sofern es sich nicht um Zitate aus Normen und Richtlinien handelt.

Diesen Bereichen kommt innerhalb des Unternehmens eine zentrale Bedeutung zu, weil dort alle geplanten Maßnahmen zur Herstellung von Erzeugnissen in die Realität umgesetzt werden. Sie sind untereinander und mit anderen Teilbereichen des Unternehmens durch Material- und Informationsflüsse verbunden (Bild 6.1). Die gegenseitigen Abhängigkeiten kommen dadurch zum Ausdruck, daß Veränderungen in einem Teilbereich Reaktionen in anderen Teilbereichen auslösen. So bewirken z.B. konstruktive Änderungen, dokumentiert in Zeichnungen und Stücklisten, Änderungen von Arbeitsplänen im Bereich der Fertigungsplanung. Dies wiederum hat Anpassungsmaßnahmen in den Bereichen Fertigungssteuerung, Teilefertigung und Montage zur Folge.

Die enge Verflechtung der Unternehmensbereiche läßt nur dann eine optimale Gestaltung des Produktionsablaufs zu, wenn der Zusammenhang zwischen den unterschiedlichen Zielen und Aufgaben erkannt und berücksichtigt wird.

6.1.1 Abgrenzung der Bereiche Teilefertigung und Montage

Die Abgrenzung zwischen Teilefertigung und Montage wird in Anlehnung an die Begriffsdefinition in der VDI-Richtlinie 2815 [6.1] vorgenommen.

In der *Teilefertigung* erfolgt die Herstellung von Einzelteilen für die Montage oder für die Lieferung an Kunden. In der Montage wird der Zusammenbau der Einzelteile zu Baugruppen oder Produkten vorgenommen. Demzufolge geht der *Montage* immer die Teilefertigung voraus, sei es im eigenen Unternehmen oder beim Lieferanten.

Unterschiede zwischen Teilefertigung und Montage ergeben sich hauptsächlich aus den angewandten Fertigungsverfahren (Bild 6.2). Zusätzliche Funktionen der Montage, wie z.B. Justieren, sind im Abschnitt 6.3 aufgeführt.

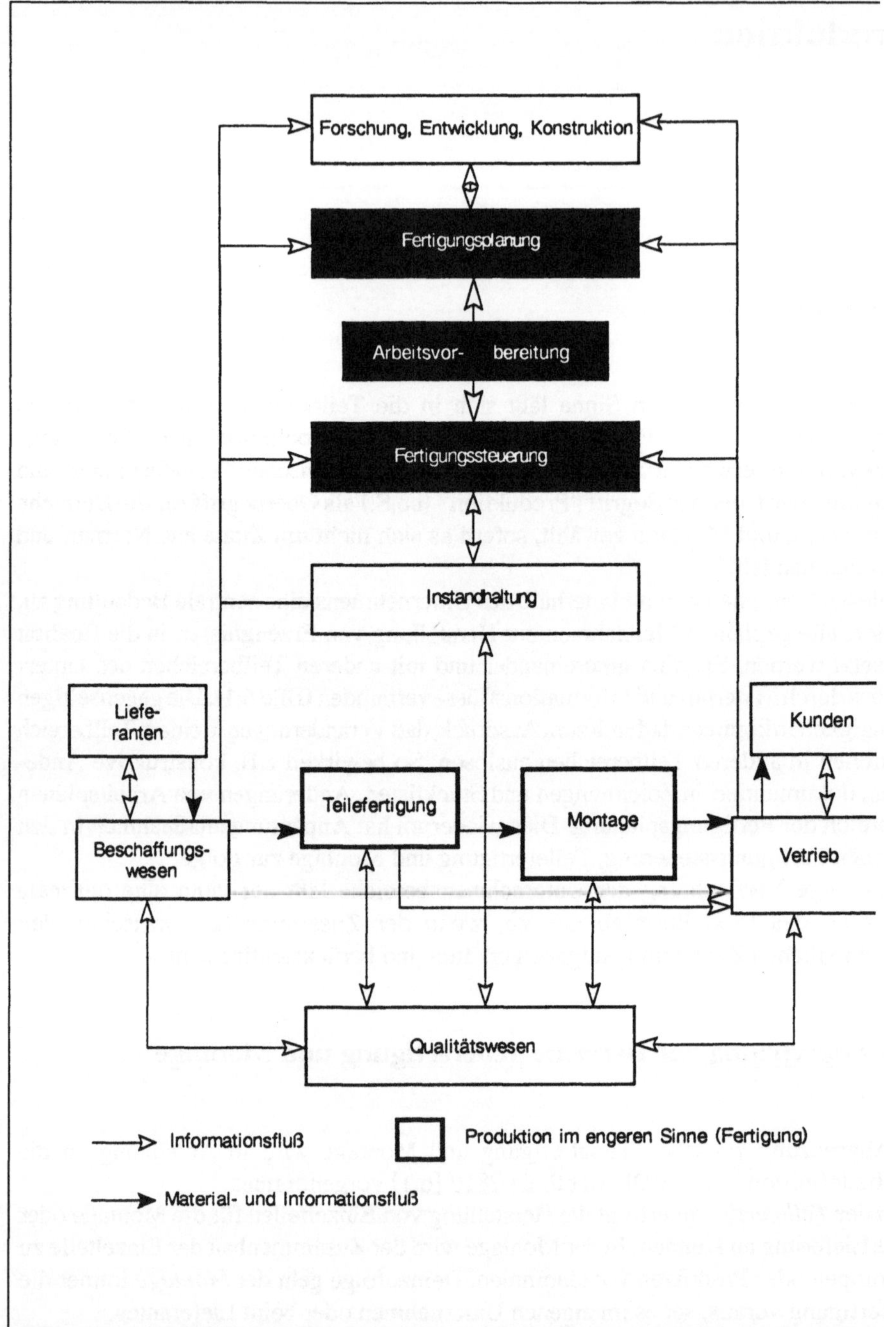

Bild 6.1 Die Produktion im Unternehmen

Produktionsbereich	Fertigungsverfahren		Beispiele
Teilefertigung	**Urformen:**	Fertigen eines festen Körpers aus formlosem Stoff	Gießen, Sintern
	Umformen:	Fertigen durch bildsames (plastisches) Ändern der Form eines festen Körpers	Stauchen, Ziehen
	Trennen:	Fertigen durch Ändern der Form eines festen Körpers, wobei der Zusammenhalt örtlich aufgehoben wird	Drehen, Bohren
	Beschichten:	Aufbringen einer fest haftenden Schicht aus formlosem Stoff auf ein Werkstück	Galvanisieren
	Stoffeigenschaft ändern:	Fertigen eines festen Körpers durch Umlagern, Aussondern oder Einbringen von Stoffteilchen	Härten, Nitrieren
Montage	**Fügen:**	Zusammenbringen von zwei oder mehr Werkstücken oder von Werkstücken mit formlosem Stoff	Kleben, Schweißen, Schrauben

Bild 6.2 Fertigungsverfahren in den Bereichen Teilefertigung und Montage (in Anlehnung an DIN 8580[6.2])

6.1.2 Gemeinsame Grundbegriffe

6.1.2.1 Fertigungstypen

Der Fertigungstyp, der in einem Unternehmen vorherrscht, richtet sich im allgemeinen nach dem herzustellenden Produktionsprogramm und der Art der Leistungswiederholung. Je nachdem, ob eine breite Palette verschiedener Produkte oder nur einige wenige Typen gefertigt werden, ob man sich jeweils an einem speziellen Auftrag orientiert oder in großen Mengen erzeugt, ergeben sich die Fertigungstypen, welche für eine Firma vorteilhaft sind. Man unterscheidet folgende Fertigungstypen:

- Einmalfertigung
- Wiederholfertigung
- Variantenfertigung
- Serienfertigung
- Massenfertigung.

Stückzahl-charakter	Fertigungstyp	Kennzeichen
Einzelfertigung	Einmalfertigung	☐ Erzeugnisse werden nur einmal hergestellt ☐ Auftragsproduktion, d.h. Fertigung nach Kundenwunsch ☐ Hoher Kosten- und Zeitanteil entfällt auf Vorbereitungsaufgaben (Projektierung, Konstruktion)
	Wiederholfertigung	☐ Erzeugnisse werden in größeren, unregelmäßigen Abständen hergestellt ☐ Bei Auftragswiederholung verminderter Vorbereitungsaufwand
Mehrfachfertigung	Variantenfertigung	☐ Ähnliche Erzeugnisse desselben Grundtyps ☐ Im allgemeinen gleicher Fertigungsablauf für alle Varianten
	Serienfertigung	☐ Begrenzte Stückzahl ☐ Bildung von Fertigungslosen ☐ Meist Auftragsproduktion standardisierter Erzeugnisse ☐ Klein-, Mittel- und Großserien
	Massenfertigung	☐ Große Stückzahlen ☐ Häufige Prozeßwiederholung ☐ Fertigung für anonymen Markt, Anpassung an Kundenwünsche nur im Rahmen geplanter Erzeugnistypen ☐ Sehr hoher einmaliger, bezogen auf das Einzelprodukt aber geringer Aufwand

Bild 6.3 Charakteristische Merkmale von Fertigungstypen

Die Abgrenzung der Fertigungstypen sollte nicht nur unter Zugrundelegung der gefertigten Stückzahlen vorgenommen werden. Hierbei sind noch eine Vielzahl anderer Kennzeichen (wie z.B. Auftragsfertigung, losweise Fertigung) maßgebend (Bild 6.3).

Im allgemeinen ist es nicht möglich, einem Unternehmen einen einzigen Fertigungstyp zuzuordnen. In vielen Betrieben treten Einzel- und Mehrfachfertigung nebeneinander auf. Um einen Überblick über mögliche vorkommende Fertigungstypen zu erhalten, bietet sich die Erstellung eines Werkstück-Mengenschaubildes an (Bild 6.4). Darin wird für jedes Werkstück (Einzelteil, Baugruppe, Produkt) die in einem bestimmten Zeitraum (z.B. je Monat) hergestellte Menge aufgetragen. Diese Darstellung gibt einen Hinweis, welche Werkstücke den beschriebenen Fertigungstypen zuzuordnen sind. Eine genaue Abgrenzung ist jedoch vom Einzelfall abhängig.

6.1.2.2 Arbeitsplatztypen

Eine grundsätzliche Unterscheidungsmöglichkeit von Arbeitsplätzen ergibt sich aus der Zuordnung der Systemelemente “Mensch” und “Betriebsmittel” (Bild 6.5). Arbeitssysteme setzen sich aus mehreren gleichen oder unterschiedlichen Arbeitsplatztypen zusammen.

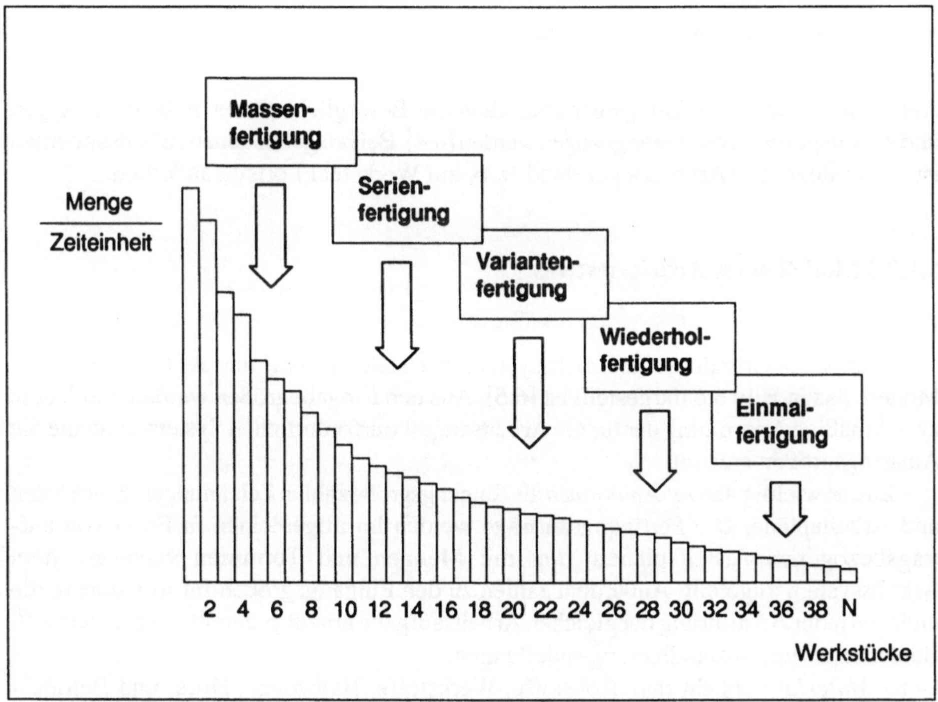

Bild 6.4 Qualitativer Zusammenhang zwischen Produktionsmenge und Fertigungstyp [6.3]

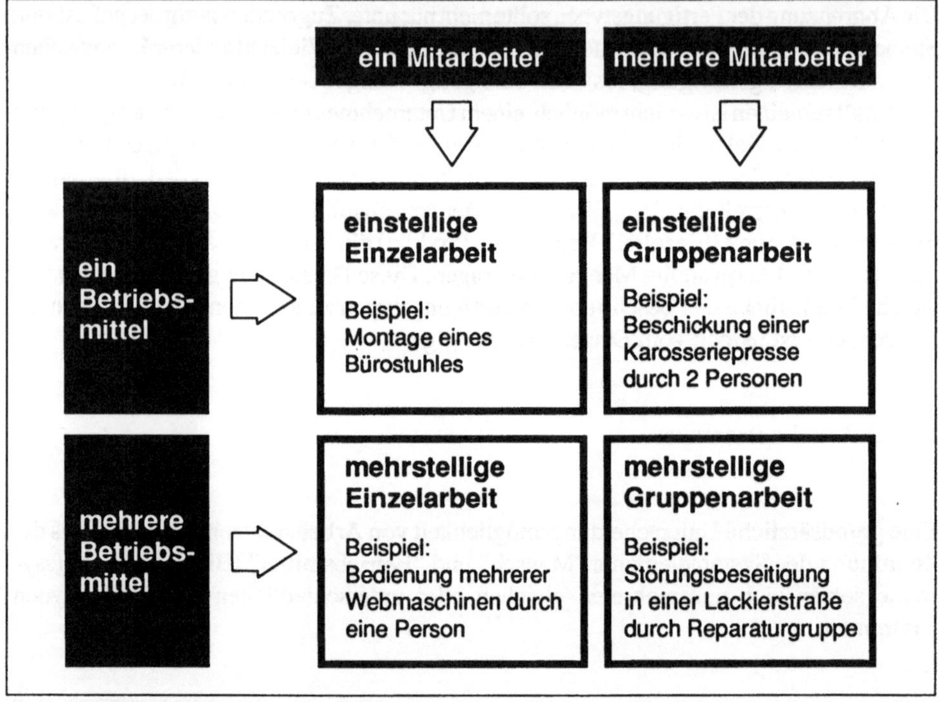

Bild 6.5 Merkmale der Arbeitsplatztypen [6.4]

Als weiteres Unterscheidungsmerkmal kann die Beweglichkeit der Arbeitsplatztypen und Arbeitsgegenstände herangezogen werden [6.4]. Bei ortsgebundenen Arbeitssystemen ist in der Regel der Arbeitsgegenstand (z.B. ein Werkstück) ortsveränderlich.

6.1.2.3 Modell eines Arbeitssystems

Gleichermaßen Grundlage für Arbeitssysteme der Teilefertigung und der Montage ist das Modell, das in Bild 6.6 dargestellt ist [6.5]. Aus den Eingabegrößen werden durch eine zweckmäßige Anordnung der für die Arbeitsaufgabe erforderlichen Systemelemente die Ausgangsgrößen erzeugt.

Zu den wichtigsten *Informationen* als Eingangsgröße zählen Zeichnungen, Stücklisten und Arbeitspläne. Die Fertigungsaufträge werden im allgemeinen in Form von auftragsbezogenen Arbeitsplänen, d.h. mit Mengen und Terminen versehen, dem Arbeitssystem zugeteilt. Außerdem zählen zu den Eingangsgrößen Informationen, die nicht bei jeder Ausführung der gleichen Arbeitsaufgabe erneut zugeteilt werden, wie z.B. Bedienungs- und Instandhaltungsanleitungen.
Unter *Material* versteht man Rohstoffe, Werkstoffe, Halbzeuge, Hilfs- und Betriebsstoffe sowie Teile und Baugruppen.

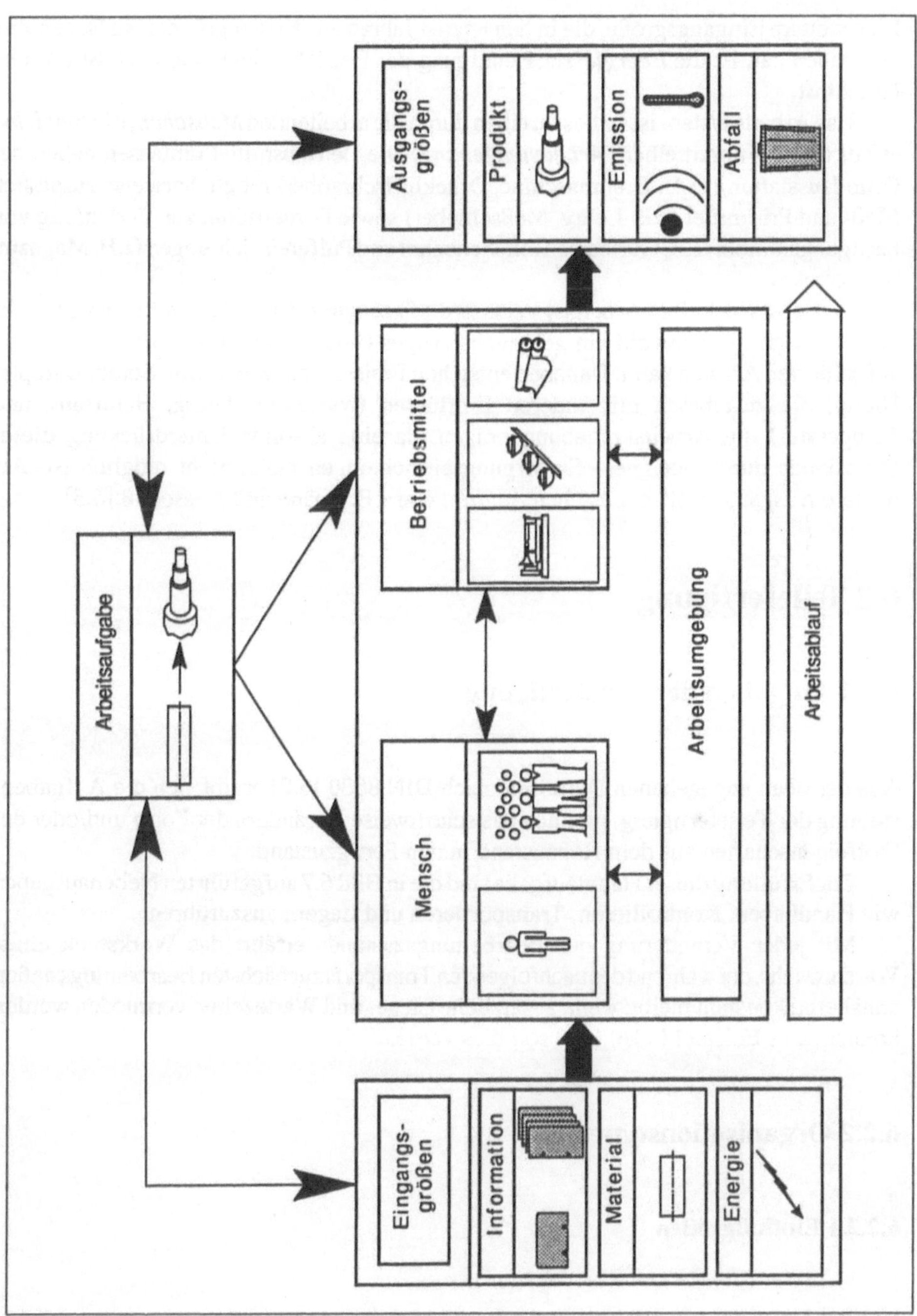

Bild 6.6 Modell eines Arbeitssystems (in Anlehnung an [6.5])

Eine weitere Eingangsgröße, die in den letzten Jahren aus Kostengründen an Bedeutung gewonnen hat, ist die *Energie* zur Betätigung der Betriebsmittel, wie z. B. Strom und Druckluft.

Das Arbeitssystem ist zu beschreiben durch die arbeitenden *Menschen*, die *Betriebsmittel* und die unmittelbare *Arbeitsumgebung*. Die Betriebsmittel umfassen neben der Grundausstattung (z.B. Drehmaschine, Druckluftschrauber) möglicherweise zusätzlich Meß- und Prüfmittel (z.B. Lehre, Meßschieber) sowie Fördermittel zur Verkettung von Fertigungsmitteln (z.B. Gurtband, Röllchenbahn) und Puffereinrichtungen (z.B. Magazin, Staustrecke).

Betriebszweck eines Arbeitssystems ist die Erzeugung der geplanten Ausgangsgröße, des *Produktes*, das sowohl ein gebrauchsfertiges Gerät als auch Material in der oben aufgeführten Art sein kann. Daneben entstehen Emissionen (z.B. Lärm, Staub, Dämpfe, Hitze), die zusammen mit anderen Einflüssen (wie Beleuchtung, Belüftung und Temperatur) die Arbeitsumgebung prägen, da eine absolute Unterdrückung dieser Emissionen durch geeignete Entsorgungseinrichtungen meist nicht möglich ist. Als weitere Ausgangsgrößen entstehen *Abfälle*, wie z.B. Späne und Ausschuß [6.5].

6.2 Teilefertigung

6.2.1 Aufgaben der Teilefertigung

Aus der oben angegebenen Definition nach DIN 8580 [6.2] ergibt sich die Aufgabenstellung der Teilefertigung, nämlich das schrittweise Verändern der Form und/oder der Stoffeigenschaften aus dem Rohzustand in den Fertigzustand.

Zur Erfüllung dieser Hauptaufgabe sind die in Bild 6.7 aufgeführten Nebenaufgaben wie Handhaben, Kontrollieren, Transportieren und Lagern auszuführen.

Mit jeder Veränderung des Bearbeitungszustands erfährt das Werkstück einen Wertzuwachs, der während des nachfolgenden Transports zur nächsten Bearbeitungsstation annähernd konstant bleibt, wenn zusätzliche Liege- und Wartezeiten vermieden werden können. Das Beispiel in Bild 6.8 soll dies verdeutlichen.

6.2.2 Organisationstypen

6.2.2.1 Einflußgrößen

Parallel zu den enormen technischen Entwicklungen und verbunden mit dem sich ständig ändernden Marktverhalten haben sich mittlerweile die unterschiedlichsten Organisationstypen in der Fertigung durchgesetzt. Wesentlichen Einfluß auf die einzelnen

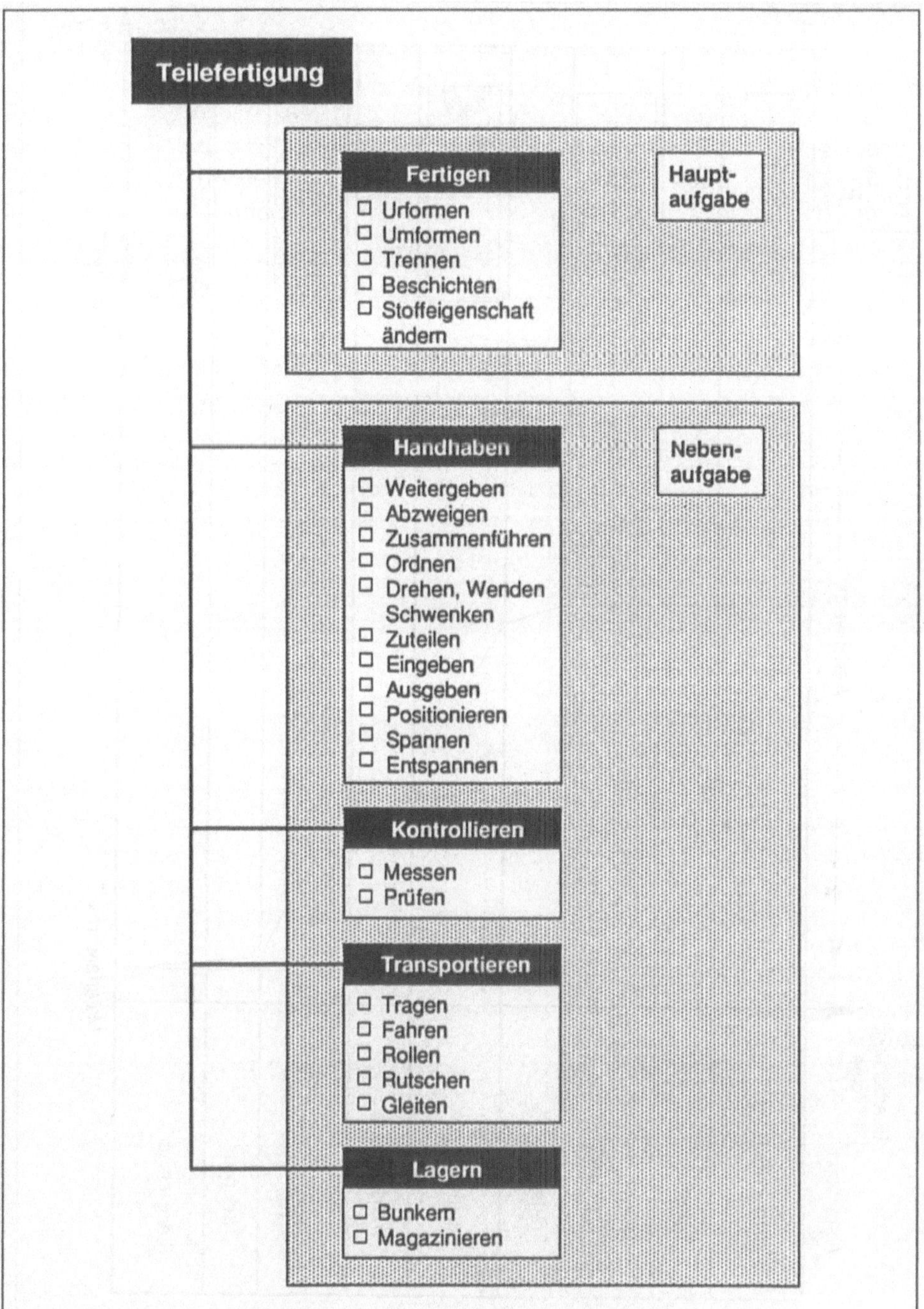

Bild 6.7 Aufgaben der Teilefertigung

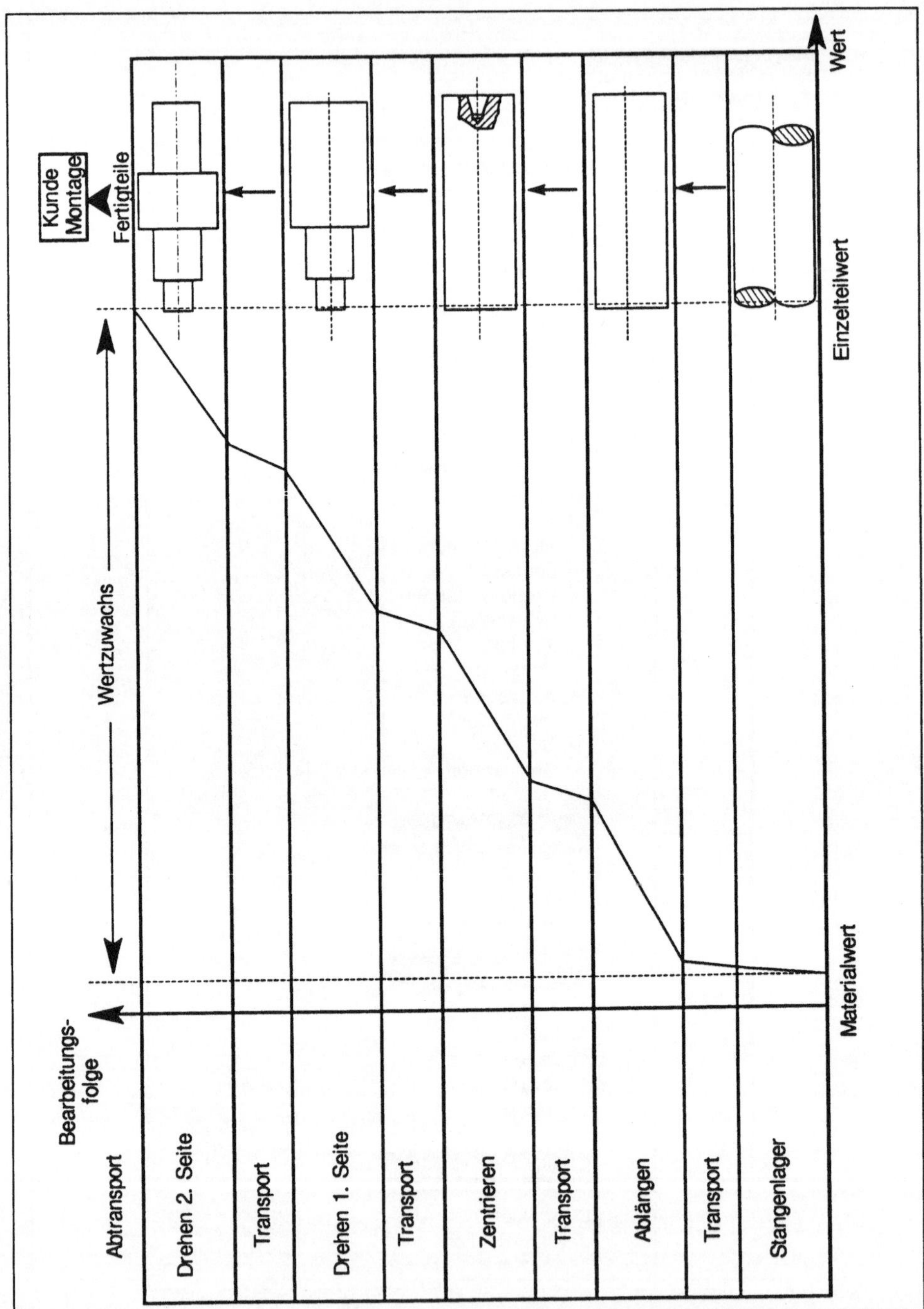

Bild 6.8 Zusammenhang zwischen Bearbeitungsstufe und Werkstückwert

Organisationstypen haben in erster Linie das Produkt, das Produktionsprogramm sowie die Einflußgrößen des Marktes [6.6]. Durch das Produkt werden vor allem die sogenannten technischen Einflußfaktoren bestimmt. Durch die Bauteilgröße, die erforderlichen Fertigungstoleranzen, Bearbeitungsinhalte, Werkstoffvielfalt und die Ähnlichkeit der herzustellenden Produkte läßt sich die Art der Bearbeitungsverfahren und die gesamte technische Ausstattung der Fertigung festlegen.

Der Markt bestimmt hingegen die Produktvielfalt, deren Änderungsgeschwindigkeit und die Preisgestaltung. Daraus leiten sich aus wirtschaftlichen Gesichtspunkten die Fertigungslosgrößen, die Auflagehäufigkeit und die Fertigungstiefe und damit das gesamte Produktionsprogramm ab.

Durch den Organisationstyp einer Fertigung wird die Struktur, die räumliche Anordnung der Betriebsmittel, die Art des Fertigungsdurchlaufes der Werkstücke sowie die Einbindung des Menschen in das Gesamtsystem festgelegt (Bild 6.9).

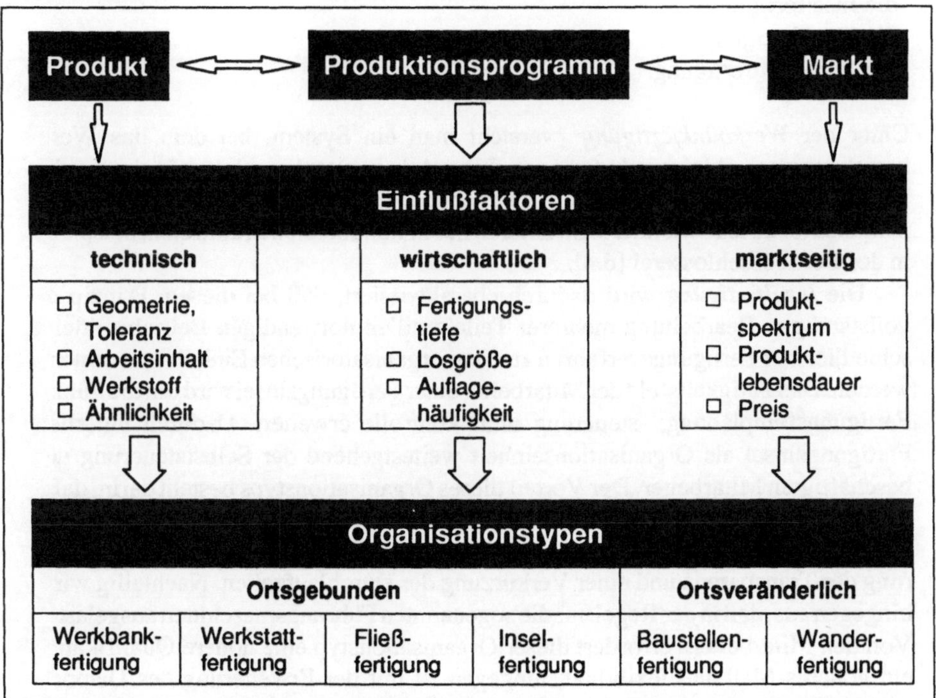

Bild 6.9 Einflußgrößen auf die Organisationstypen

6.2.2.2 Darstellung unterschiedlicher Organisationstypen

Einen Überblick über die verschiedenen Organisationstypen und deren charakteris Merkmale soll im folgenden durch die Darstellung der wichtigsten] gungsablaufprinzipien gegeben werden. Generell unterscheidet man, ausgehend vc Faktoren Mensch und Betriebsmittel, ortsgebundene und ortsveränderliche Al prinzipien. Zu den *ortsgebundenen* Ablaufprinzipien zählt man die sogen *Baustellenfertigung* und die Fertigung nach dem Wanderprinzip. Die Bausteller gung wird üblicherweise bei Arbeitsgegenständen (Werkstücken) eingesetzt, die oder nur schwer zu bewegen sind. Als Beispiel hierfür sind der Schiffsbau od Anlagenbau zu nennen.

Hingegen bewegen sich beim *Wanderprinzip* Mensch und Maschine entspre dem Arbeitsfortschritt entlang des Arbeitsgegenstandes. Hauptanwendungsgebiet Straßenbau.

Bezeichnend für ortsveränderliche Ablaufprinzipien ist dagegen, daß sic Arbeitsgegenstand durch das Fertigungssystem bewegt.
Die wichtigsten Prinzipien sind:

- die Werkbankfertigung
- die Inselfertigung
- die Fließfertigung
- die Werkstattfertigung.

Unter der *Werkbankfertigung* versteht man ein System, bei dem das Werl beziehungsweise kleinere Aufträge an einem Arbeitsplatz komplett gefertigt werde Werkbankfertigung ist demzufolge überwiegend im Handwerk anzutreffen, wohin in Industriebetrieben derartige Strukturen nur in Randbereichen auftreten, beispiel: in der Betriebsschlosserei [6.4].

Die *Inselfertigung* wird dadurch charakterisiert, daß bei diesem Prinzip c vollständigen Bearbeitung mehrerer Teilefamilien notwendigen Betriebsmittel schiedlichster Fertigungsverfahren zu einer organisatorischen Einheit zusammen werden. Das Tätigkeitsfeld der Mitarbeiter einer Fertigungsinsel wird um die Funk Fertigungsfeinplanung, -steuerung und -kontrolle erweitert. Dadurch unterlie Fertigungsinsel als Organisationseinheit weitestgehend der Selbststeuerung de beschäftigten Mitarbeiter. Der Vorteil dieses Organisationstyps besteht darin, daf den Verzicht auf eine strenge Arbeitsteilung innerhalb dieses Mikroorganismusses Regelkreise geschaffen werden. Dies führt zu einer Erhöhung der Flexibilität, Ve rung der Transparenz und einer Verkürzung der Durchlaufzeiten. Nachteilig wir hingegen aus, daß in der Regel nur die sogenannten Führungsmaschinen ausgelast Von den Mitarbeitern erfordert dieser Organisationstyp eine höhere Qualifikati ein höheres Maß an Flexibilität, hingegen ist mit der Erweiterung des Dispos spielraumes für den Einzelnen sowie mit der Übertragung von mehr Verantwortu Steigerung der Motivation zu erwarten.

Die Organisationstypen nach dem Werkstatt- und Fließprinzip sind nach wie vor am häufigsten anzutreffen und prägen somit entscheidend die Struktur der meisten Unternehmen, so daß sie in den folgenden Kapiteln gesondert behandelt werden.

6.2.2.3 Fließprinzip

Das *Fließprinzip* wird dadurch charakterisiert, daß die einzelnen Arbeitsplätze/Maschinen entsprechend der Reihenfolge des Arbeitsablaufes zur Herstellung eines Produktes angeordnet sind. Die Fertigungsstruktur ist also erzeugnisorientiert ausgerichtet, weshalb gelegentlich auch der Begriff "Erzeugnisprinzip" Verwendung findet.

Dieses Organisationsprinzip setzt konstante Mindeststückzahlen voraus und wird somit ausschließlich in der Massenfertigung angewendet. Die enorme Senkung der Durchlaufzeiten durch eine direkte Verknüpfung und Abstimmung der einzelnen Arbeitsschritte, veranlaßte Henry Ford bereits 1913 das erste Fließband für die Montage von Personenwagen zu errichten, wodurch die Montagezeit für einen PKW von 14 Stunden auf 1 Stunde 33 Minuten reduziert werden konnte. Je nachdem, ob eine zeitliche Bindung zwischen den Arbeitsplätzen vorliegt oder nicht, unterscheidet man die Begriffe Reihenfertigung und Fließfertigung.

Bei der *Reihenfertigung* besteht keine unmittelbare zeitliche Abhängigkeit zwischen den einzelnen Operationen. Die optimale Kapazitätsnutzung der unterschiedlichen Betriebsmittel wird durch die Installation von Pufferstrecken realisiert.

Die *Fließfertigung* ist durch einen zeitlich gebundenen Arbeitsablauf gekennzeichnet. Der Durchlauf des zu fertigenden Produktes wird zeitlich so abgestimmt, daß zwischen den Arbeitsplätzen keine ablaufbedingten Wartezeiten entstehen.

Der Grundgedanke dieses Organisationsprinzips ist eng mit dem Begriff "Arbeitsteilung" verbunden. Darunter wird ganz allgemein die Aufteilung eines bestimmten Arbeitsumfanges auf mehrere Personen bzw. Arbeitssysteme verstanden, mit dem Ziel, durch die Spezialisierung der Einzelaufgaben eine Verbesserung des Wirkungsgrades einzelner Arbeitssysteme zu erreichen. Man unterscheidet in diesem Zusammenhang die folgenden grundsätzlichen Möglichkeiten:

- Mengenteilung
- Artteilung.

Bei der *Mengenteilung* wird ein Arbeitsauftrag derart aufgegliedert, daß von jeder Kapazitätseinheit der gesamte Arbeitsinhalt an einer Teilmenge des Arbeitsauftrages auszuführen ist.

Die *Artteilung* hat zur Folge, daß mehrere Kapazitätseinheiten jeweils einen Teil des Arbeitsinhalts an der Gesamtmenge des Arbeitsauftrages auszuführen haben.

Durch die konsequente Umsetzung der Arbeitsteilung unterscheiden sich in erster Linie die Werkstatt- und Fließfertigung von der Werkbankfertigung. Bild 6.10 zeigt die Struktur und die wichtigsten Vor- und Nachteile der Fließfertigung.

Organisationsprinzip: Fließfertigung

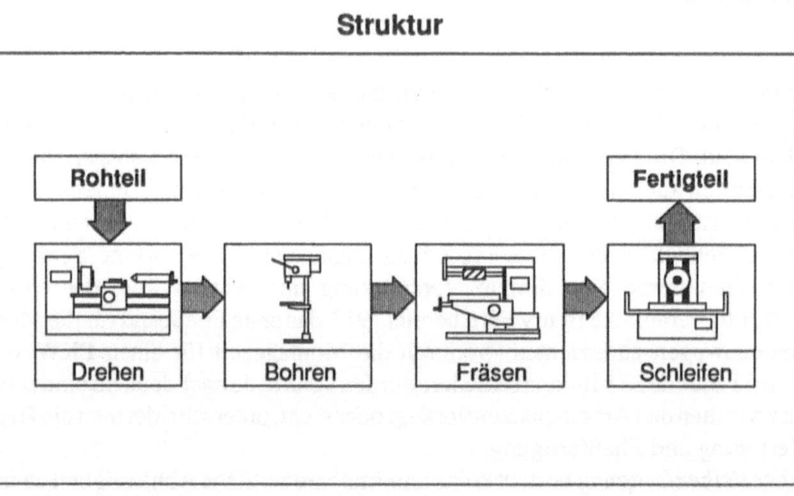

Vorteile	Nachteile
☐ Übersichtlicher Materialfluß	☐ Nur bedingt flexibel gegenüber Änderungen des Produktionsprogramms
☐ Kurze Durchlaufzeiten	☐ Hohe Umstellkosten
☐ Keine bzw. nur geringe Bestände	☐ Störanfällig: bei Ausfall einer Station Blockade der gesamten Fertigung
☐ Massenfertigung	☐ Infolgedessen hoher Instandhaltungs- und Wartungsaufwand
☐ Kurze Transportwege	☐ Oftmals Spezialmaschinen
☐ Personalbedarf mittel bis gering	☐ Teilweise aufwendige Fördertechnik
☐ Personalqualifikation niedrig	
☐ Einfache Fertigungssteuerung	

Bild 6.10 Fließfertigung

6.2.2.4 Werkstattfertigung

Das in der Klein- und Mittelserienfertigung am häufigsten anzutreffende Organisationsprinzip ist die Werkstattfertigung oder auch das *Verrichtungsprinzip*. Beim Verrichtungsprinzip erfolgt die Anordnung der Betriebsmittel und der Einsatz der Arbeitskräfte in der Art, daß Maschinen und Arbeitsplätze mit gleichartigen Arbeitsverrichtungen zu organisatorischen Einheiten, wie Fräserei, Dreherei usw., zusammengefaßt werden. Wird die Fließfertigung durch eine erzeugnisorientierte Anordnung der Betriebsmittel bzw. Arbeitssysteme charakterisiert, so stellt das Verrichtungsprinzip eine verfahrensgebundene Ordnung dar. In Bild 6.11 werden die Struktur und weitere Merkmale der Werkstattfertigung aufgeführt.

6.2.3 Komplexe Produktionssysteme

Der Zwang zu immer kürzeren Durchlaufzeiten bei gleichzeitig ständig sinkenden Losgrößen und einer stetigen Zunahme der Teilevielfalt stellt die Unternehmen zunehmend vor Probleme, die mit den in Kapitel 6.2.2. beschriebenen klassischen Fertigungsstrukturen nicht mehr ohne weiteres lösbar sind. Die veränderten wirtschaftlichen Rahmenbedingungen im Umfeld der Unternehmen sowie die technischen Entwicklungen im Hinblick auf eine zunehmende Automatisierung und Flexibilisierung haben dazu beigetragen, daß sich die Produktionsphilosophie zunehmend gewandelt hat. Um diesen Herausforderungen gerecht zu werden, wurde durch die ständigen Leistungssteigerungen in der NC-Technologie sowie den zunehmenden Einzug von EDV-Systemen im Fertigungsbereich eine neue Generation von Fertigungssystemen entwickelt, die *"komplexen Produktionssysteme"*. Verallgemeinert versteht man darunter alle Arten von Produktionseinrichtungen, bei denen mehrere, sich ergänzende Einzelfunktionen, sowohl bei der Bearbeitung und Montage als auch im Material- und Informationsfluß, weitestgehend selbständig ablaufen. Ein wesentliches Merkmal ist die informationstechnische Verknüpfung der einzelnen Komponenten des Systems [6.7].

Zielsetzung ist dabei, Fertigungssysteme einzuführen, die eine wesentlich höhere Produktivität bei einer gleichzeitig hohen Flexibilität aufweisen, wobei die Systemkomponente Mensch weitestgehend vom eigentlichen Arbeitstakt der Maschine entkoppelt wird.

Der Einsatzbereich beschränkt sich nicht nur auf kleinere und mittlere Betriebe. Bei entsprechender Auslegung der Systemkomponenten lassen sich derartige Systeme sowohl bei Einzel- und Kleinserien-, als auch im Bereich der Massenfertigung einsetzen. Entscheidend für den Aufbau und die Leistungsfähigkeit ist unter anderem die geforderte Flexibilität. Da dieser Begriff häufig im Zusammenhang mit komplexen Produktionssystemen auftaucht, soll er im folgenden näher erläutert werden.

Organisationsprinzip: Werkstattfertigung

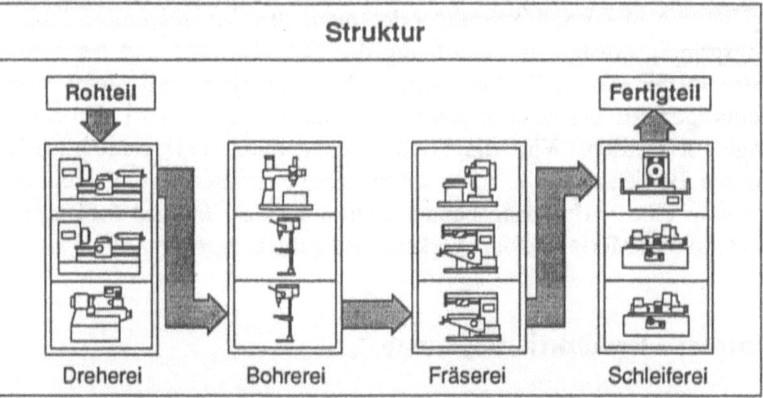

Vorteile

- Hohe Flexibilität bezüglich Änderung des Produktionsprogramms nach Art und Menge
- Auftragsspitzen problemlos
- Einzel- und Serienfertigung möglich
- Gute Anpassungsfähigkeit an neue Fertigungsverfahren und geänderte Arbeitsablauffolgen
- Hoher Nutzungsgrad der Betriebsmittel bei Universalität des Maschinenparks
- Redundanz bei Störungen
- Relativ geringe Fixkosten bei geringen bis mittleren Investitionskosten
- Leichte Abteilungsbildung

Nachteile

- Bei nicht anforderungsgerechter Fertigungssteuerung lange Durchlaufzeiten, hohe Bestände, hohe Kapitalbindung, mangelnde Liefertreue, Gefahr von Konventionalstrafen
- Mangelnde Fertigungstransparenz
- Mittlerer bis hoher Flächenbedarf
- Lange Transportwege
- Hohe Transportkosten
- Personalintensiv
- Aufwendige Fertigungs- und Transportsteuerung
- Meist qualifiziertes Personal erforderlich

Bild 6.11 Werkstattfertigung

6.2.3.1 Flexibilität

Der Begriff Flexibilität beschreibt die Fähigkeit einer Produktionsanlage, innerhalb einer bestimmten Zeitspanne für verschiedene Aufgaben einsatzfähig zu sein. Je größer die Verschiedenartigkeit dieser Aufgaben und je geringer der Umstellungsaufwand (Zeit und Kosten) zwischen diesen Aufgaben ist, desto höher ist die Flexibilität.

Die unterschiedlichen Formen der Flexibilität werden in Bild 6.12 aufgeführt. Anhand der verschiedenen Definitionen wird deutlich, daß mit dem Begriff "Flexibilität" konkrete Anforderungen verbunden sind, die sich direkt auf die Systemkonfiguration auswirken.

kurzfristige Flexibilität	Umrüstaufwand bei bekannten Arbeitsaufgaben
langfristige Flexibilität	Aufwand für die Umstellung bei nicht voraussehbaren Änderungen im Produktionsprogramm (Änderungen der technischen und zeitlichen Kapazität)

Produktflexibilität	Fähigkeit zur Fertigung von bekannten Aufträgen in beliebiger Reihenfolge
Mengenflexibilität	Möglichkeit zur Erhöhung/Verringerung der Produktionsleistung unter Berücksichtigung technisch/wirtschaftlicher Gesichtspunkte
Anpaßflexibilität	Anpassungsfähigkeit von Bearbeitungs-, Materialfluß- und Informationssystemen bei völliger Änderung des Produktionsprogramms
Erweiterungsflexibilität	Möglichkeit der Leistungssteigerung von bestehenden Produktionssystemen durch Integration von weiteren Bearbeitungs-, Materialfluß- und Informationseinrichtungen

Bild 6.12 Beschreibung der wirtschaftlichen Flexibilitätsarten

6.2.3.2 Merkmale komplexer Produktionssysteme

Für die Beschreibung komplexer Produktionssysteme ist es wichtig, zunächst den generellen Aufbau derartiger Systeme näher zu beleuchten. Bild 6.13 gibt einen groben Überblick, aus welchen Teilsystemen und Hauptkomponenten sich ein komplexes Produktionssystem zusammensetzt und zwar unabhängig von der Systemgröße und dem realisierten Automatisierungsgrad. Unterschieden werden die verschiedenen Ausführungsformen in einstufige und mehrstufige Systeme. *Einstufige Systeme* sind dadurch gekennzeichnet, daß sämtliche für einen gewünschten Produktionsfortschritt notwendige Arbeitsaufgaben an einem Produkt vollständig auf einer Bearbeitungsstation durchgeführt werden können. Bei *mehrstufigen Systemen* müssen die Werkstücke mehrere Bearbeitungstationen durchlaufen, um den gewünschten Arbeitsfortschritt erzielen zu können. Daraus ergeben sich immer dann zwingend mehrstufige Produktionssysteme, wenn die Komplettbearbeitung eines Teiles nicht auf einer Bearbeitungsstation durchführbar ist. Weitere Merkmale ergeben sich durch den Automatisierungsgrad der Systeme, wodurch eine entscheidende Erhöhung der Nutzungszeit einzelner Komponenten und damit ein wirtschaftlicher Einsatz derart kapitalintensiver Anlagen gewährleistet wird.

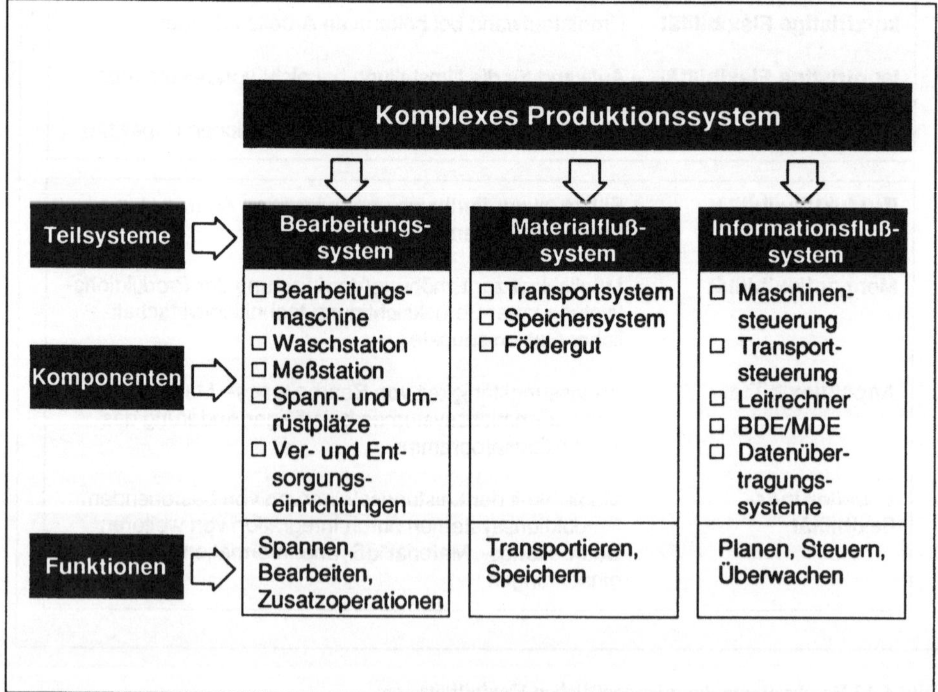

Bild 6.13 Komponenten eines komplexen Produktionssystems

6.2.3.3 Flexible Fertigungszellen

Eine flexible Fertigungszelle (FFZ) ist eine einstufige Produktionsanlage, bestehend aus den drei Teilsystemen Bearbeitungssystem, Materialflußsystem (für Werkstücke und ggf. Werkzeuge) und Informationssystem.

Die Integration der Teilsysteme ermöglicht eine automatische Durchführung von mindestens einer Arbeitsoperation an in der Regel mehreren unterschiedlichen Werkstücken (Bild 6.14). Der Systemaufbau ermöglicht ebenfalls die Integration von automatisierten Einrichtungen für Ergänzungsfunktionen, wie Waschen, Reinigen und Prüfen.

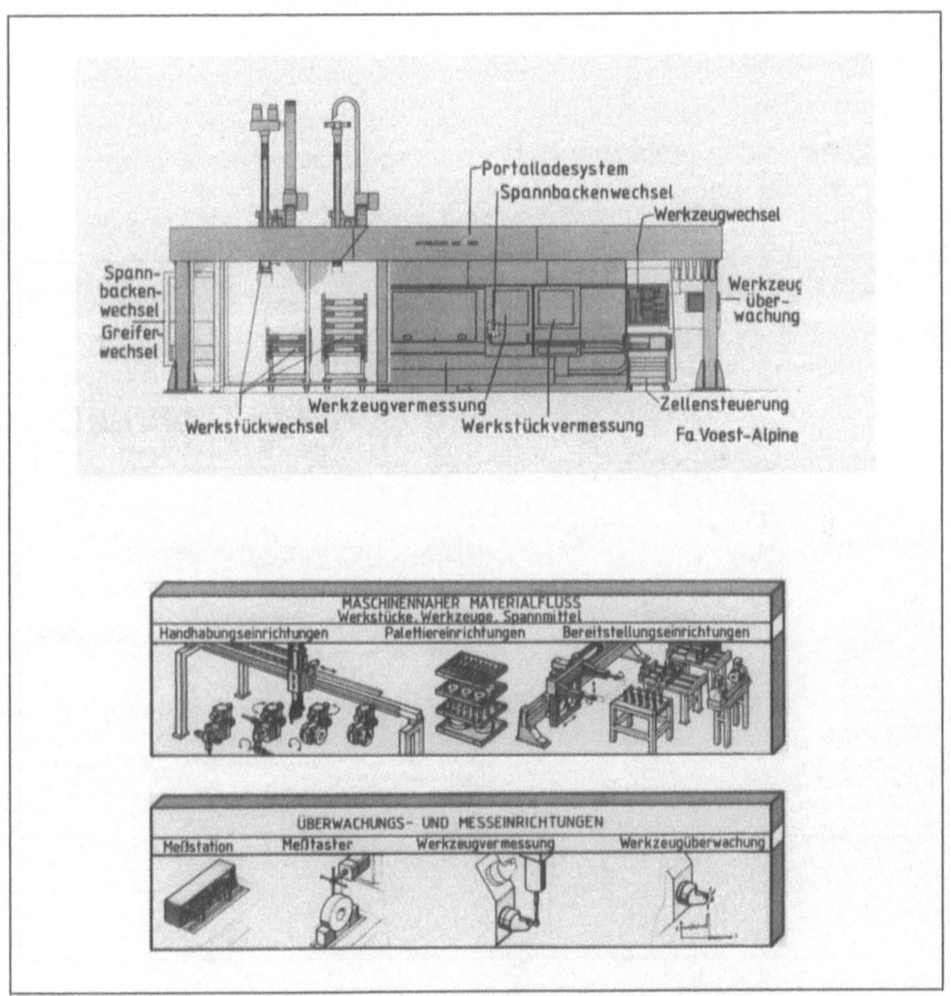

Bild 6.14 **Aufbau und Komponenten einer flexiblen Fertigungszelle (Werkbild Voest-Alpine)**

6.2.3.4 Flexible Fertigungssysteme

Ein flexibles Fertigungssystem ist eine mehrstufige komplexe Produktionsanlage mit folgendem Systemaufbau: Mehrere Bearbeitungssysteme sind über ein automatisches Materialflußsystem miteinander verbunden, so daß eine möglichst vollständige Bearbeitung von unterschiedlichen Werkstücken möglich ist. Damit wird eine automatisierte mehrstufige Mehrproduktfertigung realisiert, wobei die Werkstücke unterschiedliche Systempfade durchlaufen können. Erforderliche Rüstvorgänge an Einzelkomponenten dürfen dabei den Ablauf in den übrigen Teilsystemen nicht beeinträchtigen (Bild 6.15).

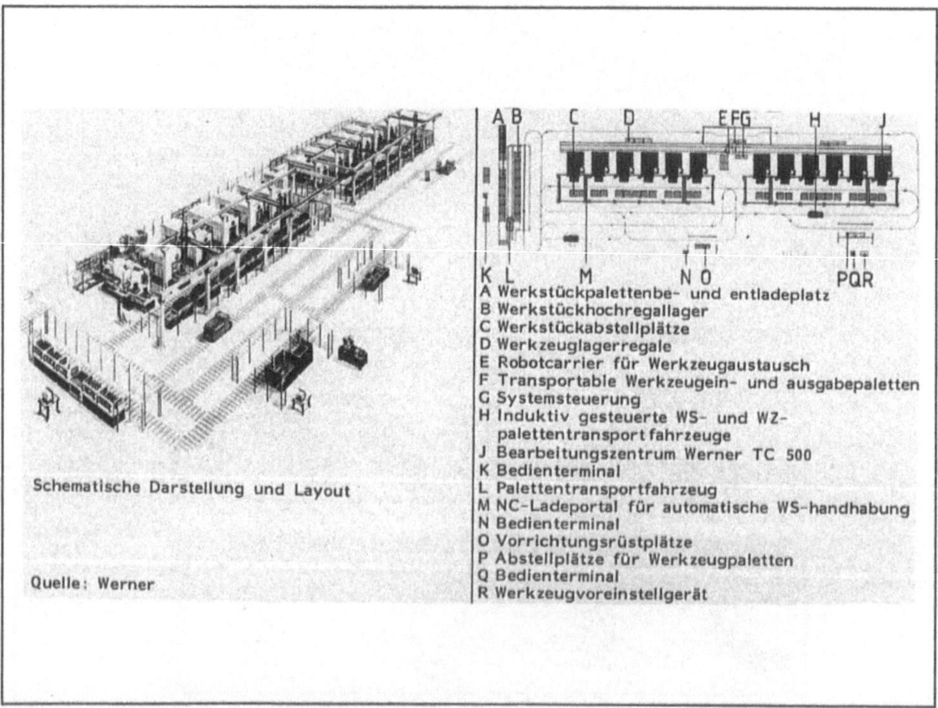

Bild 6.15 Flexibles Fertigungssystem (Werkbild Werner)

6.2.3.5 Flexible Fertigungslinien bzw. flexible Transferstraßen

Hierbei handelt es sich um mehrstufige, komplexe Produktionssysteme, in denen mehrere Bearbeitungsstationen und/oder flexible Fertigungszellen durch ein automatisches Materialflußsystem nach dem Linienprinzip miteinander verbunden sind. Eine flexible Fertigungslinie ermöglicht somit eine automatische Bearbeitung mehrerer unterschiedlicher Werkstücke, die das System auf dem gleichen Pfad durchlaufen. Zum Ausgleich von Taktunterschieden, Rüstzeiten oder kurzfristigen Störungen an Einzelkomponenten können Pufferstrecken integriert werden (Bild 6.16).

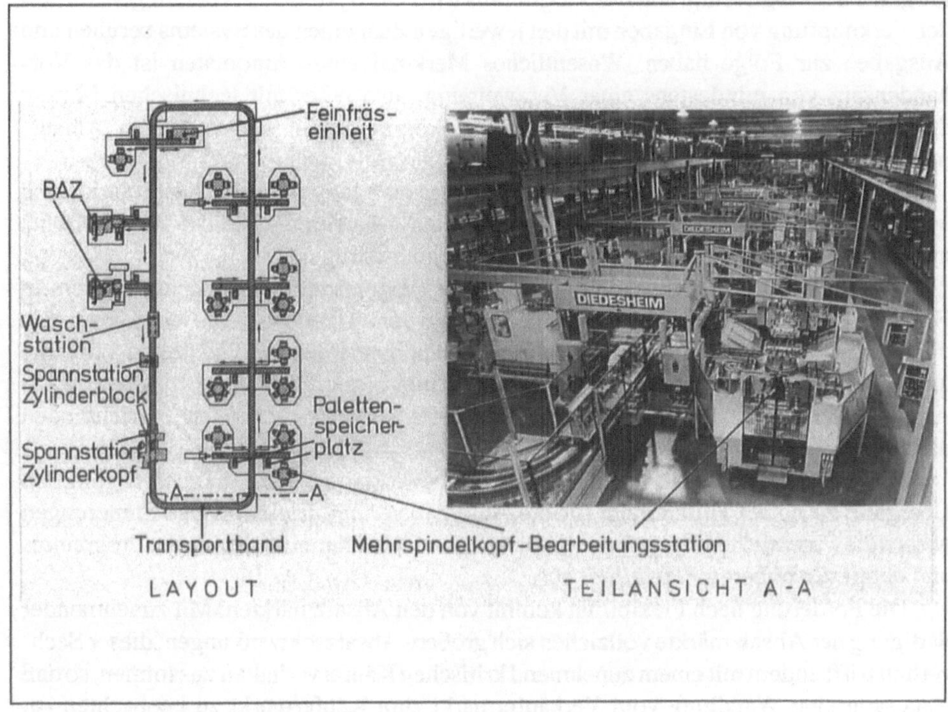

Bild 6.16 Flexible Fertigungslinie (Werkbild Diedesheim)

6.2.4 Automatisierungsmöglichkeiten in der Teilefertigung

6.2.4.1 Definition, Aufgaben und Ziele der Automatisierung

Aufgabe der Mechanisierung ist das Ersetzen oder Erleichtern manueller Tätigkeiten durch mechanische Vorrichtungen oder Maschinen. *Automatisierung* umfaßt neben der Entlastung des Menschen von körperlicher Arbeit auch die Übernahme der während des Ablaufes eines Arbeitsprozesses notwendigen "geistigen Arbeit" des Menschen. Bei automatischer Ausführung einzelner Vorgänge muß ein *selbsttätiger, programmierter Ablauf* gewährleistet sein [6.8]. Die Aufgaben des Menschen beschränken sich lediglich auf das Überwachen und gelegentliche Eingreifen bei Umstell- oder Umrüstarbeiten und bei Wartungs- oder Instandhaltungstätigkeiten.

Stellt man den Menschen in den Mittelpunkt der Betrachtung, dann heißt Automatisierung, "einen Vorgang mit technischen Mitteln so einzurichten, daß der Mensch weder ständig noch in einem erzwungenen Rhythmus für den Ablauf des Vorgangs tätig zu werden braucht" (nach Dolezalek) [6.9].
Nach DIN 19233 [6.10] ist ein Automat ein künstliches System, das selbsttätig ein Programm befolgt. Aufgrund des Programms trifft das System Entscheidungen, die auf der Verknüpfung von Eingaben mit den jeweiligen Zuständen des Systems beruhen und Ausgaben zur Folge haben. Wesentliches Merkmal eines Automaten ist das Vorhandensein von mindestens einer Verzweigung, also einer mit technischen Mitteln durchgeführten logischen Entscheidung im Programm mit verschiedenen Ablaufmöglichkeiten.

Art und Ausführung des Programmträgers einer automatisierten Fertigungseinrichtung bestimmen wesentlich deren Einsatzmöglichkeit. Man unterscheidet mechanische, hydraulische, elektrische und elektronische Programmträger.

Mechanische, hydraulische und elektrische Programmträger werden vor allem in Fertigungseinrichtungen mit starrer Festlegung des Arbeitsablaufes eingesetzt. Sie dienen zur Fertigung großer Stückzahlen und müssen demzufolge selten oder nie umgestellt bzw. umgerüstet werden. Man spricht in diesen Fällen von *konventioneller* Automatisierung, da diese Hilfsmittel die ältesten und verbreitetsten Einrichtungen darstellen.

Die jüngsten Entwicklungen der Elektronik bewirkten auch in der Teilefertigung den Übergang zu neuen Hilfsmitteln für die Automatisierung. Elektronische Steuerungen weisen die wesentlichen Vorteile der einfacheren und schnelleren Änderung des Programms und damit der höheren *Flexibilität* auf.

Die Forderung nach Flexibilität kommt von den Absatzmärkten. Mit zunehmender Sättigung der Absatzmärkte vollziehen sich größere Absatzschwankungen; dieser Sachverhalt trifft zudem mit einem zunehmend kritischen Käuferverhalten zusammen, so daß insgesamt eine Wandlung vom Verkäufermarkt zum Käufermarkt zu beobachten ist. Damit ist in der Teilefertigung eine zunehmende Vielfalt von Werkstücken verbunden, die in entsprechend kleineren Stückzahlen zu fertigen sind. Um auf den in- und ausländischen Märkten konkurrenzfähig zu bleiben, kommt es also hauptsächlich darauf an, auch kleine Stückzahlen rationell, d.h. zu möglichst geringen Herstellkosten zu fertigen (vgl. auch Kapitel 6.2.3.1).

Ziele der Automatisierung in der Fertigungstechnik sind:

- die Verbesserung der Zeit- und Kostenstruktur der Produkterstellung im Sinne einer höheren Wirtschaftlichkeit,
- Erhöhung der Produktqualität und
- die Verbesserung der Arbeitsbedingungen für den Menschen.

Automatisierung wird in allen Bereichen der Produktion fortschreiten. Dadurch werden nicht nur Arbeitsplätze "wegrationalisiert", sondern Automatisierung ist auch ein Schlüssel zur Produktivitätssteigerung, der Wettbewerbsfähigkeit und somit Sicherung und Schaffung von Arbeitsplätzen. Vielfach ist damit gleichzeitig das Aufkommen neuer Tätigkeitsfelder verbunden (Beispiele: Systemanalytiker für EDV-Konzepte, Teileprogrammierer für numerisch gesteuerte Werkzeugmaschinen). Die traditionelle Vorstellung von verschiedenen, eindeutig und eng definierten Einzelberufen muß immer mehr

		AUTOMATISIEREN VON					
RATIONALISIERUNGSZIELE		Haupt-funktionen	Neben-funktionen	Werk-stückfluß	Werkzeug-fluß	Informations-fluß	Ver-/Ent-sorgung
Zeiten senken	Hauptzeiten	●					
	Nebenzeiten		●				
	Rüstzeiten			●	●	●	●
	Durchlaufzeiten			●		●	
Kosten senken	Materialkosten	●					
	Lohnkosten	●	●	●	●	●	●
	Maschinenkosten	●	●				
	Kapitalbindungskosten			●	●		
	Ausschuß-/Nacharbeitsk.	●					
Qualität steigern		●	●				
Arbeitsbedingungen verbessern		●	●	●	●	●	●
"Know-how" erweitern		●	●	●	●	●	●
Fertigungstransparenz erhöhen		●	●			●	

Bild 6.17 Zielsetzungen der Automatisierung in der Fertigung (nach Westkämper) [6.12]

aufgegeben werden. Soziale Fragen sind rechtzeitig zu bedenken und durch entsprechende Maßnahmen aufzufangen [6.11].

Die wesentlichen Ziele der Automatisierung sind in Bild 6.17 zusammengefaßt. In den folgenden Abschnitten werden die wichtigsten automatisierbaren Funktionen in Maschinen und Fertigungssystemen erläutert.

Die wichtigsten, d.h. verbreitetsten spanenden Fertigungsverfahren sind das Drehen, Bohren und Fräsen. Die folgenden Ausführungen und Beispiele orientieren sich an diesen Verfahren, da der Stand der Technik in bezug auf Automatisierung und Flexibilität hier am weitesten fortgeschritten ist. Die angesprochenen Automatisierungsprinzipien gelten aber auch für andere Fertigungsverfahren.

6.2.4.2 Automatisierung der Funktion Bearbeiten

Die Automatisierung der Funktion Bearbeiten hat zum Ziel, an einem Werkstück ein oder mehrere Werkzeuge gleichzeitig oder nacheinander ohne Eingriffe des Maschinenbedieners zum Einsatz zu bringen. Beispiele konventionell automatisierter Maschinen sind *mechanisch* gesteuerte Drehautomaten. Sie arbeiten mit Kurven, die als Trommel- bzw. Scheibenkurven oder als Nocken ausgebildet sind. Kurven sitzen auf einer Steuerwelle, deren Drehzahl so eingestellt wird, daß diese bei der Herstellung eines Werkstücks eine volle Umdrehung macht. Von hier werden dann die Schalt- und Vorschubbewegungen der Schlitten und Übertragungselemente für den sukzessiven Eingriff der Werkzeuge eingeleitet.

Erhebliche Steigerungen der Fertigungsflexibilität und -produktivität können durch Anwendung von *NC-gesteuerten* Maschinen erreicht werden.

Numerische Steuerungen (NC = Numerical Control) steuern Werkzeugmaschinen nach Programmen, in denen alle Weg- und Schaltinformationen enthalten sind, die zum Fertigen eines Teils erforderlich sind. Geometrische und technologische Daten werden in digitaler Form über einen Informationsträger der Maschinensteuerung übergeben. Da diese Informationsträger, bisher meist Lochstreifen, leicht ausgewechselt werden können, ergibt sich in der Regel eine erhebliche Rüstzeiteinsparung von NC-Maschinen gegenüber konventionell gesteuerten Fertigungseinrichtungen und damit auch eine höhere Maschinenproduktivität.

Moderne Mikroprozessor-Steuerungen (CNC = Computerized Numerical Control) erleichtern den Betrieben den Übergang von der konventionellen zur NC-Fertigung. CNC-Maschinen werden oft “vor Ort”, d.h. in der Werkstatt programmiert; die einfachsten Steuerungstypen sind dann lediglich in der Lage, ein Teileprogramm zu speichern und für die folgenden Werkstücke eines Loses zu nutzen. Bei komfortablen Systemen können mehrere Programme gespeichert oder auf einem Datenträger, wie Magnetband oder Lochstreifen, für die Wiederholteilefertigung konserviert werden.

Bild 6.18 zeigt eine einfache CNC-Drehmaschine mit 12-fach-Werkzeugrevolver zur automatischen Fertigbearbeitung einer Werkstückseite.

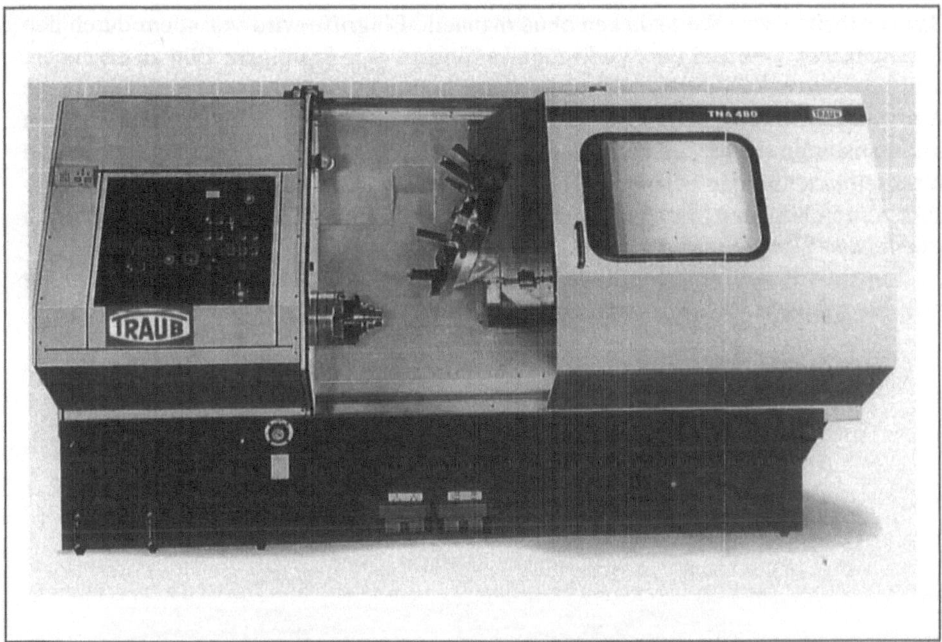

Bild 6.18 CNC-Drehmaschine (Werkbild Traub)

Bild 6.19 CNC-Bearbeitungszentrum mit integriertem Werkzeugwechsler und Werkzeugspeicher (Werkbild Steinel)

Das Bearbeiten von Werkstücken ohne manuelle Eingriffe wird vor allem durch den automatischen Wechsel der Werkzeuge verlängert. Wie in obigem Bild zu erkennen, wird bei modernen Drehmaschinen diese Aufgabe durch eine entsprechende Drehung des Werkzeugrevolvers ermöglicht. Bei anderen Maschinenkonzepten werden für den automatisierten *Werkzeugwechsel* fest mit der Maschine verbundene Greif- und Wechseleinrichtungen benötigt. Bild 6.19 zeigt ein modernes CNC-Bearbeitungszentrum zum Bohren und Fräsen, das mit einem Werkzeugmagazin und einem automatisch arbeitenden Werkzeugwechsler ausgestattet ist.

Einen aktuellen Trend und die derzeit höchste Stufe der Bearbeitungsautomatisierung stellt die weitgehende *Komplettbearbeitung* eines Werkstücks auf einer Maschine dar.

Bild 6.20 CNC-Drehmaschine mit angetriebenen Bohr- und Fräswerkzeugen (Werkbild Index)

Bild 6.21 CNC-Bohr-/Fräsmaschine mit angetriebenem Rundtisch zur Drehbearbeitung (Werkbild SHW)

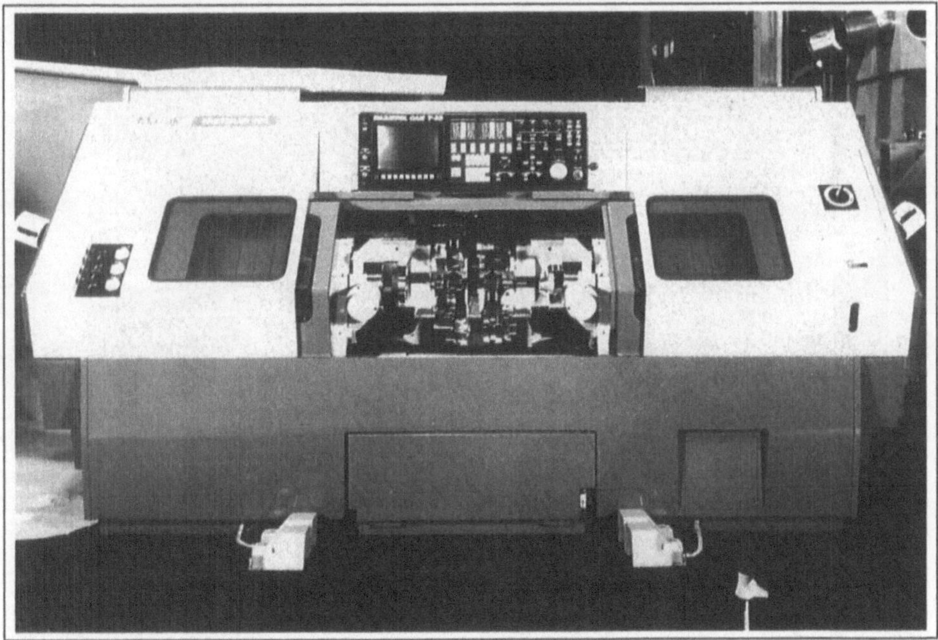

Bild 6.22 Komplettbearbeitung von Futterteilen durch CNC-Drehmaschine mit gegenüberliegenden Spindeln (Werkbild Mazak)

Dabei wird angestrebt, möglichst viele der an einem Werkstück auszuführenden Arbeitsoperationen und anzuwendenden Fertigungsverfahren auf einer einzigen Maschine durchzuführen. Dies wird zum einen durch die Integration zusätzlicher Arbeitsaggregate möglich, die beispielsweise das Ausführen von Bohr- und Fräsoperationen auf Drehmaschinen (Bild 6.20) oder umgekehrt das Drehen auf Bohr-/Fräsmaschinen gestattet (Bild 6.21). Zum anderen kann z.B. bei Drehmaschinen mit gegenüberliegenden Spindeln erreicht werden, daß nacheinander die erste und die zweite Werkstückseite ohne manuellen Eingriff bearbeitet wird. Dabei erfolgt die Übergabe des Werkstücks von der einen in die andere Spindel entweder durch eine Handhabungseinrichtung oder durch eine der beiden Spindeln selbst, die verfahrbar ausgeführt ist (Bild 6.22).

Die weitgehende Fertigbearbeitung auf einer Maschine bewirkt in erster Linie eine Verkürzung der Durchlaufzeit der Werkstücke, da diese weniger Arbeitsstationen anlaufen müssen und damit geringere Liegezeiten verursachen.

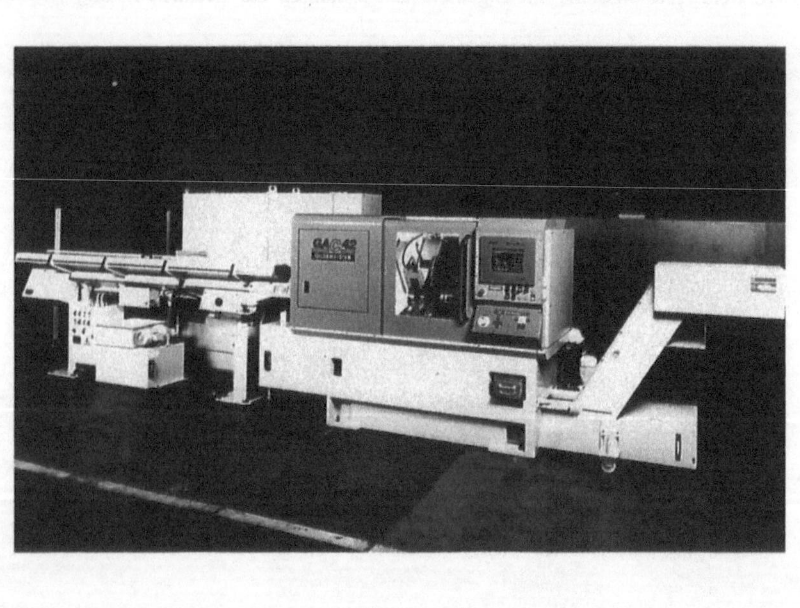

Bild 6.23 Stangenzuführeinrichtung an einem Stangendrehautomaten (Werkbild Gildemeister)

6.2.4.3 Automatisierung der Funktion Handhaben und Speichern

Sobald die Hauptfunktionen des Fertigungsprozesses selbständig ablaufen, rückt die nächste Automatisierungsstufe in den Vordergrund, die das automatische Speichern und Zuführen der Werkstücke in den Arbeitsraum der Maschine beinhaltet.

Bei den Automatisierungsbemühungen der Werkstückwechselfunktion an Maschinen mit relativ kleinen Bearbeitungs- und Spannzeiten steht häufig das Ziel im Vordergrund, den Menschen vom Taktzwang der Maschine zu befreien. Ein einfaches Beispiel hierfür ist die *Stangenzuführeinrichtung* an Stangendrehautomaten, die die Funktionen "Stange speichern" sowie "Stange nachschieben" nach Bearbeiten und Abstechen eines Stangenabschnitts übernimmmt (Bild 6.23).

Dagegen bemüht man sich an Maschinen mit großen Bearbeitungszeiten und hohen Auf- und Umspannzeiten, wie sie bei der Fräs- und Bohrbearbeitung prismatischer Werkstücke häufig auftreten, um eine verbesserte Maschinennutzung, indem die Aufspannung eines Werkstückes während der Bearbeitung eines anderen erfolgt. Diese Lösung wird insbesondere für die kapitalintensiven Bearbeitungszentren in der Gestalt

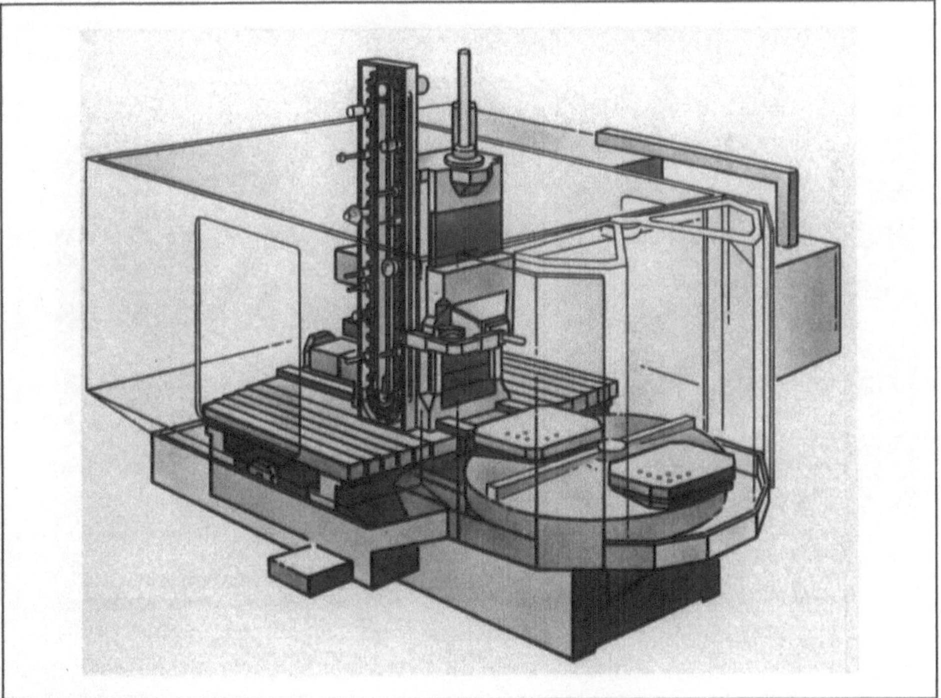

Bild 6.24 Horizontal-Bearbeitungszentrum mit integriertem Palettenwechsler (Werkbild Heller)

von Pendelbearbeitungstischen und Palettenwechseleinrichtungen angeboten. Bild 6.24 zeigt ein modernes NC-Bearbeitungszentrum mit integriertem Palettenwechsler.

In europäischen und vor allem in den skandinavischen Ländern ist ein deutlicher Trend zur Arbeitszeitverkürzung zu beobachten. Damit ist auch die Abkehr von Schicht- und besonders Nachtarbeit verbunden. Für die industrielle Fertigung hat diese Entwicklung zur Folge, daß Maschinen und Produktionsanlagen zeitlich schlechter genutzt werden, wenn sie nicht über einen längeren Zeitraum, z.B. 1 Schicht, "unbemannt" betrieben werden können. Die Nachteile für das Unternehmen sind um so größer, je höher der Kapitaleinsatz und damit der Stundensatz für das Produktionsmittel ist.

Mit der Entwicklung autonom arbeitender *flexibler Fertigungszellen* (vgl. Kapitel 6.2.3.3) wurde ein wesentlicher Schritt in Richtung auf die Einführung von "Geisterschichten" getan. Flexible Fertigungszellen bestehen in der Regel mindestens aus einer CNC-Werkzeugmaschine und den Automatisierungskomponenten Werkstückspeicher und automatisierter Werkstückhandhabung. So verfügen beispielsweise Bearbeitungszentren über Palettenspeicher für mehrere Paletten, aus denen die Maschine während der automatischen Betriebsperiode (Nachtschicht) mit Werkstücken versorgt wird. Bild 6.25 zeigt ein Bearbeitungszentrum mit *Palettenumlaufspeicher* zur automatischen Bearbeitung unterschiedlicher Werkstücktypen.

Bild 6.25 Flexible Fertigungszelle zum Bohren und Fräsen (Werkbild Burkhardt & Weber)

Bild 6.26 Drehfertigungszelle mit NC-gesteuerter Palettenhub- und -vertakteinrichtung (Werkbild Georg Fischer)

Bild 6.27 Bearbeitungszentrum mit Palettenspeicher und Werkzeugmagazinwechsler (Werkbild Hüller Hille)

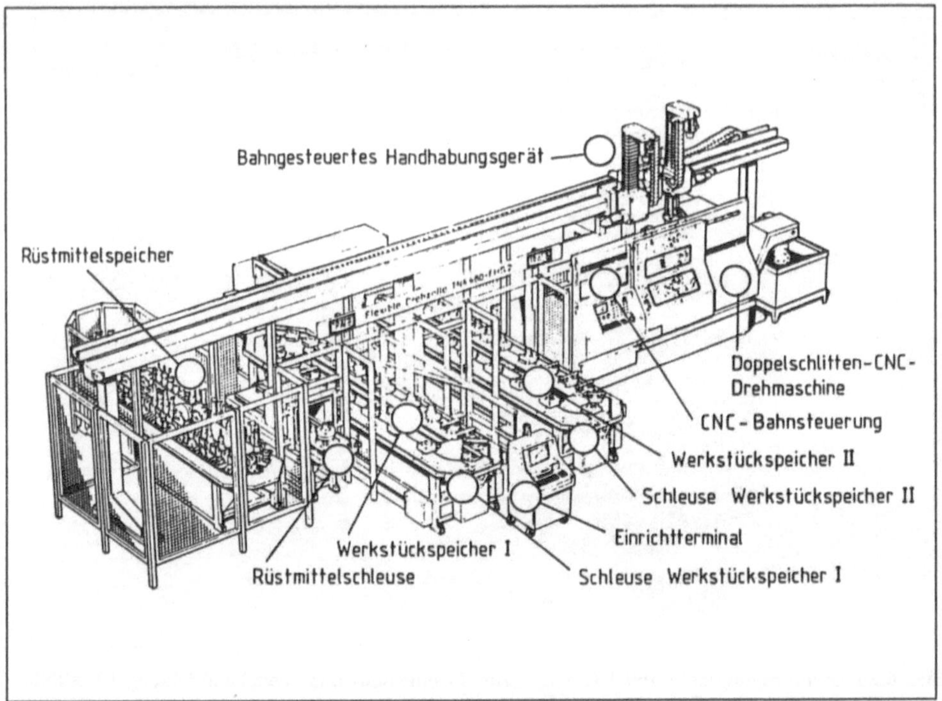

Bild 6.28 Selbstrüstende flexible Drehzelle (Werkbild Traub)

Bei zu Fertigungszellen ausgebildeten Drehmaschinen wird die Funktion "Werkstück handhaben" von integrierten Handhabungs- und Greifeinrichtungen, die Funktion "Werkstück speichern" von speziellen Magaziniereinrichtungen übernommen. Bild 6.26 zeigt eine Drehzelle mit *Ladeportal* und *Palettenhub*- und *-vertakteinrichtung*, die die Werkstückpaletten unter dem Arbeitsraum des Ladeportals vertaktet und nach Abarbeitung der Werkstücke umstapelt.

Der höchste Automatisierungsgrad bei flexiblen Fertigungszellen wird erreicht, wenn nicht nur die Werkstückversorgung, sondern auch die *Werkzeug*- und *Spannmittelversorgung* mittels maschinennaher Speicher- und Wechseleinrichtungen automatisiert ist. Bei Bearbeitungszentren steht hier die Vergrößerung der Werkzeugspeicherkapazität im Vordergrund, um möglichst viele unterschiedliche auf Paletten aufgespannte Werkstücke und damit auch sehr kleine Losgrößen bis hin zur Losgröße 1 automatisch bearbeiten zu können. Bild 6.27 zeigt ein Bearbeitungszentrum mit automatisch wechselbaren Werkzeugmagazinen.

Bei flexiblen Drehzellen steht der automatischen Bearbeitung unterschiedlicher Werkstücktypen meist die begrenzte Flexibilität der Spannfutter im Wege, so daß seit einiger Zeit neben integrierten Werkzeugwechsel- und -speichersystemen auch Handhabungskonzepte zum automatischen Spannfutter- oder Spannbackenwechsel angeboten werden. In Bild 6.28 ist eine solche "selbstrüstende" flexible Drehzelle dargestellt, bei der sowohl Werkzeuge als auch verschiedene Spannfutter maschinennah gespeichert und bei Bedarf automatisch gewechselt werden können.

Der zuverlässige Betrieb solcher Fertigungszellen ohne Bedienpersonal wird nur durch die Möglichkeiten moderner Kleinrechner-Steuerungen (CNC) sichergestellt, die neben der Steuerung des Bearbeitungsprozesses eine Reihe von Hilfsaufgaben übernehmen:

- Bereitstellen mehrerer Bearbeitungprogramme für unterschiedliche Werkstücktypen; übliche Progammspeicher haben eine Kapazität von mehr als 3000 Lochstreifenmetern.
- Werkzeugüberwachung: verschlissene oder gebrochene Werkzeuge werden automatisch aus dem Magazin ersetzt.
- Adaptive Control (AC): selbständiges Anpassen der Bearbeitungsparameter an das Werkstückmaterial durch die Überwachung von Spindeldrehzahl und -drehmoment.
- Qualitätsüberwachung: Ein Tastkopf, der beispielsweise bei Bearbeitungszentren wie ein normales Werkzeug aus dem Magazin in die Spindel gewechselt werden kann, dient in Verbindung mit der entsprechenden CNC-Software zum Kompensieren von Werkstück- und Maschinenverformungen infolge thermischer Einflüsse.

Bild 6.29 3-Wege-Feinbearbeitungsstation in einer Transferstraße (Werkbild Burkhardt & Weber)

6.2.4.4 Automatisierung der Funktion Fördern

Die höchste Automatisierungsstufe in der Teilefertigung wird erreicht, wenn auch die Funktion Fördern, d.h. der Material- und Betriebsmitteltransport von Maschine zu Maschine, automatisch abläuft. Typisch hierfür ist der *automatische Werkstücktransport* in Taktstraßen für die Großserienfertigung, die eine hohe Produktivität und einen schnellen Werkstückdurchlauf ermöglichen. In Bild 6.29 ist eine Arbeitsstation einer Transferstraße zur Gehäusebearbeitung zu sehen, bei welcher der Transportweg der auf Paletten aufgespannten Werkstücke durch die Arbeitsräume der Maschinen führt.

Das starre Linienprinzip der Transferstraße hat jedoch einige Nachteile. Der Ausfall einer Station beispielsweise führt sofort oder nach kurzer Zeit zum Stillstand der gesamten Anlage, so daß der Gesamtnutzungsgrad erheblich beeinträchtigt werden kann. Zum anderen ist eine Transferstraße auf hohe Stückzahlen und Produktlebensdauern ausgelegt, so daß das bearbeitbare Teilespektrum nur wenige Werkstücktypen beinhalten kann und ein Auftragswechsel nur mit großem Umrüstaufwand möglich ist. Aus diesen Gründen wurden auch für die Funktion Fördern flexible Automatisierungslösungen entwickelt, die eine hohe Produktivität bei niedriger Durchlaufzeit gewährleisten. Ein Beispiel hierfür sind *Umlauf-Transportsysteme* mit angetriebenen Rollenbahnen oder

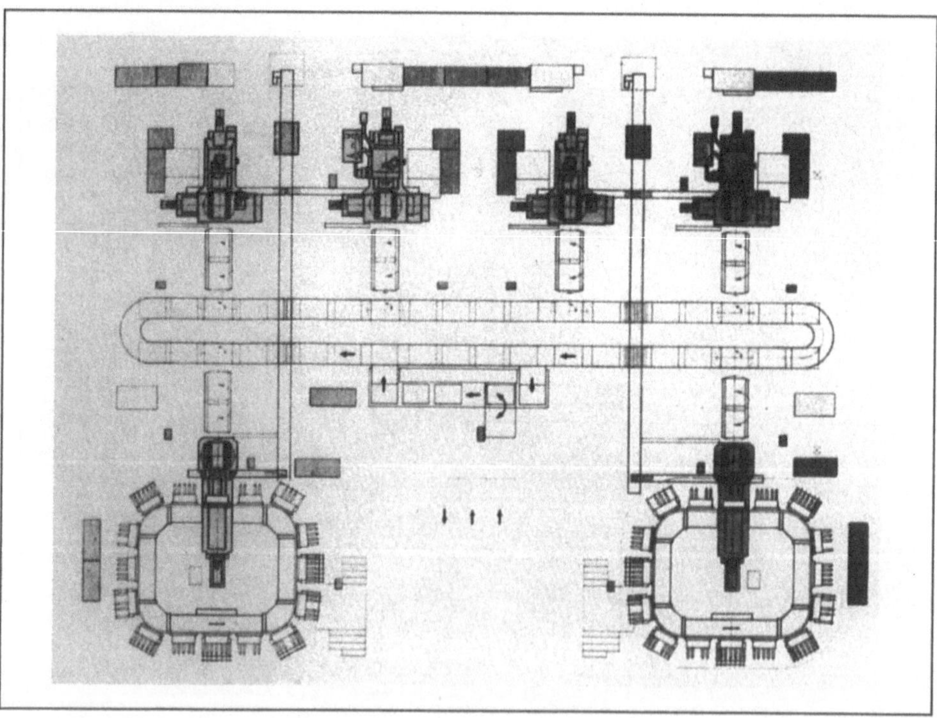

Bild 6.30 Fertigungssystem für LKW-Motorenteile (Werkbild Heller)

Transportbändern, von denen Maschinenpaletten bedarfsweise verschiedenen Arbeitsstationen über Palettenübergabeeinrichtungen zugeführt werden können. Das Fertigungssystem in Bild 6.30 beispielsweise dient zur Bearbeitung von drei unterschiedlichen Motorenteilen mit Abmessungen bis zu etwa 500 x 500 x 400 mm in insgesamt 5 Spannlagen. Als Bearbeitungskonzept wurde eine Kombination von sich ersetzenden und ergänzenden Arbeitsstationen gewählt: Je zwei bauartgleiche Horizontal-Fräsmaschinen, Horizontal-Bearbeitungszentren und Horizontal-Bohrkopfwechselmaschinen kommen zum Einsatz. Diese Kombination von sich ersetzenden und ergänzenden Maschinen in Verbindung mit ein- und mehrspindliger Bearbeitung kommt den Zielen nach hoher Kapitalausnutzung und Produktivität bei hoher Flexibilität weitgehend entgegen. Die Werkstücke werden an zentraler Stelle des Systems auf Paletten gespannt und in das Umlauf-Transportsystem eingeschleust. Zum Werkstückwechsel dienen Palettenwechseleinrichtungen, die gleichzeitig als Puffer für eine Palette fungieren. Eine zusätzliche Pufferfunktion erfüllt das Umlauf-Transportsystem mit denjenigen Paletten, deren Zielstation momentan belegt ist. Die Arbeitsstationen sind mit dezentralen numerischen Steuerungen mit Programmspeicher ausgerüstet; die Steuerprogramme können entsprechend einer Codierung abgerufen werden, die an der

Bild 6.31 Werkstückbeschickung von Bearbeitungszentren durch ein induktiv geführtes Flurförderzeug (Werkbild Scharmann)

jeweiligen Maschinenpalette angebracht ist und automatisch von den Arbeitsstationen gelesen werden kann.

Bessere Flexibilitätseigenschaften, beispielsweise bezüglich der Änderung oder Erweiterung der Linienführung haben *induktiv geführte Flurförderzeuge (IGF)*, die über einen im Boden verlegten Leitdraht entlang eines vorgegebenen Fahrkurses verschiedene Arbeitsstationen unabhängig voneinander mit Werkstückmagazinen oder Maschinenpaletten versorgen können. Während in Bild 6.31 der Transport einer Maschinenpalette mit gespanntem Werkstück durch ein IGF zu sehen ist, zeigt Bild 6.32 ein flexibles Fertigungssystem für Werkzeugmaschinenteile, das an ein automatisches Hochregallager zur Speicherung von Werkstücken und Betriebsmitteln angebunden ist.

Eine Zusammenstellung der zur Zeit gängigen Fördersysteme in der Teilefertigung zeigt Bild 6.33, in dem die automatisierten Lösungen mit dem konventionellen, handbedienten Gabelstapler verglichen werden. Hier wird insbesondere deutlich, daß fast alle Förderprinzipien neben dem höheren technischen Aufwand auch gewisse Flexibilitätseinbußen hinnehmen müssen, die letztlich aber durch die insgesamt straffere Organisation und durch die höhere Nutzung des betreffenden Fertigungssystems ausgeglichen werden.

Zusammenfassend für dieses Teilkapitel sind in Bild 6.34 die möglichen Automatisierungsstufen in der Teilefertigung beispielhaft für die Fertigungsverfahren Bohren und Fräsen dargestellt.

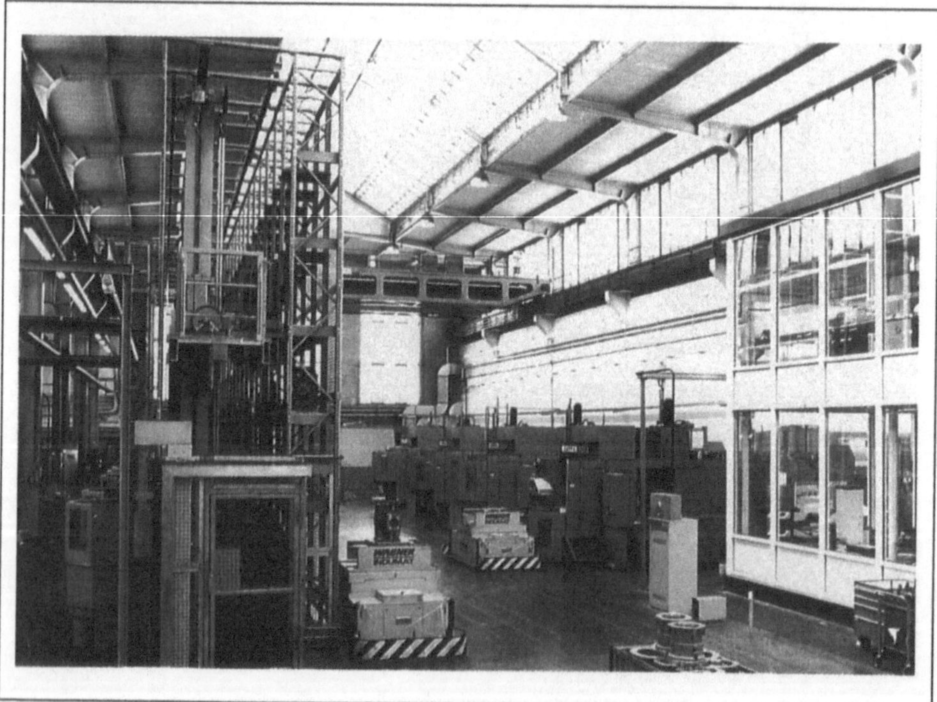

Bild 6.32 Flexibles Fertigungssystem für Werkzeugmaschinenteile (Werkbild Heller)

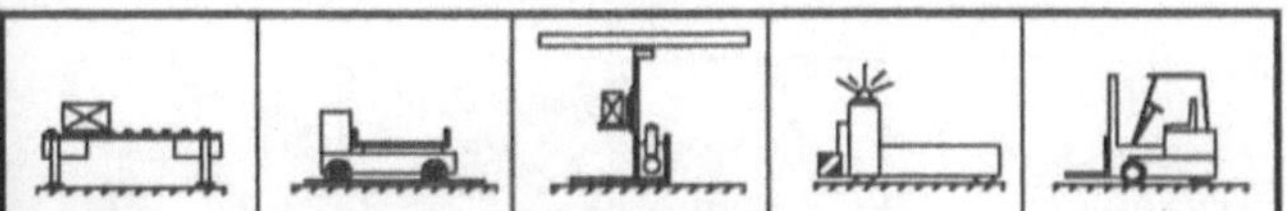

Bewertungskriterien \ Transportsysteme	Angetriebene Rollenbahn	Schienenwagen	Regalbediengerät	IGF	Gabelstapler
Technischer Aufwand	○	●	◐	◐	●
Sicherheitsaufwand	●	●	●	◐	●
Änderung des Streckenverlaufs	○	○	○	●	●
Anpassung der Fördermenge	●	○	○	●	●
Manueller Notbetrieb	◐	○	○	●	●
Störanfälligkeit	◐	●	○	●	●
Bodenflächenbedarf	○	◐	◐	◐	◐
Pufferbildung	●	○	○	○	○
Energieverbrauch	○	●	●	●	●
Behinderung des Personenverkehrs	○	○	●	●	●

Bewertung: ● Gut ◐ Mittel ○ Schlecht

Bild 6.33 Bewertung konkurrierender Transportsysteme

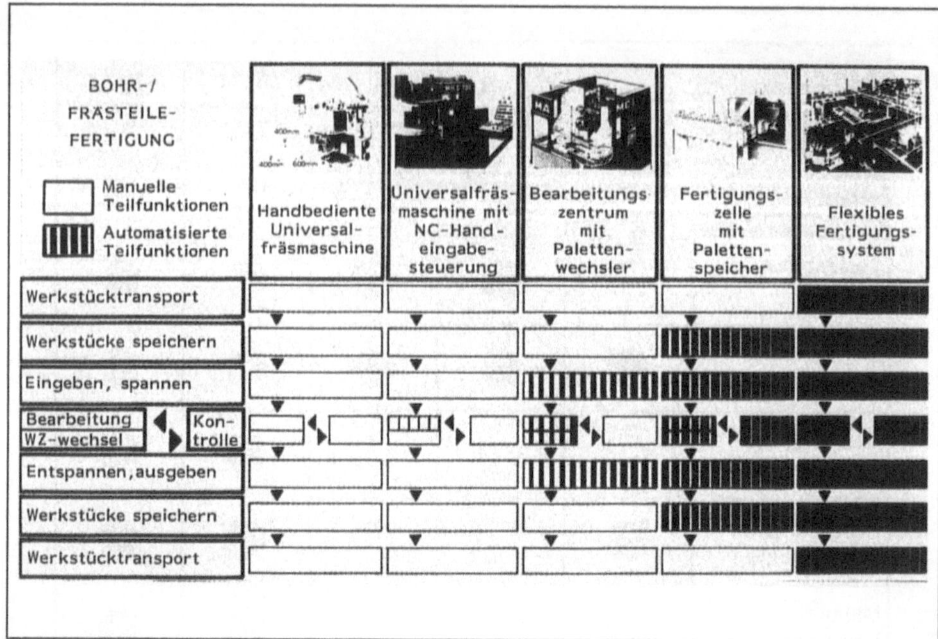

Bild 6.34 Stufenweise Automatisierung in der Bohr-/Frästeilefertigung

6.3 Montage

6.3.1 Aufgaben der Montage

Während die Teilefertigung die Aufgabe hat, die geometrische Gestalt, Beschaffenheit und Oberfläche des Grundmaterials zu verändern, werden in der Montage Einzelteile zu Einheiten (Baugruppen, Geräten, Anlagen) zusammengebaut (Bild 6.35).

> "Die Montageaufgaben ergeben sich aus der Forderung, bestimmte Teilsysteme eines Produktes zu einem System höherer Komplexität und vorgegebener Funktionen in einer bestimmten Stückzahl je Zeiteinheit zusammenzubauen. Dabei kann ein Teilsystem eines Produktes entweder aus einem Einzelteil, einem formlosen Stoff oder aus einer Baugruppe bestehen" [6.31].

In den meisten Betrieben hat der Einsatz automatischer Bearbeitungsmaschinen und komplexer Fertigungssysteme sowohl auf dem Sektor der spanenden als auch der spanlosen Fertigung, verbunden mit einer straffen Organisation des Fertigungsablaufes, zu einer kostengünstigen Herstellung der Einzelteile geführt. Dieser weitgehend rationalisierten Teilefertigung steht der wachsende hohe Anteil der Montagekosten gegenüber.

Diese Kosten sind hauptsächlich auf die bei der Montage vorkommenden manuellen Tätigkeiten zurückzuführen, die einen hohen Zeitaufwand bedingen, der je nach Produkt

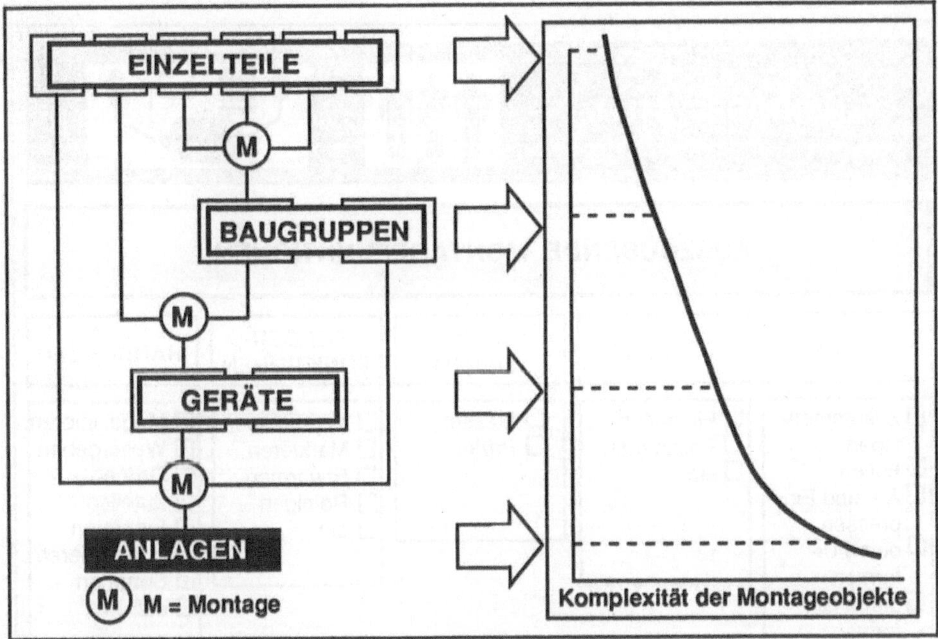

Bild 6.35 Fertigungsstufen in der Montage [6.13]

bis zu 70 % des gesamten Herstellaufwands betragen kann (Bild 6.36).
Sowohl die manuell als auch die automatisch ausgeführten Montagetätigkeiten setzen sich aus den in Bild 6.37 dargestellten Montagefunktionen zusammen.

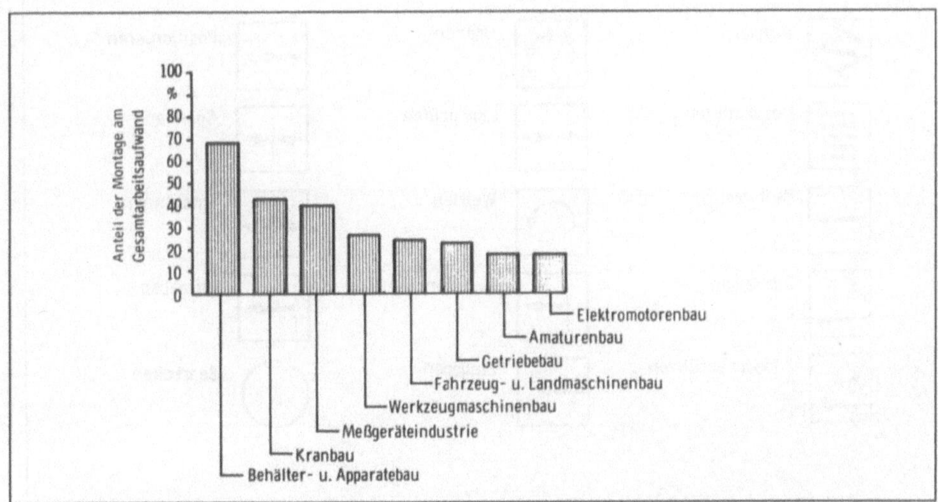

Bild 6.36 Aufwand für innerbetriebliche Montagearbeiten in verschiedenen Industriezweigen

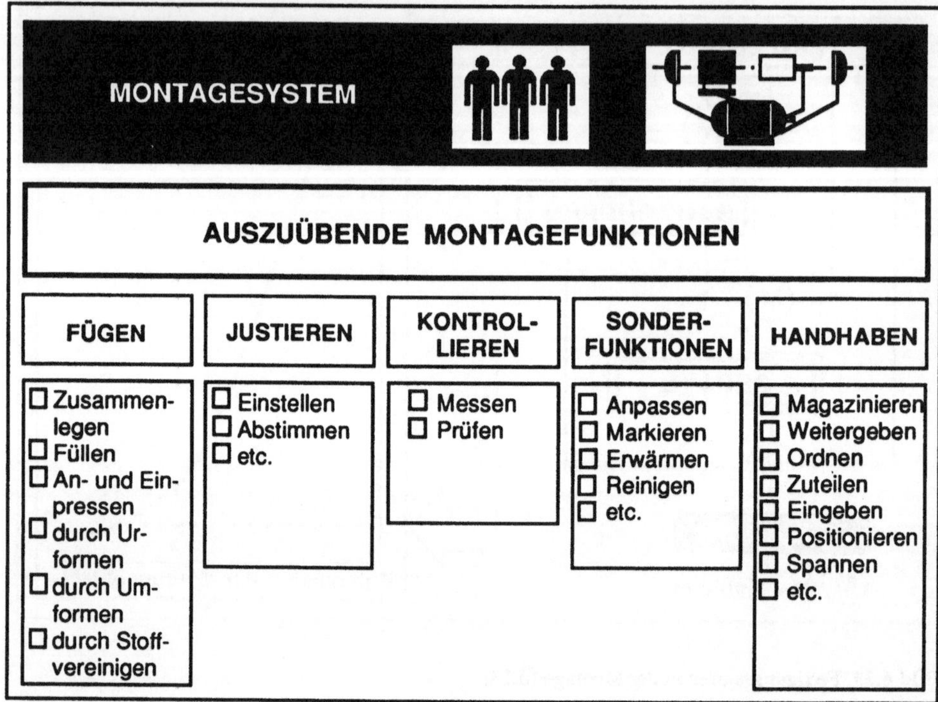

Bild 6.37 Montagefunktionen

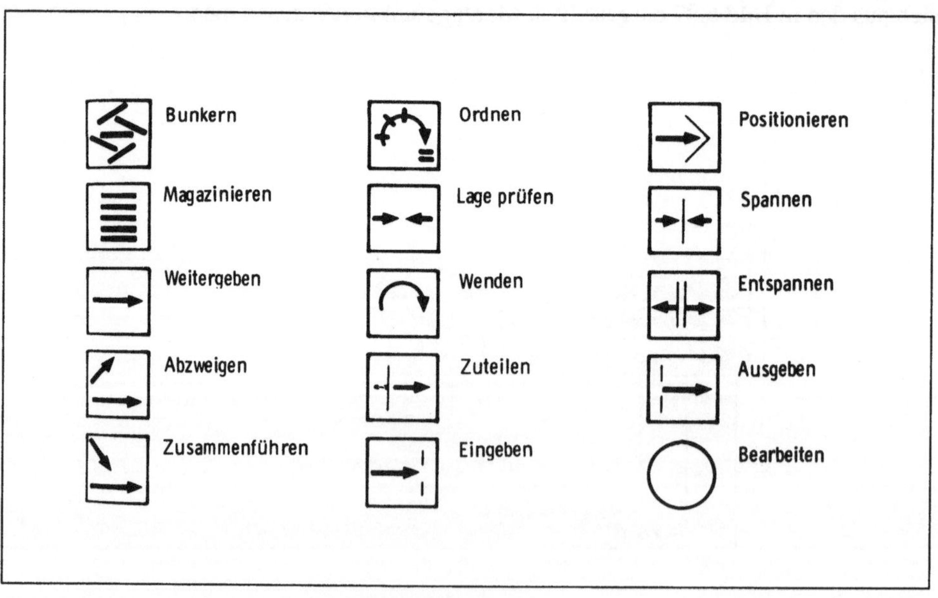

Bild 6.38 Zubringefunktionen (nach VDI-Richtlinie 3239)

"Unter *Handhaben* versteht man alle Vorgänge, die den Werkstoff- oder Werkstückfluß im Bereich der Fertigungseinrichtung bewirken. Die Werkstücke werden dabei in richtiger Lage und Menge zu einem bestimmten Zeitpunkt an der Bearbeitungsstelle positioniert, gespannt und nach der Bearbeitung entspannt und weitergeleitet". [6.32]

Die Werkstückhandhabung wird nach der VDI-Richtlinie 3239 mit Zubringen bezeichnet und in mehrere Zubringefunktionen unterteilt (Bild 6.38).
Das *Kontrollieren* dient dazu, eine Abweichung zwischen Ist- und Sollwert eines Prozeßparameters (z.B. Oberfläche, Länge) qualitativ oder quantitativ zu ermitteln.
Fügen bedeutet nach DIN 8593 das Zusammenbringen von zwei oder mehr Werkstücken geometrisch fester Form oder von ebensolchen Werkstücken mit formlosem Stoff. Dem eigentlichen Fügevorgang muß häufig noch eine zusätzliche Bearbeitung vorausgehen. Diese *Sonderfunktionen* werden notwendig, wenn z.B. Teile aufgrund des Fügeverfahrens (z.B. An- und Einpressen) erwärmt oder abgekühlt bzw. gereingt, entgratet oder angepaßt werden müssen.

"Unter *Justieren* ist ein geometrischer Eingriff in das Montageobjekt zu verstehen, bei dem die geforderte Qualität oder Funktion durch Verändern der relativen Lage von Fügeparametern erreicht wird" [6.14].

Bild 6.39 zeigt die prozentualen Zeitanteile verschiedener Funktionen am Montageprozeß bei Einzel- und Großserienfertigung [6.15].
Der Anteil der Anpassarbeiten ist in der Einzelfertigung sehr hoch, wohingegen ihr niedriger Anteil in der Großserienfertigung Voraussetzung für ein wirtschaftliches Arbeiten ist.

Eine wesentliche Grundlage für die Entscheidung, wie und womit die Montageaufgaben erfüllt werden sollen, ist die Produktstruktur, die aus den Konstruktionsunterlagen ersichtlich ist. Die Entscheidung ist Ergebnis eines Planungsprozesses, dessen Systematik in Abschnitt 6.3.5 erläutert wird. Im folgenden wird darauf eingegangen, wie die Montageaufgaben strukturiert werden können.

Der Montageprozeß erfolgt, ausgehend von der Produktstruktur, nach bestimmten

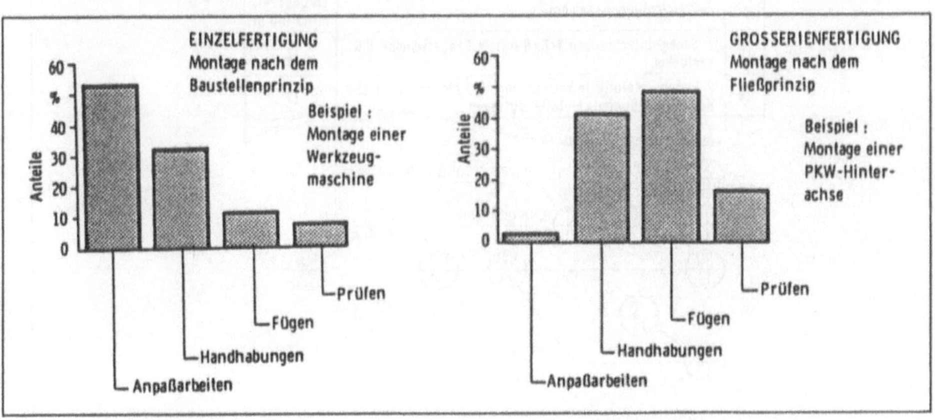

Bild 6.39 Zeitanteile bei der Montage nach dem Baustellenprinzip und dem Fließprinzip [6.16]

Gesetzmäßigkeiten. Diese werden in einem netzplanartigen Schaubild, dem Vorranggraphen (Bild 6.40), dargestellt, der angibt welche Montagevorgänge (Montageteilverrichtungen) nacheinander bzw. zeitlich parallel ablaufen können.

Sowohl der Montageprozeß als auch die Art der Leistungswiederholung, d.h. Anzahl der Produkte, die gleichzeitig oder nacheinander pro Zeiteinheit hergestellt werden, bestimmen im wesentlichen die Struktur des Montagesystems. Unter der Struktur des Montagesystems versteht man dessen Gliederung in Montageteilsysteme, in denen bestimmte Abschnitte des Montageprozesses durchgeführt werden [6.13].

Das Maß und die Art der Arbeitsteilung ist ein wesentlicher Faktor für die Strukturierung des Montagesystems (vgl. Abschnitt 6.1.2.3).

Als Beispiel für die Grobstrukturierung zeigt Bild 6.41 die Gliederung eines Montagesystems in die Teilsysteme

- Vormontage und
- Endmontage.

In der Vormontage werden hauptsächlich die Baugruppen eines Erzeugnisses vormontiert (Baugruppenmontage). Anschließend werden die Baugruppen in der Endmontage zum fertigen Erzeugnis zusammengebaut.

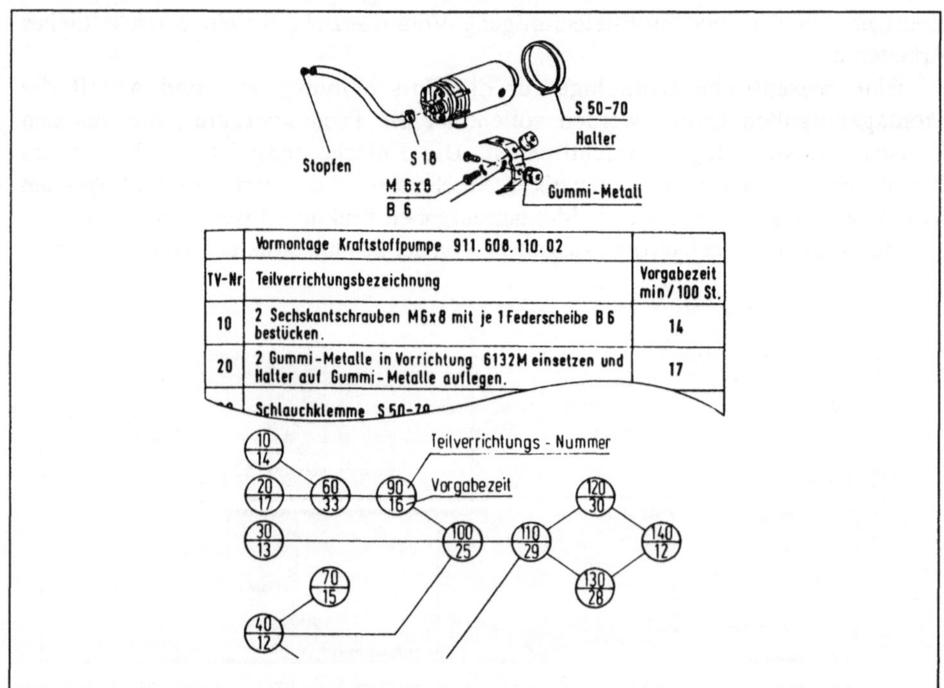

	Vormontage Kraftstoffpumpe 911.608.110.02	
TV-Nr	Teilverrichtungsbezeichnung	Vorgabezeit min / 100 St.
10	2 Sechskantschrauben M6x8 mit je 1 Federscheibe B 6 bestücken.	14
20	2 Gummi-Metalle in Vorrichtung 6132M einsetzen und Halter auf Gummi-Metalle auflegen.	17
	Schlauchklemme S 50-70	

Bild 6.40 Vorranggraph - Ergebnis der Analyse eines einfachen Produkts

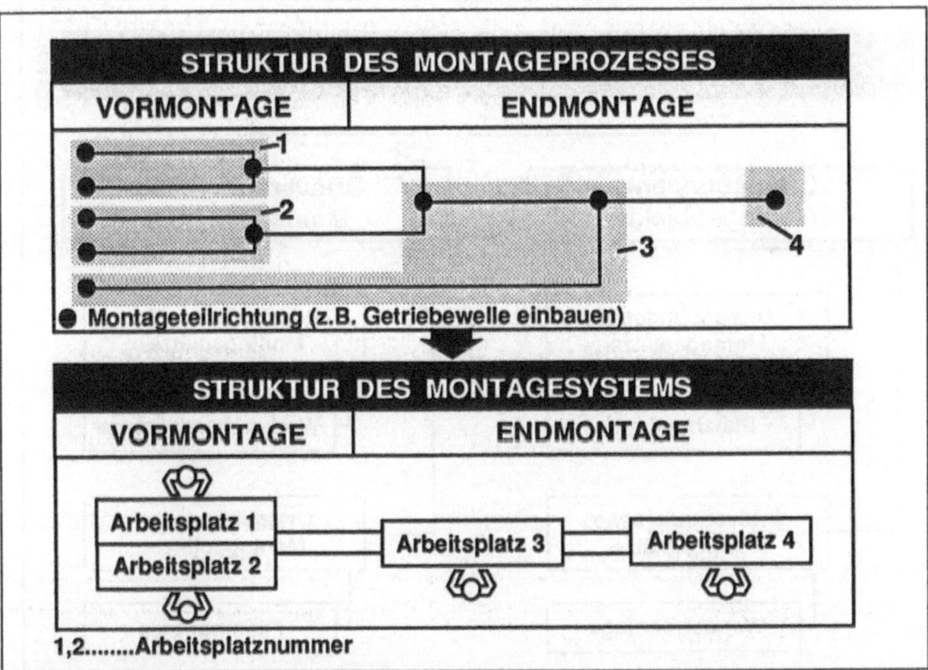

Bild 6.41 Strukturierung eines Montagesystems ausgehend von der Struktur des Montageprozesses

Ein weiteres Charakteristikum eines Montagesystems ist die organisatorische Gestaltung der Teilsysteme. Hierdurch ist die gegenseitige Zuordnung von Mitarbeitern, Montageobjekten (Einzelteile, Baugruppen) und Betriebsmitteln zu verstehen. Außerdem zählt zur organisatorischen Gestaltung die räumliche Anordnung der Arbeitsplätze sowie deren Kombination zu montagetechnischen Einheiten. Neben der Ermittlung der Struktur stellt die Bestimmung der Organisationsform des Montagesystems bzw. der -teilsysteme eine der Hauptaufgaben bei der Planung eines Montagesystems dar.

6.3.2 Organisationsformen der Montage

Das wesentliche Kriterium zur Bestimmung der Organisationsform des Montagesystems bzw. -teilsystems stellt das Montageobjekt dar (Bild 6.42). Man unterscheidet:

- ortsgebundene Montageobjekte
- ortsveränderliche Montageobjekte.

Bei ortsgebundenen Montageobjekten erfolgt der Zusammenbau ohne Ortsveränderung, während bei ortsveränderlichen Montageobjekten eine Weitergabe von Montagestation zu Montagestation durchgeführt wird.

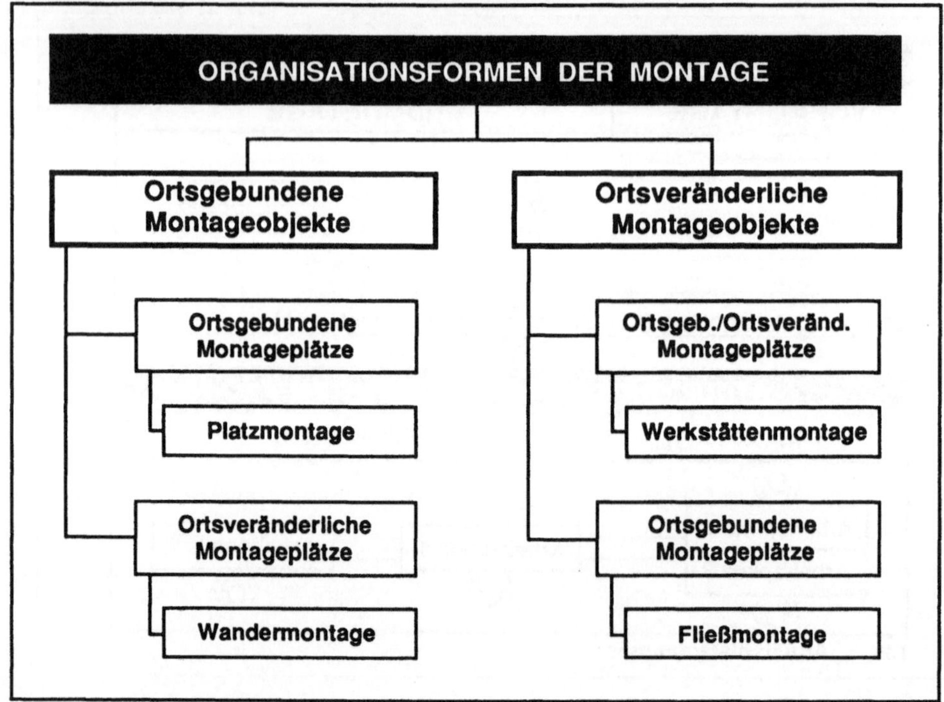

Bild 6.42 Gliederungsmerkmale der Organisationsformen der Montage

6.3.2.1 Organisationsformen bei ortsgebundenen Montageobjekten

Die Organisationsformen bei ortsgebundenen Montageobjekten werden, entsprechend des Kriteriums des ortsgebundenen und ortsveränderlichen Montageplatzes, in die Platzmontage und Wandermontage unterteilt (Bild 6.43).

Im Bereich Platzmontage wird anhand der Arbeitsteilung unterschieden zwischen Einzelplatzmontage und Baustellenmontage.

Bei der *Einzelplatzmontage* erfolgt die vollständige Montage eines Erzeugnisses oder einer Baugruppe an einem ortsgebundenen Montageplatz ohne vorgegebene Aufteilung.

Die *Baustellenmontage* ist die stufenweise Montage eines Erzeugnisses an entsprechend dem Einsatzort der Erzeugnisse vorgegebenen Montageplätzen. Das Montageobjekt wird vom Beginn bis zur Fertigstellung von einem oder mehreren Monteuren bearbeitet, ohne daß eine definierte Arbeitsteilung vorgegeben ist [6.3].

Im Gegensatz zur Platzmontage "wandern" die Mitarbeiter bei der *Wandermontage* von einem ortsgebundenen Montageobjekt zum anderen und führen hierbei jeweils einen definierten Montageteilauftrag durch. Da der Arbeitsfortschritt am Montageobjekt den jeweiligen Ort der Arbeitsausführung bestimmt, werden die Montageplätze als nicht ausgerichtet bezeichnet.

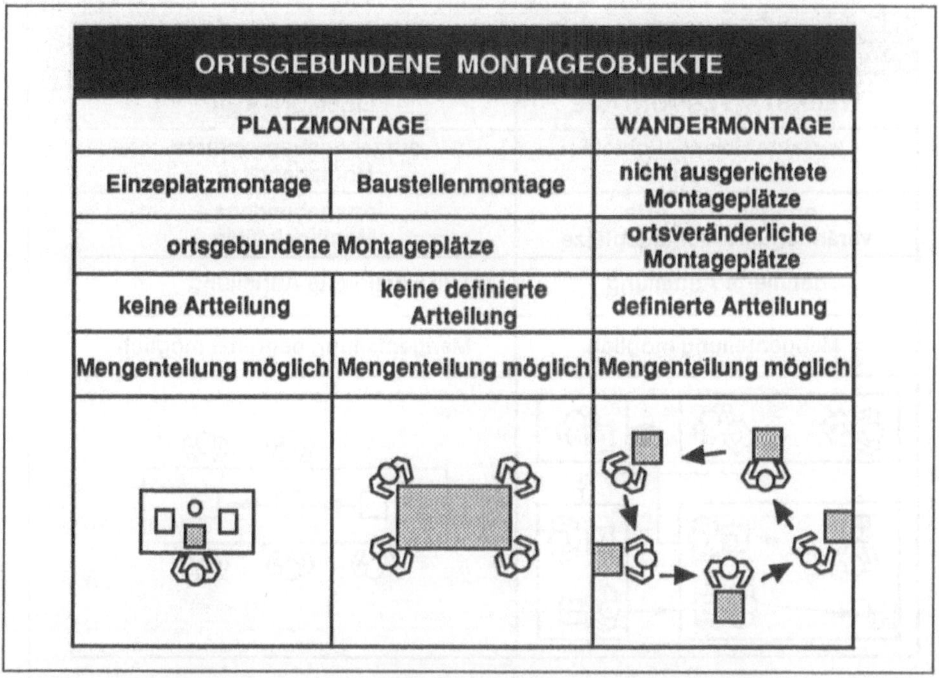

ORTSGEBUNDENE MONTAGEOBJEKTE		
PLATZMONTAGE		WANDERMONTAGE
Einzeplatzmontage	Baustellenmontage	nicht ausgerichtete Montageplätze
ortsgebundene Montageplätze		ortsveränderliche Montageplätze
keine Artteilung	keine definierte Artteilung	definierte Artteilung
Mengenteilung möglich	Mengenteilung möglich	Mengenteilung möglich

Bild 6.43 Organisationsformen der Montage bei ortsgebundenen Montageobjekten

6.3.2.2 Organisationsformen bei ortsveränderlichen Montageobjekten

Im Falle ortsveränderlicher Montageobjekte wird unterschieden zwischen Organisationsformen der Werkstättenmontage und der Fließmontage (Bild 6.44).

Bei der selten vorkommenden Organisationsform der *Werkstättenmontage* erfolgt der stufenweise, verfahrensausgerichtete Zusammenbau von Erzeugnissen in räumlich zusammengefaßten, ortsgebundenen oder ortsveränderlichen Montageplätzen. Der Ablauf der Montage wird durch den Weitertransport des Montageobjektes in die nächste Werkstatt unterbrochen.

Bei der *Fließmontage* sind die Montageplätze entsprechend der zu erfüllenden Montageaufgabe örtlich so angeordnet, daß die Reihenfolge der Montagestationen mit der Montagevorgangsfolge übereinstimmt (aufgabenausgerichtete Montageplätze). Infolge dieser Anordnung liegt eine zeitliche Abhängigkeit durch laufend ankommende, zu bearbeitende und weiterzugebende Werkstücke vor. Bei dieser Organisationsform muß unterschieden werden zwischen Fließmontage mit und ohne Taktvorgabe [6.33] (Bild 6.45).

Unter der Taktzeit ist das zur Verfügung stehende Zeitintervall zu verstehen, innerhalb dessen jeder Arbeitsvorgang erledigt werden muß. Der längste Arbeitsvorgang bestimmt hierbei den Takt. Die Vorgabe des Taktes kann sowohl durch optische oder akustische Signale als auch durch das Fördermittel selbst erfolgen.

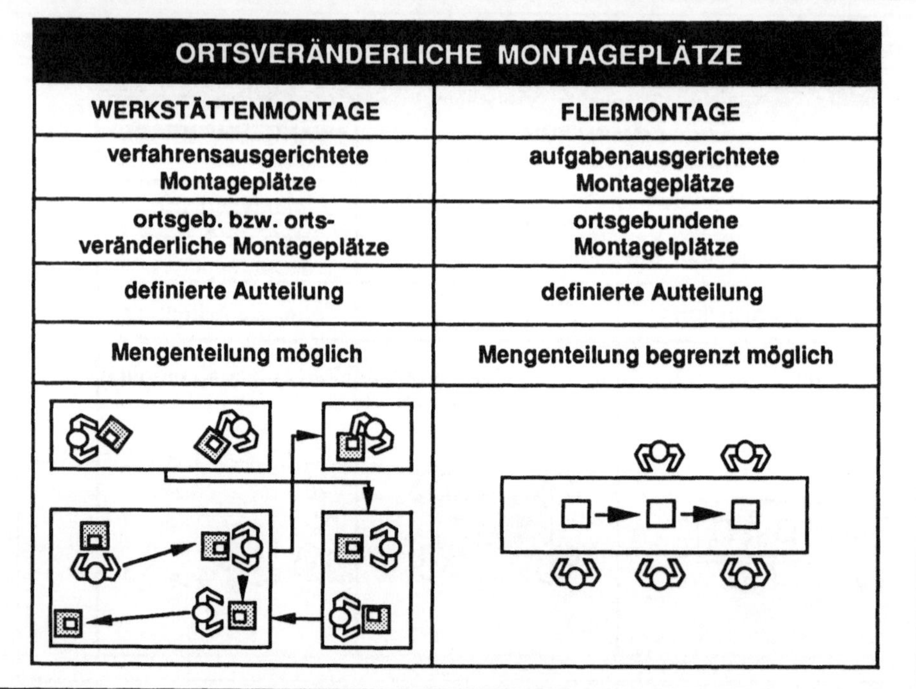

Bild 6.44 Organisationsform der Montage bei ortsveränderlichen Montageobjekten

Da bei der Fließmontage ohne Taktvorgabe die Arbeitsstationen keinem vorgegebenen Takt unterworfen sind, wird diese auch als *lose Fließmontage* bezeichnet. Die infolge der Montagevorgangsfolge bestehende zeitliche Abhängigkeit der Stationen kann zusätzlich durch die Bildung von Puffern vermindert werden.

Unter Puffer sind technische Einrichtungen zwischen Teilbereichen der Montage zu verstehen, die in der Lage sind, Arbeitsgegenstände von einem vorgelagerten Montageplatz aufzunehmen, zu speichern und im Verarbeitungsrhythmus einem nachgelagerten Montageplatz abzugeben. Die Weitergabe des Montageobjektes erfolgt bei der losen Fließmontage meist in Förderlosen.

Bei der *elastischen Fließmontage* ist es den Arbeitskräften möglich, ihren Arbeitsrhythmus trotz vorgegebener Taktzeit begrenzt individuell zu bestimmen. Dazu trägt bei, daß zwischen den Montageplätzen oder am Montageplatz selbst zeitlich begrenzte Puffer gebildet werden können (z.B. durch das Ablegen mehrerer Werkstücke auf dem Arbeitsplatz).

Im Falle der *starren Fließmontage* ist den Mitarbeitern kein Spielraum gegeben, den infolge des Taktes vorbestimmten Arbeitsrhythmus individuell zu wählen. Bei dieser Form der Montage fehlt jegliche Pufferbildung zwischen den Arbeitsplätzen.

Ein weiteres Gliederungsmerkmal der Fließmontage stellt die Art der Förderung des Montageobjektes dar. Man unterscheidet folgende Förderprinzipien [6.33]:

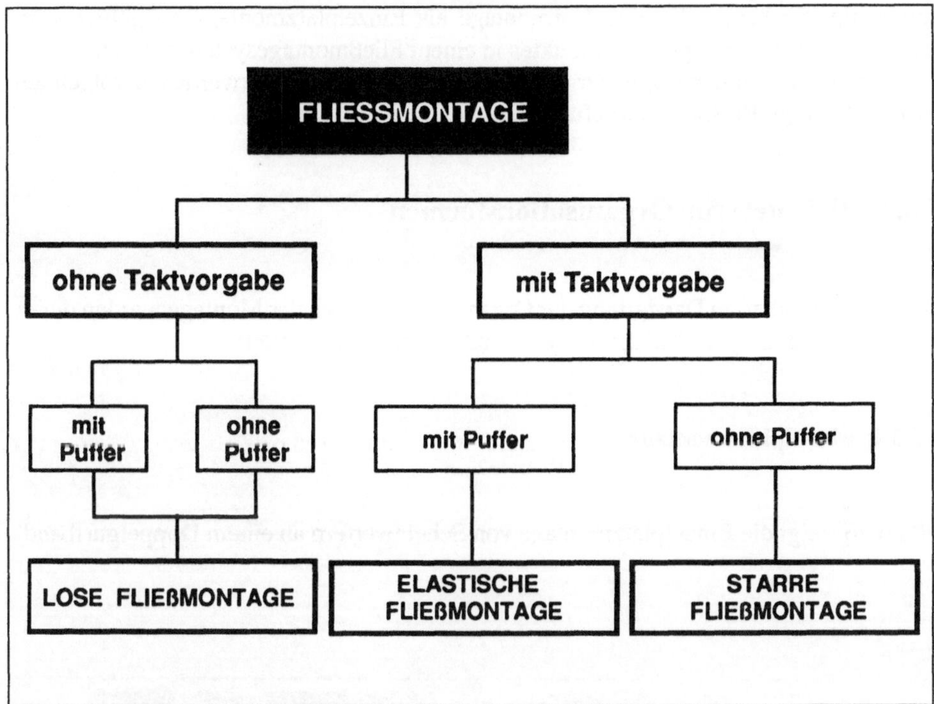

Bild 6.45 Formen der Fließmontage

- manuelle Förderung,
- manuell-mechanische Förderung,
- mechanische Förderung.

Unter der *manuellen Förderung* versteht man die Weitergabe des Werkstückes von Hand, wobei waagrecht angeordnete, nicht angetriebene Fördermittel (z.B. Röllchenbahnen) den Transport erleichtern können.

Die *manuell-menchanische Förderung* ist dadurch gekennzeichnet, daß das Werkstück nach dem Ablegen auf dem Fördermittel (z.B. Gurtband, abfallend angeordnete Röllchenbahnen) einen bestimmten Weg in Richtung Arbeitsfortschritt selbsttätig ausführt.

Bei der *mechanischen Förderung* fehlt jegliche manuelle Tätigkeit, da die Bearbeitung der Werkstücke auf dem angetriebenen (z.B. kontinuierlich oder intermittierend angetrieben) Fördermittel erfolgt.

Außer den beschriebenen Organisationsformen ist z.B. aufgrund produkt- und produktionsspezifischer Einflußfaktoren (z.B. Größe des Produktes, zu montierende Stückzahl des Produktes) die Realisierung von Mischformen in einem Montagesystem notwendig. So kann z.B. eine Vormontage als Einzelplatzmontage ausgelegt sein, während die Endmontage des Produktes in einem Fließmontagesystem erfolgt.

Zur Veranschaulichung der Organisationsformen der Montage werden im folgenden Abschnitt einige Beispiele aufgeführt.

6.3.3 Beispiele für Organisationsformen

Bei der beispielhaften Darstellung der Organisationsformen der Montage werden deren Merkmale und die grundsätzlichen Vor- und Nachteile aufgeführt.

6.3.3.1 Einzelplatzmontage

Bild 6.46 zeigt die Einzelplatzmontage von Scheinwerfern an einem Doppelgurtband.

Bild 6.46 Einzelplatzmontage von Scheinwerfern an einem Doppelgurtband (Werkbild Bosch)

Merkmale der Einzelplatzmontage:
- geeignete Organisationsform für kleinere, gut zu handhabende Produkte oder Baugruppen;
- Einsatz hauptsächlich in der Vormontage von Produkten (Baugruppenmontage) bzw. in der Serienfertigung mit geringem Montageaufwand und geringem Bedarf an unterschiedlichen Arbeitsmitteln;
- Ausführung hauptsächlich manueller Tätigkeiten.

Vorteile der Einzelplatzmontage:
- große Flexibilität bezüglich Stückzahlveränderungen und Typenvielfalt;
- Störungen haben keine Auswirkungen auf andere Arbeitsplätze;
- individuelle Leistungsentfaltung des Mitarbeiters möglich;
- größerer Handhabungs- und Dispositionsspielraum des Mitarbeiters;
- Wahl individueller Kurzpausen möglich;
- gleitende Arbeitszeit möglich;
- Leistungsgeminderte können beschäftigt werden.

Nachteile der Einzelplatzmontage:
- höherer Investitionsaufwand bei Einrichtung mehrerer Plätze;
- größere Einlernzeiten für die Mitarbeiter;
- längere Greif- und Bringwege bei vielen oder großen Einzelteilen;
- Isolation des Mitarbeiters infolge Anordnung zu vieler Teilbehälter um den Arbeitsplatz ("Teileburg");
- größerer Raumbedarf ;
- im allgemeinen nur bedingte Automatisierungsmöglichkeiten.

6.3.3.2 Baustellenmontage

Ein Beispiel für eine Baustellenmontage ist in Bild 6.47 dargestellt.
Merkmale der Baustellenmontage:
- Einsatz hauptsächlich in der Einzelfertigung (Anlagenbau, Großmotorenbau);
- Montageplatz wird durch den Einsatzort des Produktes bestimmt;
- Produkt wird am Einsatzort durch einen Monteur bzw. einer Gruppe von Monteuren stufenweise komplett montiert. Parallelarbeiten mit verschiedenen Arbeitsinhalten, die sich gegenseitig nicht behindern, sind möglich;
- Größe und Gewicht des Produktes bedingen die Organisationsform der Baustellenmontage.

Vorteile der Baustellenmontage:
- Flexibilität bzgl. Typen- und Variantenvielfalt;
- Flexibilität bzgl. Personalveränderung;
- großer Handlungs- und Dispositionsspielraum der Mitarbeiter;
- Wahl individueller Kurzpausen möglich.

Bild 6.47 Baustellenmontage eines Getriebes (Werkbild Opel)

Nachteile der Baustellenmontage:
- zur gleichmäßigen und kontinuierlichen Kapazitätsauslastung der Montageeinrichtungen ist eine langfristige Kapazitätsterminplanung erforderlich;
- hoher Transportaufwand für Material, Baugruppen, Arbeitsmittel und -hilfsmittel von der Teilefertigung zur "Baustelle";
- hoher Aufwand für rechtzeitige Materialbereitstellung am Einsatzort.

6.3.3.3 Wandermontage

Bild 6.48 zeigt ein Beispiel für die Realisierung einer Wandermontage.

Merkmale der Wandermontage:
- Einsatz in der Kleinserien- und Serienfertigung (z.B. Werkzeugmaschinenbau, Kunststoffmaschinenbau):
- stufenweise Montage des Produktes durch Mitarbeiter oder eine Gruppe von Mitarbeitern, die nur eine bestimmte Montageaufgabe erfüllen (z.B. Getriebemontage) und anschließend zum nächsten Montageplatz "wandern";

Bild 6.48 Pkw-Endmontage-Achseinbau bei Sondermodellen in kleinen Serien (Werkbild Opel)

- Montageplatz wird durch fortschreitende Montage bestimmt;
- am Montageplatz können verschiedene Arbeitsplätze vorhanden sein.

Vorteile der Wandermontage:
- Flexibilität bezüglich Typen- und Variantenvielfalt;
- Flexibilität bezüglich Personalveränderung;
- begrenzte individuelle Leistungsentfaltung der Mitarbeiter möglich.

Nachteile der Wandermontage:
- aufwendige Materialbereitstellung für die unterschiedlichen Montageaufgaben an den Montageplätzen;
- der Mitarbeiter bzw. die Arbeitsgruppe muß die Arbeitsmittel und -hilfsmittel von Platz zu Platz mitführen;
- Störungen im Arbeitsablauf haben Auswirkungen auf nachfolgende Montage sofern die Durchführung der Montageaufgaben voneinander abhängig ist;
- großer Raumbedarf;
- Energieversorgung aufwendig.

6.3.3.4 Werkstättenmontage

Bild 6.49 zeigt ein Beispiel für die Abordnung von Werkstätten zur Durchführung von Montageaufgaben. Innerhalb der Werkstätten können entsprechend der Arbeitsaufgabe die Montageplätze sowohl ortsveränderlich als auch ortsgebunden sein.

Merkmale der Werkstättenmontage:
- Einsatz in der Kleinserien- und Einzelfertigung (z.B. Behälterbau);
- losweise Montage;
- Montageobjekt wird an verfahrensausgerichteten Montageplätzen (z.B. Schweißen, Nieten) stufenweise montiert;
- Montage unterschiedlicher Montageobjekte in Werkstätten gleichzeitig möglich.

Vorteile der Werkstättenmontage:
- gute Auslastung von Personal, Arbeitsmitteln und Hilfsmitteln möglich;
- hohe Flexibilität bezüglich Produkt-, Typen- und Variantenvielfalt;
- nur verfahrensausgerichtete Qualifikation der Mitarbeiter notwendig;
- fehlendes Personal hat keinen großen Einfluß auf den Ablauf der Gesamtmontage.

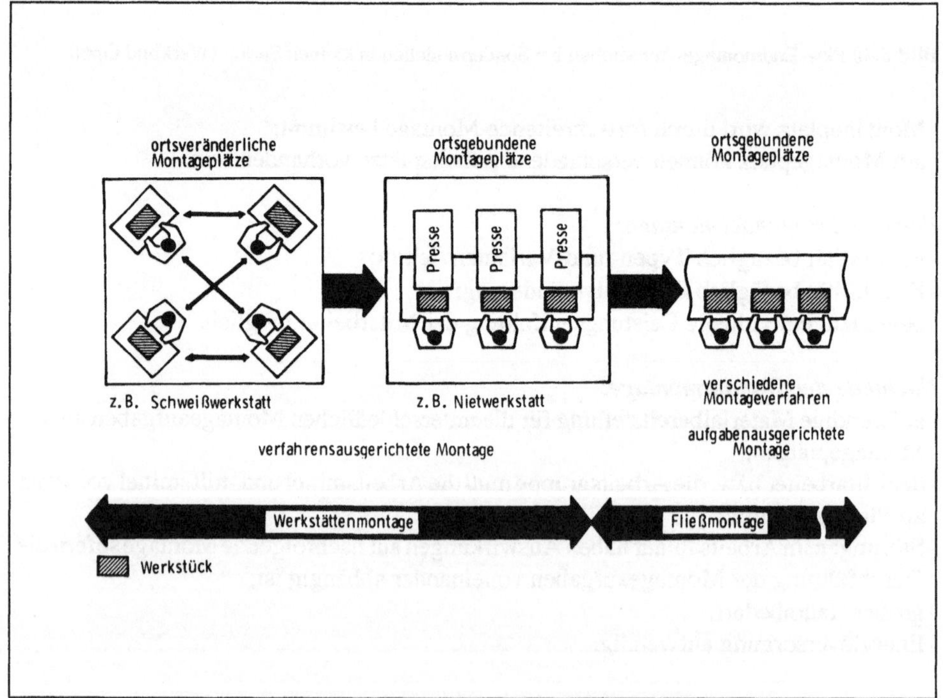

Bild 6.49 Abgrenzung der Organisationsformen Werkstättenmontage und Fließmontage

Nachteile der Werkstättenmontage:
- lange Transportwege und -zeiten;
- Fördermittelbedarf groß;
- hohe Durchlaufzeiten infolge langer Liegezeiten durch losweise Montage;
- großer Raumbedarf;
- hoher Investitionsbedarf infolge Einrichtung mehrerer gleichartiger Montageplätze.

6.3.3.5 Fließmontage

6.3.3.5.1 Lose Fließmontage

Bild 6.50 zeigt ein Beispiel für die lose Fließmontage mit manueller Weitergabe der Werkstücke in Puffer [6.33].

Merkmale der losen Fließmontage:
- Einsatzgebiet in der Serienmontage (z.B. Elektrogeräte, Haushaltsgeräte);
- Anordnung der ortsgebundenen Montageplätze entsprechend der Montagevorgangsfolge (aufgabenausgerichtete Plätze);
- Durchführung der Montageaufgabe erfolgt zeitlich abgestimmt, jedoch nicht taktgebunden, d.h. die Arbeitsinhalte an den Montageplätzen sind etwa gleich groß.

Vorteile der Fließmontage:
- weitgehend individuell bestimmbarer Arbeitsrhythmus durch die Mitarbeiter;
- Leistungsschwankungen einzelner Mitarbeiter wirken sich nicht auf das Gesamtsystem aus;
- günstige Einarbeitung neuer Mitarbeiter möglich;
- Möglichkeit zur Wahl individueller Kurzpausen;
- kurzzeitige technische Störungen, z.B. eines Betriebsmittels, wirken sich nicht auf das Gesamtsystem aus.

Nachteile der Fließmontage:
- hohe Nebenzeiten für das Handhaben der Werkstücke - bei schweren Teilen mit starker körperlicher Belastung verbunden (z.B. bei Weitergabe in Förderlosen);
- Installation von Puffern bedingt:
  - hohen Investitionsaufwand,
  - hohen Raumbedarf und
  - ungünstigere Kommunikationsmöglichkeiten;
- geringe Automatisierungsmöglichkeiten der Montageteilverrichtungen am Arbeitsplatz.

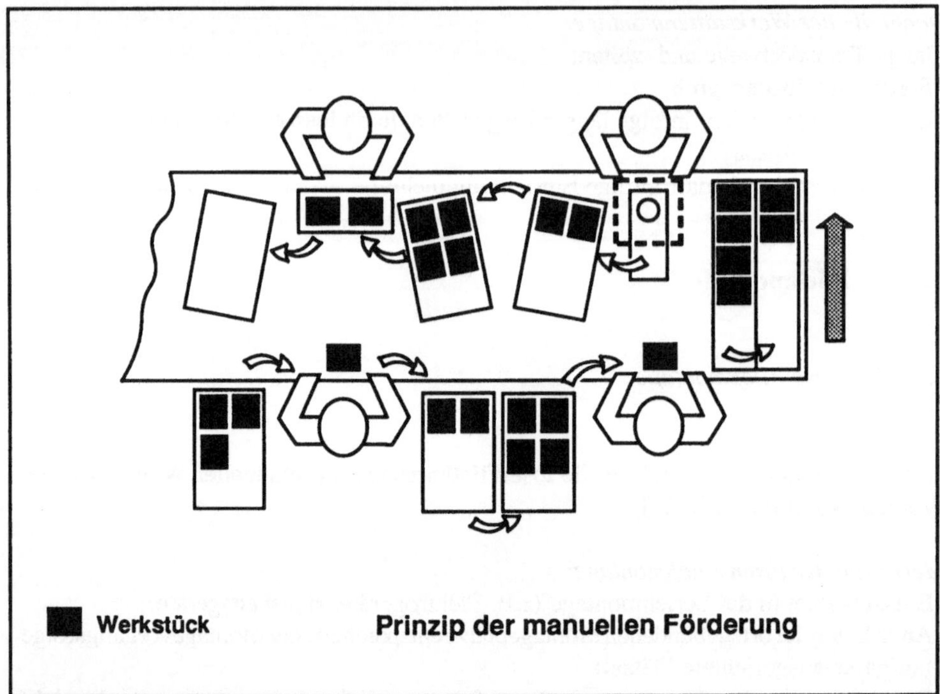

Bild 6.50 Lose Fließmontage

6.3.3.5.2 Elastische Fließmontage

Für das Prinzip der elastischen Fließmontage (Bild 6.51) ist in Bild 6.52 ein Beispiel dargestellt.

Merkmale der elastischen Fließmontage:
- Einsatz in der Großserienfertigung (z.B. Motorenbau, Kupplungen, Getriebe);
- Anordnung der Montageplätze entsprechend der Montagevorgangsfolge;
- Durchführung der Montageaufgabe erfolgt taktgebunden;
- Weitergabe der Werkstücke kann sowohl manuell, manuell-mechanisch als auch mechanisch erfolgen.

Vorteile der elastischen Fließmontage:
- kurze Durchlaufzeit der Werkstücke;
- trotz vorgegebenem Takt individuell bestimmbarer Arbeitsrhythmus in begrenztem Umfang durch Bildung kurzzeitiger Puffer möglich;
- kurze Einlernzeit neuer Mitarbeiter;
- Automatisierung infolge kleinerer Arbeitsinhalte möglich.

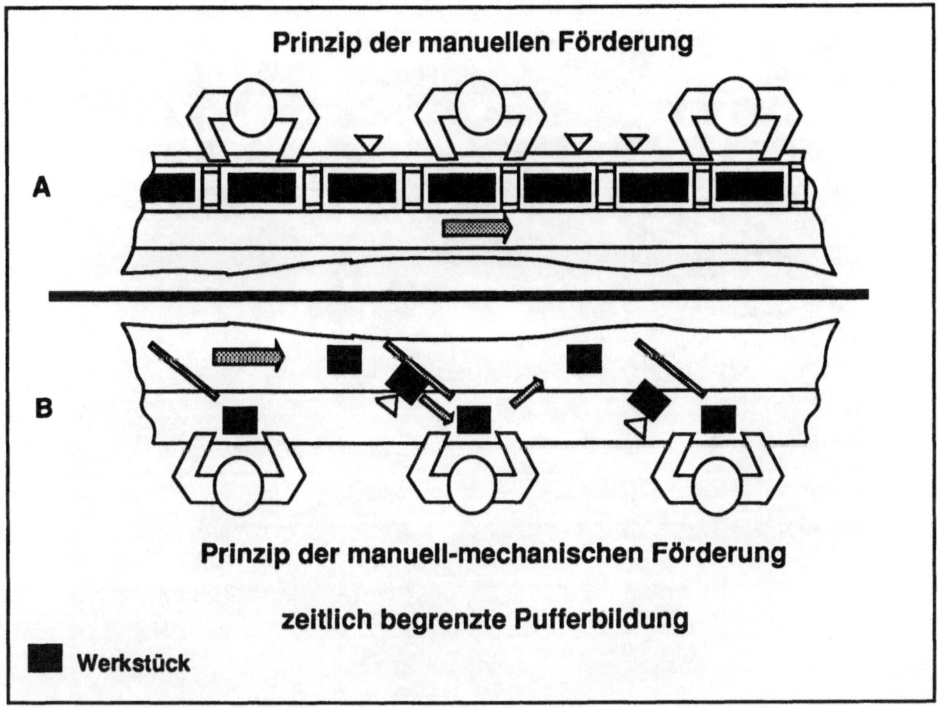

Bild 6.51 Elastische Fließmontage

Nachteile der elasitschen Fließmontage:
- geringe Flexibilität bei Stückzahlschwankungen, Typen-, Variantenvielfalt sowie Personalveränderungen;
- kurze Einlernzeit neuer Mitarbeiter;
- Automatisierung infolge kleinerer Arbeitsinhalte möglich.

Nachteile der elastischen Fließmontage:
- geringe Flexibilität bei Stückzahlschwankungen, Typen-, Variantenvielfalt sowie Personalveränderungen;
- kurzzyklische Tätigkeiten führen zu einseitiger Belastung und Monotonie.

6.3.3.5.3 Starre Fließmontage

Bild 6.53 gibt ein Beispiel für die starre Fließmontage, in der nach Ablauf der Taktzeit das Werkstück weiterbewegt wird.

Merkmale der starren Fließmontage:
- Einsatz in der Massenfertigung (z.B. elektrische Bauteile, Kugellager);

Bild 6.52 PkW-Endmontage mit Schwenkgehängen zur Erleichterung manueller Montagearbeiten (Werkbild AUDI)

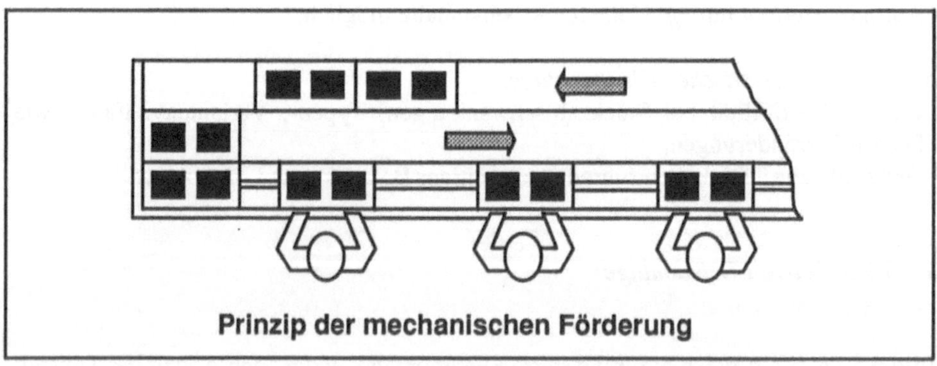

Bild 6.53 Starre Fließmontage

- Anordnung der Montageplätze entsprechend der Montagevorgangsfolge;
- Durchführung der Montageaufgabe erfolgt taktgebunden;
- keine Puffer vorhanden.

Vorteile der starren Fließmontage:
- kurze Durchlaufzeit des Erzeugnisses infolge Zwangsdurchlauf des Montageobjektes;
- gute Automatisierungsmöglichkeit.

Nachteile der starren Fließmontage:
- geringe Flexibilität bei Stückzahlschwankungen, Typen-, Variantenvielfalt sowie Personalveränderungen;
- Störungen übertragen sich schnell auf das System;
- hoher Wartungsaufwand;
- Taktausgleich und Springer nötig;
- kleiner Handlungs- und Dispositionsspielraum der Mitarbeiter;
- kurzzyklische Tätigkeiten führen zu einseitiger Belastung und Monotonie.

6.3.4 Automatisierungsmöglichkeiten in der Montage

Seit einigen Jahren wird den Montageprozessen in vielen Betrieben eine höhere technische und vor allem wirtschaftliche Bedeutung zugemessen, und man unternimmt deshalb große Anstrengungen, um die Montagekosten durch gezielte Rationalisierungsmaßnahmen zu senken. Unter Rationalisieren eines Montageprozesses versteht man das Bemühen, den Wirkungskreis des Prozesses durch Anwenden wissenschaftlicher Erkenntnisse und systematischer Methoden zu erhöhen. Die dabei zu ergreifenden Maßnahmen haben zum Ziel, Montageaufgaben mit einem minimalen Aufwand an Arbeit, Zeit, Energie, Material und Kapital zu lösen. Nachteile der lohnintensiven Montage werden dazu führen, daß innerhalb der Montageprozesse den automatisierten Montagemitteln in Zukunft eine erhöhte Bedeutung beigemessen werden muß. Die Automatisierung der Montage wird also mehr und mehr zu einem entscheidenden Faktor für eine wirtschaftliche und qualitätsgerechte Produktion werden. Die Verlagerung der Produktion oder Teilen davon in sogenannte "Niedriglohn-Länder", wäre zwar eine Alternative zu dem zu erwartenden erhöhten Kapitaleinsatz in der Montage, sie kommt aber für die meisten Betriebe aus verschiedenen Gründen nicht in Betracht.

Die Automatisierung der Montage bei kleineren Stückzahlen ist erst in jüngster Zeit in Angriff genommen worden. Eine Lösung dieser Aufgabe erfordert aufgrund

- der kleinen Stückzahlen,
- der hohen Produktvielfalt und
- komplexer Fügebewegungen

den Einsatz flexibler Handhabungseinrichtungen so wie sie der Industrieroboter darstellt. Zur Schätzung der Anzahl der Beschäftigten, die mit Montagearbeiten betraut sind, wurde die Erhebung des statistischen Bundesamtes über Tätigkeitsschwerpunkte herangezogen. Erhoben wurde u.a. wie viele Erwerbstätige als überwiegenden Tätigkeitsschwerpunkt "Montieren, Zusammensetzen, Installieren" angegeben haben. Hiernach ist das Montieren von ca. 1,1 Mio Erwerbstätigen als überwiegender Tätigkeitsschwerpunkt genannt worden. Das sind etwa 4 % aller Erwerbstätigen und ca. 10 % der Arbeiter. Knapp 45 % dieser Arbeitnehmer sind im

- Maschinen- und Fahrzeugbau sowie in
- der Elektronik

tätig.
Bereits die Bezeichnung der Tätigkeitsschwerpunkte "Montieren, Zusammenbauen, Installieren" verweist darauf, daß hier sehr unterschiedliche Qualifikationen zusammengefaßt sind. Die Zahl von 1,1 Mio Erwerbstätigen mit diesem Tätigkeitsschwerpunkt bezeichnet also in keinem Fall die Obergrenze der möglicherweise von einer flexiblen Automatisierung betroffenen Arbeitnehmer.
In einer ersten Annäherung sind von dieser Zahl die abzuziehen, die in dem genannten Tätigkeitsschwerpunkt eine qualifizierte Facharbeitertätigkeit ausüben; das sind vor allem:

- Schlosser	140 000
- Mechaniker	70 000
- Installateure	110 000
- Elektriker	130 000
- Bauarbeiter	60 000
	= 510 000

Es verbleiben dann ca. 600 000 Arbeitskräfte, die vorwiegend einfachere angelernte Tätigkeiten ausüben. Überwiegend sind die Arbeitskräfte in der Serienmontage beschäftigt. Knapp die Hälfte dieser Arbeitnehmer sind Frauen.
Die Fertigung industrieller Produkte schließt i. a. mit der Montage ab. Montagevorgänge sind noch relativ wenig automatisiert. Sie stellen daher ein großes Rationalisierungspotential dar, insbesondere in den Bereichen Elektro- und Feinwerktechnik, aber auch in der Automobilindustrie.

6.3.4.1 Voraussetzungen für das Mechanisieren und Automatisieren von Montagearbeitsgängen

Der Stand der Erkenntnisse erlaubt es heute, mit einem entsprechend hohen Aufwand an Zeit, Geld und Fachkräften, für viele, auch sehr schwierige Montagefunktionen, systematisch technische Lösungen zu entwickeln. Da in einem Montageprozeß alle erforderlichen Vorgänge zur Bewältigung der Montageaufgaben ablaufen und teilweise sehr komplexe Teilaufgaben zu lösen sind, ist eine vollständige Automatisierung eines Montageprozesses nur in den seltensten Fällen wirtschaftlich ausführbar. Die Problematik des Automatisierens von Montageprozessen liegt heute überwiegend in der Beantwortung der Frage nach der sinnvollen Automatisierbarkeit der Montagefunktionen, d.h. in Ermittlung des wirtschaftlich vertretbaren technischen und personellen Aufwandes bei Berücksichtigung sozialer, arbeitsmedizinischer und anderer Forderungen. Diese Überlegungen führen dazu, den Begriff der Automatisierung eines Montageprozesses stets unter Einbeziehung einer Teilautomatisierung zu sehen. Ein automatisierter Montageprozeß stellt somit ein komplexes System aus manuellen Tätigkeiten und vollständig automatisch ablaufenden Vorgängen dar.
Als Grundvoraussetzungen müssen folgende Randbedingungen gegeben sein:

- Hohe Stückzahlen je Zeiteinheit
- Lange Lebensdauer des Produktes
- Montagegerechter Produktaufbau
- Handhabungsgerechte Einzelteile
- Montagevorgänge mit stets gleichen Ausgangsbedingungen
- Automatisierunsgerechte Fertigungsqualität der Einzelteile

Die automatische Montage eines Produktes ist i.a. nur dann sinnvoll, wenn Einzelteile, Baugruppen und das Produkt günstige Eigenschaften und Merkmale ausweisen, die im wesentlichen bereits bei der Konstruktion festgelegt werden. Vielfach wird erst während der Planungsarbeiten für ein automatisches Montagesystem festgestellt, daß das zu montierende Produkt unter Montagegesichtspunkten ungünstig konstruiert wurde.

Die montagegerechte Produktgestaltung stellt deshalb das wesentliche Rationalisierungspotential der Zukunft dar. Bereits beim Konstruieren der Produkte müssen montagetechnische Gesichtspunkte berücksichtigt werden, so daß der Aufwand zum Montieren und mit ihm auch die Herstellkosten minimiert werden (Bild 6.54).
Die Anforderungen zur montagegerechten Produktgestaltung müssen bereits bei der Produktentwicklung berücksichtigt werden. Das Einbeziehen entsprechender Gestaltungsrichtlinien in den Konstruktionsprozeß sowie das sukzessive Überprüfen der Konstruktionen auf Montagegerechtheit führt zu montagegerecht gestalteten und marktgerechten Produkten. Solche Produkte sind die Voraussetzung für eine wirtschaftliche Montageautomatisierung.

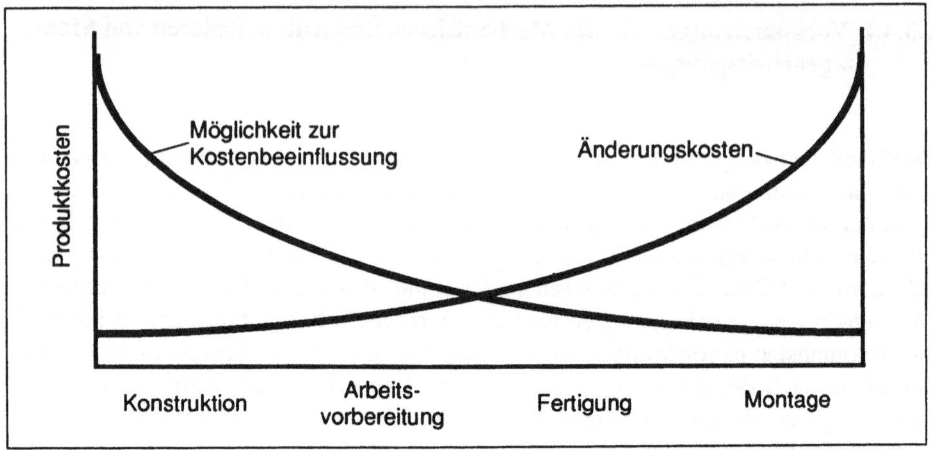

Bild 6.54 Möglichkeiten zur Kostenbeeinflussung und Höhe der Änderungskosten in den einzelnen Firmenbereichen

Eine wirtschaftliche Fertigung von Produkten wird zu einem großen Teil durch die Montagetechnik bestimmt. Aufgrund neuerer Entwicklungen im Bereich der Gerätetechnik können immer mehr Montageaufgaben durch Automatisierung kostengünstiger ausgeführt werden. Insbesondere die Entwicklung auf dem Gebiet der Montageroboter, der komplexen Sensoren sowie der Systemsteuerungen haben diese Entwicklungen beeinflußt.

Eine weitere Steigerung der Wirtschaftlichkeit ist zu erreichen durch eine Anpassung der Aufgabenstellung an die Möglichkeiten der technischen Einrichtungen. Einen wesentlichen Beitrag hierzu leistet die montagegerechte Produktgestaltung.

Montagegerechte Produktgestaltung heißt, die Produkte so zu konstruieren, daß deren Montageaufwand ein Minimum erreicht. Dabei müssen die Herstellkosten des Produktes ebenfalls minimiert werden.

Der Montageaufwand ist die monetäre Summe aller zur Montage eines Produktes/einer Baugruppe notwendigen manuellen, maschinellen und organisatorischen Aufwendungen sowie aller benötigten Energien und Hilfsstoffe.

Montagegerechte Produktgestaltung ist durch das systematische Einbeziehen von entsprechenden Gestaltungsmaßnahmen (z.B. Regeln, Richtlinien) in den Konstruktionsprozeß zu erreichen.

Der Konstrukteur muß derzeit schon zahlreiche Anforderungen (Funktionsgerechtheit, Servicefreundlichkeit, NC-gerechte Bauteilkonstruktion; insgesamt über 15 Kriterien zur fertigungs-/bearbeitungsgerechten Konstruktion) erfüllen. Neben diesen Anforderungen müssen nun, mit zunehmender Automatisierung immer dringlicher, auch von der Montage Anforderungen an die Konstruktion eines Produkts gestellt werden.

In sehr vielen Betrieben werden die Forderungen der montagegerechten Produktgestaltung bei der Konstruktion bisher nur unbefriedigend berücksichtigt. Aufgrund der dadurch notwendig werdenden komplexen Montageaufgaben wird eine Automatisierung erschwert und häufig sogar unmöglich gemacht.

6.3.4.2 Maßnahmen zur montagegerechten Produktgestaltung

Eine montagegerechte Gestaltung der Produkte führt dazu,

- den Aufwand für die Automatisierung zu verringern,
- eine Automatisierung erst zu ermöglichen oder
- den manuellen Montageumfang zu reduzieren.

Das größte Rationalisierungspotential ist zu erreichen bei Maßnahmen, die den Gesamtproduktaufbau betreffen. Diese Maßnahmen können jedoch nur längerfristig durchgeführt werden, am geeignetsten bei Nachfolgeprodukten. Der Aufwand zum Abändern eines bestehenden Produktaufbaus würde die Rationalisierungseinsparungen übersteigen.
Mittelfristig durchgeführt werden können Gestaltungsmaßnahmen an Baugruppen. In bestehenden Produktgesamtkonzeptionen können einzelne Baugruppen montagefreundlicher gestaltet werden, sofern die Funktion nicht beeinträchtigt wird und die Schnittstellen zum übrigen Produkt unverändert bleiben. Solche Maßnahmen führen aber zu geringeren Rationalisierungserfolgen als Maßnahmen am Gesamtproduktaufbau.
Maßnahmen am Einzelbauteil beinhalten das geringste Rationalisierungspotential, da hier insgesamt nur geringe Änderungen durchgeführt werden können. Diese Maßnahmen können aber kurzfristig an bestehenden Produkten realisiert werden.
Die bekanntesten Regeln zur montagegerechten Produktgestaltung bei den Einzelteilen, Baugruppen und am Produktaufbau sind nachfolgend aufgezeigt.

Maßnahmen am Einzelbauteil

Im Bild 6.55 sind exemplarisch einige Maßnahmen zur montagegerechten Produktgestaltung am Einzelbauteil dargestellt. Mit den genannten Maßnahmen läßt sich unmittelbar eine Vereinfachung der folgenden Aufgaben erreichen:

- Ordnen,
- Magazinierung, Palettierung,
- Handhabung,
- Fügen.

Die Montageautomatisierung erfordert eine Gestaltung der Einzelteile derart, daß der Montagevorgang in gleichbleibender Ausführung unabhängig von der Teilebeschaffung ausgeführt werden kann. Dies erfordert zum einen eine gleichbleibend hohe Teilequalität, zum anderen müssen die Teile in Bezug auf ihre Gestaltung verschiedenen Grundregeln entsprechen, die im folgenden aufgeführt sind:

- *Regel 1:*
  Teile so gestalten, daß sie einfach zu montieren sind (Sandwich-Bauweise) mit möglichst einheitlicher, linearer Fügebewegung.

MASSNAHMEN AM EINZELBAUTEIL
☐ Anbringen von Montagehilfen
☐ Vermeidung enger Fügetoleranzen
☐ Schaffen ausgeprägter Aufnahme-, Positionier- und Spannmöglichkeiten
☐ Ordnungsmerkmale vorsehen / Teile geordnet bereitstellen
☐ keine Verwendung von Wirrteilen und biegeschlaffen Teilen
☐ Vermaßung des Bauteils mit Angabe der Toleranzen zwischen Füge- und Positionsart
☐ Verwendung von Bauteilen mit konstant hoher Qualität
☐ Verwendung von Gleichteilen
☐ Minimierung der Teilezahl

Bild 6.55 Maßnahmen zur montagegerechten Produktgestaltung - Einzelteil -

-*Regel 2:*
Werkstücke sollen ausgeprägte Stand- und Auflagenflächen besitzen und betont abgesetzte Durchmesser haben.

-*Regel 3:*
Werkstücke sollen möglichst in vielen Dimensionen ausgeprägt symmetrisch oder völlig unsymmetrisch sein.

-*Regel 4:*
Baugruppen und Einzelteile sind so zu gestalten, daß man mit möglichst geringen Genauigkeitsforderungen auskommt.

-*Regel 5:*
Fließgut ist vor Stückgut einzusetzen; dieses Prinzip begründet sich auf Handhabungsvereinfachungen und daraus resultierenden Vorteilen bei der Be- und Verarbeitung von Band- und Drahtwerkstoffen sowie Stangen- und Streifenhalbzeugen, denen die besondere Eigenschaft des Fließgutcharakters zukommt. Dieser ist in der Fertigung über möglichst viele Prozeßstufen beizubehalten.

-*Regel 6:*
Schwer handhabbare Werkstücke sind zu magazinieren. Der Fließgutcharakter läßt sich auch erreichen, wenn von der Möglichkeit des Magazinierens Gebrauch gemacht wird und schwierig zu handhabende Werkstücke durch Aufsetzen, Aufstecken oder Aufkleben auf beispielsweise ein Trägerband in "Quasi-Fließgut" umgewandelt werden.

-*Regel 7:*
Werkstücke sind so zu gestalten, daß sie sich nicht miteinander verhaken, verbinden oder verklemmen:

- Werkstücke sollen keine Löcher und Schlitze einerseits und Zapfen und Haken andererseits in den gleichen Abmessungen aufweisen,

- Federn sollen ein bis zwei eng anliegende Windungen an den Enden aufweisen,
- Werkstücke sollen gut stapelbar und aufreihbar sein, und dürfen sich beim Aneinanderreihen nicht aufeinanderschieben.

-*Regel 8:*
Einzelteilgestaltung soll den Montagevorgang erleichtern und unterstützen:
- Schnappverbindungen vereinfachen den Fügevorgang und sparen Einzelteile,
- Einführschrägen zum leichteren Positionieren und Einführen anbringen,
- geeignete Schrauben erleichtern das automatische Schrauben (z.B. Kreuzschlitzschrauben, Schrauben mit konischen Gewindeenden),
- Überbestimmung vermeiden,
- Anpaßarbeiten vermeiden,
- gleichzeitiges Einführen mehrerer Fügeteile vermeiden,
- lange Fügewege vermeiden.

Maßnahmen an Baugruppen

Bild 6.56 zeigt beispielhaft die wichtigsten Maßnahmen zur montagegerechten Konstruktion von Baugruppen. Baugruppen sind grundsätzlich so zu gestalten, daß nur ein Minimum an Einzelteilen erforderlich ist, wie beispielsweise

- Schnappverbindungen erleichtern den Fügevorgang und sparen Einzelteile,
- Spritzgußteile einsetzen,
- selbstschneidende Schrauben machen Muttern unnötig,
- andere Fügeverfahren (Schweißen, Kleben usw.) sparen Einzelteile.

Maßnahmen am Produktaufbau

Neben der Gestaltung von Einzelteilen oder gesamten Baugruppen bedeutet

MASSNAHMEN AN BAUGRUPPEN
☐ Verringerung der Zahl der Füge- und Fügehilfsteile
☐ Leicht montierbare Fügeverfahren wählen
☐ Standardisierung von Füge- und Greifstellen
☐ Verringern des Kontroll- und Justieraufwandes
☐ Beschränkung auf einachsige Fügebewegungen mit jeweils einheitlicher Fügerichtung
☐ Schaffung der erforderlichen Fügefreiräume für automatische Montagewerkzeuge
☐ Vermaßung der Baugruppen mit Angabe der Fügetoleranzen zwischen den Montagepunkten

Bild 6.56 Maßnahmen zur montagegerechten Produktgestaltung (Baugruppe)

montagegerechte Produktgestaltung vor allem die Konstruktion des gesamten Produktes unter Einbeziehung von entsprechenden Gestaltungsmaßnahmen, um die Montage des Produktes möglichst kostengünstig ausführen zu können.

Diese montagegerechte Produktgestaltung ist am effizientesten durchzuführen bei der Neugestaltung und -entwicklung von Produkten. Es wird dadurch möglich, alle Baugruppen aufeinander abzustimmen (es fallen keine zusätzlichen Änderungskosten an) um eine gewisse Standardisierung bzgl. des Produktaufbaus durchzuführen. Einige der wichtigsten Maßnahmen am gesamten Produktaufbau sind in Bild 6.57 beispielhaft zusammengestellt.

Solche Maßnahmen sind sinnvoll nur durch Zusammenarbeit der betrieblichen Abteilungen Produktentwicklung und Montageplanung durchzuführen. Eine fruchtbare Zusammenarbeit dieser Abteilungen kann zu sehr erfolgreichen Ergebnissen führen (Bild 6.58). Vor allem neuere Entwicklungen auf dem Gebiet der Kunststoffe schufen hierfür günstigere Voraussetzungen (freie Möglichkeiten bei der Formgestaltung, Integration von Bauteilen u.ä.).

6.3.4.3 Montagemittel zum Mechanisieren und Automatisieren von Montageprozessen

Unter Montagemitteln (Bild 6.59) werden alle technischen Einrichtungen verstanden, die automatisch oder unter Einbeziehung des Menschen Montagefunktionen ausüben. Unter dem Begriff "maschinelle Montageeinrichtungen" werden sowohl Montagemaschinen als auch Montageautomaten verstanden.

Derartige Einrichtungen bestehen i.a. aus mehreren Montagestationen, in denen jeweils eine oder mehrere Montagefunktionen ausgeübt werden und die untereinander durch eine Transfereinrichtung verkettet sind. Beide Maschinenarten haben grundsätzlich den gleichen Aufbau. Ihr grundsätzliches Unterscheidungsmerkmal besteht in der Art und dem Umfang der Bindung des Bedienungspersonals an den Maschinentakt. Während bei einer Montagemaschine häufig taktgebundene Handarbeitsgänge für den Montageablauf erforderlich sind, beschränkt sich beim Montageautomaten die Tätigkeit des Menschen auf nicht rhythmusgebundenes Nachfüllen von Einzelteilen in Einrichtungen zur Teilebevorratung sowie auf Kontroll- und Überwachungsvorgänge. Am weitesten verbreitet sind heute maschinelle Montageeinrichtungen mit intermittierender Transferbewegung. Die Montagefunktionen werden bei diesem Arbeitsprinzip während des Stillstandes der Transfereinrichtung in den einzelnen Montagestationen ausgeführt, die stationär in der Montagemaschine angebracht sind. Die teilmontierten Baugruppen müssen dazu in den Montagestationen ruhend zur Umgebung in definierter Lage vorliegen. Dazu werden sie taktweise um eine bestimmte Strecke durch eine Transfereinrichtung aus der Ruhelage zur nachfolgenden Station bewegt. Während der Transferbewegung liegen die teilmontierten Baugruppen entweder positioniert auf Werkstückträgern oder werden von speziellen Werkzeugen zur nachfolgenden Montagestation weitergegeben.

MASSNAHMEN AM PRODUKTAUFBAU
☐ Verwendung eines Basisteils: - Zusammenhalt für alle Baugruppen - zugänglich von allen Seiten
☐ Verlagerung von Endmontageumfängen in Vormontagen (montier- und prüfbare Baugruppen)
☐ Variantenbildung möglichst spät im Montageablauf
☐ Beschränkung auf einachsige, senkrechte Fügebewegungen
☐ Schaffung der erforderlichen Bewegungsräume für autom. Handhabungseinrichtungen
☐ Reduzierung der Anzahl der Montagepunkte
☐ Realisierung eines Referenzpunktsystems

Bild 6.57 Maßnahmen zur montagegerechten Produktgestaltung (Produktaufbau)

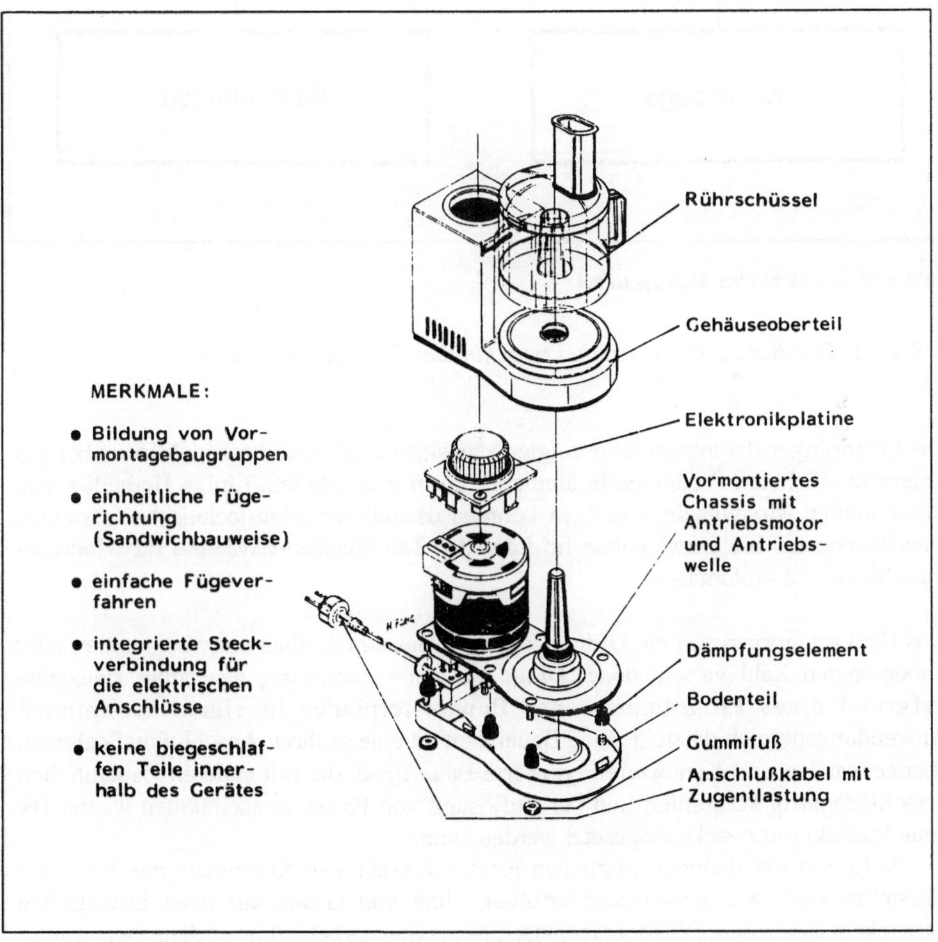

Bild 6.58 Beispiel für eine realisierte Produktgestaltungsmaßnahme

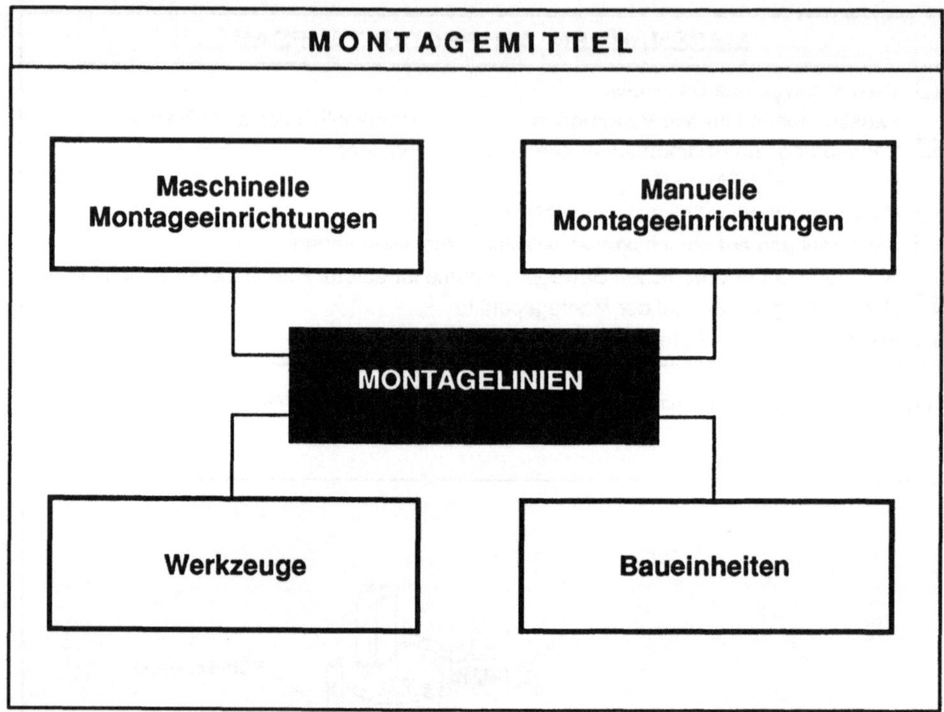

Bild 6.59 Übersicht über Montagemittel

6.3.4.3.1 Das Baukastenprinzip bei maschinellen Montageeinrichtungen

Die Erfahrungen der letzten Jahre zeigten, daß sich manche Montagefunktionen bei den unterschiedlichsten Produkten in ähnlicher Form wiederholen. Einige Hersteller von maschinellen Montageeinrichtungen konnten deshalb einzelne technische Lösungen standardisieren. Sie entwickelten im Lauf der Zeit Baukastensysteme für Montagemaschinen und -automaten.

Das Baukastenprinzip ist ein Ordnungsprinzip, das den Aufbau einer begrenzten oder unbegrenzten Zahl verschiedener Dinge aus einer Sammlung genormter Bausteine aufgrund eines Programmes oder Baumusterplanes in einem bestimmten Anwendungsbereich darstellt. Eine Baueinheit ist eine in ihren Anschlußmaßnahmen, Baumerkmalen und Kennwerten typisierte Baugruppe, die mit anderen Baueinheiten verschiedenartig kombiniert und bei Auflösung von Produktionseinheiten wieder für neue Produktionszwecke eingesetzt werden kann.

Aufgrund der dadurch möglichen großen Anzahl von Kombinationen kann der Hersteller viele Kundenwünsche erfüllen, ohne von Grund auf neue Erzeugnisse entwickeln zu müssen. Die Montagemaschine als Ganzes betrachtet ist dann zwar immer noch eine Sondermaschine, besteht zu einem großen Teil jedoch aus vorgefertigten, standardisierten Baueinheiten, die nur noch an die besondere Montageaufgabe anzupassen sind. Der einmalige Konstruktions- und Erprobungsaufwand für das Baukastensystem ist relativ hoch, alle weiteren Montagemaschinen beruhen aber zum großen Teil nur noch auf Anpassungskonstruktionen. Auch bei Erweiterung oder Änderung des Bauprogrammes ist der Hersteller durch Hinzunahme oder Änderung einiger Bausteine mit dem Baukasten in der Lage, wirtschaftliche Montagemaschinen anzubieten. Auch dem Anwender der maschinellen Montageeinrichtungen bietet das Baukastenprinzip Vorteile. Er kann mit Hilfe eines Baukastensystems seine vorhandenen Anlagen im Falle einer Änderung des zu montierenden Fertigproduktes teilweise umstellen und durch Ändern der Kombination der einzelnen Bausteine neuen Situationen anpassen. Besonders günstig für den Bau maschineller Montageeinrichtungen erwies sich das Prinzip des Ausrüstbaukastens (Bild 6.60). Ein Ausrüstbaukasten besteht aus Grund- und Ausbaueinheiten. Ausrüstbaukastensysteme können für das Längs- und das Rundtransferprinzip konzipiert sein.

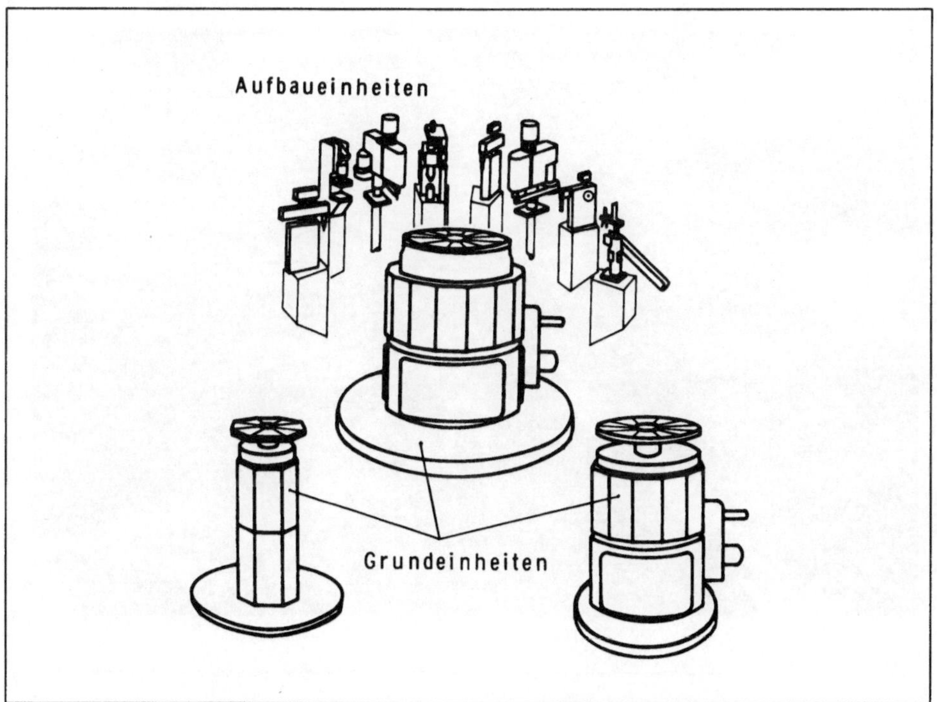

Bild 6.60 Baukastensystem für maschinelle Montageeinrichtungen (Werkbild OKU-Automatik)

6.3.4.3.2 Das Rundtransfersystem

Am weitesten verbreitet sind Montagemaschinen nach dem Rundtransfer-Baukastenprinzip. Bild 6.61 zeigt Grundeinheiten nach dem Rundtransferprinzip zusammen mit den zugehörigen Aufbaueinheiten, etwa zum Einlegen, Schrauben oder Pressen. Die Grundeinheit besitzt einen Zentralantrieb; über Wellenantriebe können die Aufbaueinheiten mechanisch angetrieben und gesteuert werden. In Rundtransfermontagemaschinen und -automaten durchlaufen die teilmontierten Baugruppen den Montagprozeß auf einer Kreisbahn in Werkstückträgern, die auf einem Rundschalttisch montiert sind. Die Montagestationen können dabei radial innerhalb oder außerhalb der Kreisbahn angeordnet sein. Diese Maschinensysteme werden hauptsächlich charakterisiert durch

- die Bauform der Grundeinheit,
- die Anordnung des Rundschalttisches,
- die Anzahl der Montagestationen,
- den Antrieb und die Steuerung des Rundschalttisches sowie durch
- den Antrieb und die Steuerung der Aufbaueinheiten.

Bild 6.61 Anordnung der Montagestationen in Rundtransfersystemen

6.3.4.3.3 Die Montagestation

Eine Montagestation ist das Element eines automatischen Montagesystems, das die eigentliche Montageaufgabe ausführt. Da industriell gefertigte Produkte überwiegend aus mehreren Einzelteilen bestehen, werden meist mehrere Montagestationen benötigt. Bild 6.62 zeigt den prinzipiellen Aufbau einer herkömmlichen Montagestation für das Einlegen eines Werkstückes in eine teilmontierte Baugruppe:

Das Einlegegerät kann mit seinem Greifer ein Werkstück aus der Vereinzelungseinrichtung am Ende einer Zuführschiene entnehmen und in der teilmontierten Baugruppe (Montageobjekt) ablegen. Das Werkstück wurde zuvor in einer Ordnungseinrichtung (z.B. Vibrationswendelförderer) mechanisch geordnet. Typische Taktzeiten für einen solchen Einlegevorgang sind 1 bis 4 s. Diese Einlegegeräte sind überwiegend mechanisch angetrieben und werden über eine zentrale Antriebswelle und ein Hebelgetriebe gesteuert (Bild 6.63). So lassen sich häufig sehr komplexe Bewegungen sehr schnell und zuverlässig ausführen. Pneumatische Ventile werden ebenfalls über Steuernocken und den zentralen Antrieb betätigt.

Die Verkettung der Montagestationen erfolgt bei Rundtransfersystemen i.a. durch einen Rundschalttisch, der um einen jeweils festgelegten Winkel weitergeschaltet

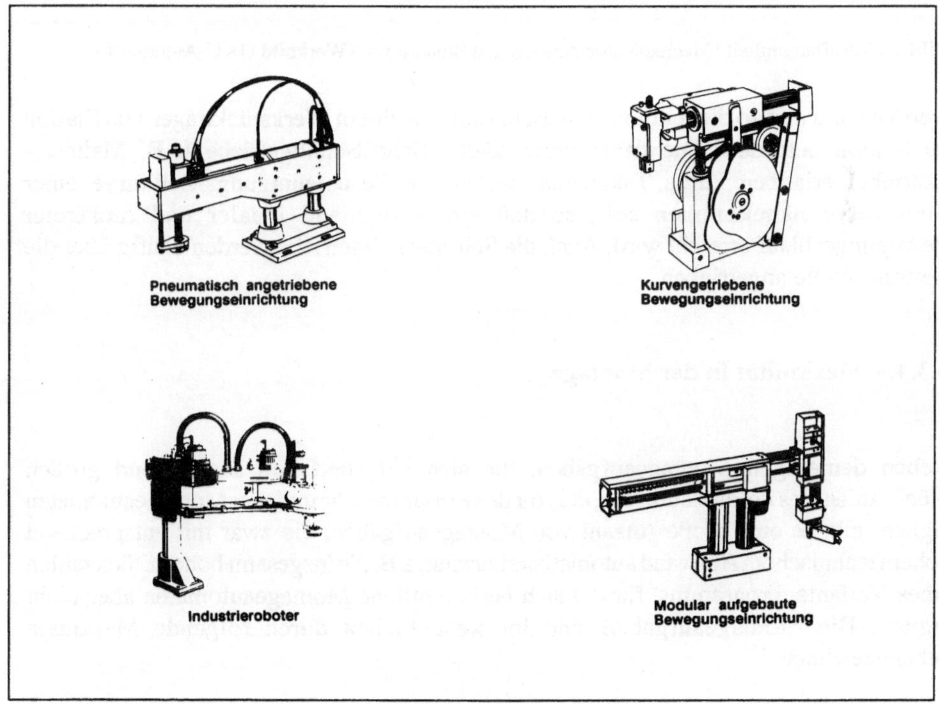

Bild 6.62 Elemente einer Montagestation für die Montagefunktion "Einlegen"

Bild 6.63 Aufbaueinheit (Mechanischer Antrieb und Steuerung) (Werkbild OKU-Automatik)

werden kann und so die teilmontierte Baugruppe in einem Werkstückträger von Station zu Station befördert. Die dabei verwendeten Schrittschaltgetriebe (z.B. Malteser-Getriebe) erlauben kurze Taktzeiten, wobei die Beschleunigungs-Zeitkurve einer Sinuskurve nahekommen soll, so daß ein weitgehend idealer und ruckfreier Bewegungsablauf erreicht wird. Auch die Schrittschaltgetriebe werden häufig über die zentrale Welle angetrieben.

6.3.4.4 Flexibilität in der Montage

Neben denjenigen Montageaufgaben, die sich aufgrund von ausreichend großen Stückzahlen, des Produktaufbaues, etc., für den Einsatz herkömmlicher Montageautomaten eignen, gibt es eine große Anzahl von Montageaufgaben, die zwar mit entsprechend hohem technischem Aufwand automatisierbar sind, z.B. die insgesamt hohen Stückzahlen eines Variantenprogramms, für die sich herkömmliche Montageautomaten aber nicht eignen. Die Montageaufgaben sind im wesentlichen durch folgende Merkmale gekennzeichnet:

- Produktlebensdauer kleiner als 2 Jahre,

- montagetechnisch ähnliche Produkte eines Variantenprogramms,
- ausreichend hohe Stückzahl des Variantenprogramms,
- losweises Montieren der Varianten,
- komplexe Fügeaufgaben.

6.3.4.4.1 Flexible Montagesysteme mit Industrierobotern

In zunehmendem Maße setzt man heute flexible Montagesysteme mit Industrierobotern ein. Sie werden auch hier in Einzelsystemen (Insel- oder Zellenlösungen) oder in großen Montageanlagen (verketteten Gesamtsystemen) verwendet.

Montageroboter werden im Bereich der Elektroindustrie zum Bestücken von Leiterplatten und zum Zusammenbau von Steckern, Tastern, Tastaturen und kleinen Elektrobaugruppen eingesetzt. Im Automobilbau montieren sie Aggregate, setzen Baugruppen zusammen und Ventile ein. Sie montieren Spurstangen und zunehmend auch Baugruppen der Endmontage wie Scheiben, Türen und Räder.

Die Anforderungen an Montageroboter sind bzgl. Genauigkeit, Geschwindigkeit und Beschleunigung höher als in anderen Anwendungsbereichen. Die Traglast ist wesentlich geringer, insbesondere bei der Kleinteilemontage. Hier versuchen die Produktkonstrukteure durch montagegerechte Gestaltung der Bauteile, durch konstruktive Fügehilfen oder Toleranzvorgaben den Montagevorgang so einfach zu gestalten, daß der Roboter mit weniger als sechs Freiheitsgraden auskommt.

Industrieroboter sind seit Anfang der 70er Jahre für unterschiedliche Anwendungsbereiche (Schweißen, Beschichten, Werkzeugmaschinenbeschickung) erfolgreich eingesetzt. Industrieroboter, die hinsichtlich Arbeitsraum, Geschwindigkeit und kinematischem Aufbau für die Montage optimiert sind, wurden erst relativ spät entwickelt. Deshalb ist auch die Anzahl der im Montagebereich verwendeten Industrieroboter im Vergleich zu anderen Fertigungsbereichen derzeit noch relativ gering. So führten von den bis Ende 1989 in der Bundesrepublik Deutschland verwendeten Industrierobotern lediglich 4200 Geräte Montagetätigkeiten aus.
Das Angebot von Montagerobotern in Europa, den USA und Japan hat in den letzten Jahren stark zugenommen. Sowohl die Anzahl der Montageroboterhersteller als auch die Anzahl der einzelnen Geräte weisen steigende Tendenz auf (Bild 6.64).

Die wichtigste Bauform (Bild 6.65) für die Montage von kleinen Produkten sind die Industrieroboter der SCARA-Bauweise (Selective Compliance Assembly Robot Arm). Die SCARA-Bauweise ermöglicht für den Anwender von Industrierobotern in der Montage die Möglichkeit ein nur 3- oder 4-achsiges Gerät mit hoher Positioniergenauigkeit und hoher Geschwindigkeit bei gleichzeitig niedrigem Preis zu erstehen. Die Entwicklung der SCARA-Roboter begann in Japan und so ist es nicht verwunderlich, daß die ersten Geräte auf dem europäischen Markt japanischen Ursprungs waren. Jedoch bereits nach sehr kurzer Zeit sind Kooperationen zwischen japanischen und deutschen Unternehmen entstanden und es wurden Eigenentwicklungen deutscher Unternehmen vorgestellt.

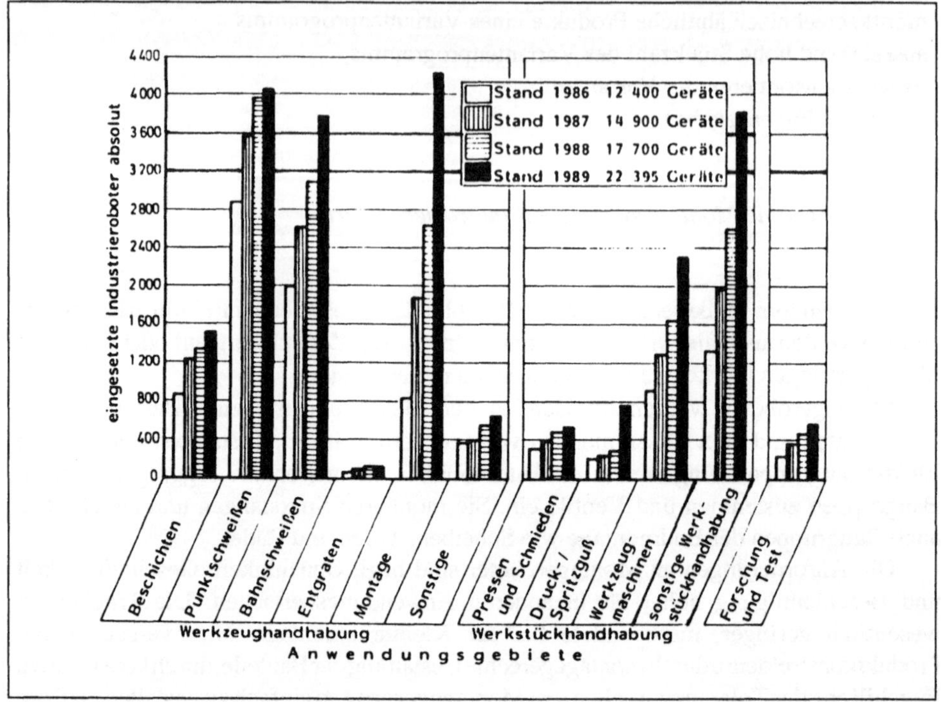

Bild 6.64 Einsatzzahlen von Industrierobotern

Bild 6.66 zeigt einen Industrieroboter der SCARA-Baureihe bei der Montage von Generatoren. Dieser Montageroboter wird in drei verschiedenen Größen angeboten. Die Größen sind 800, 600 und 450. Diese Bezeichnung steht für die maximale Reichweite dieser Roboter.

Die Roboter besitzen maximal vier Freiheitsgrade, können jedoch bei besonders einfachen Montageaufgaben auch nur mit drei Freiheitsgraden ausgestattet sein. Man benutzt in diesem Fall als 4. Achse keine numerisch gesteuerte Achse, sondern eine mit pneumatischen Antrieben versehene 4. Achse. Dies bedeutet, daß man an der vorgesehenen Montageposition nur zwei Vertikalpositionen zur Verfügung hat, was für einfache Aufgaben jedoch ausreicht.

Die Vorteile dieses Horizontalknickarmprinzips sind:

- Beschränkung auf drei bis vier NC-Achsen erlaubt kostengünstige Lösung,
- durch "überlagertes" Verfahren der ersten beiden rotatorischen Achsen sind hohe Verfahrensgeschwindigkeiten möglich,
- hohe Kraftaufnahme in Fügerichtung,
- gute Zugänglichkeit (Teilebereitstellung).

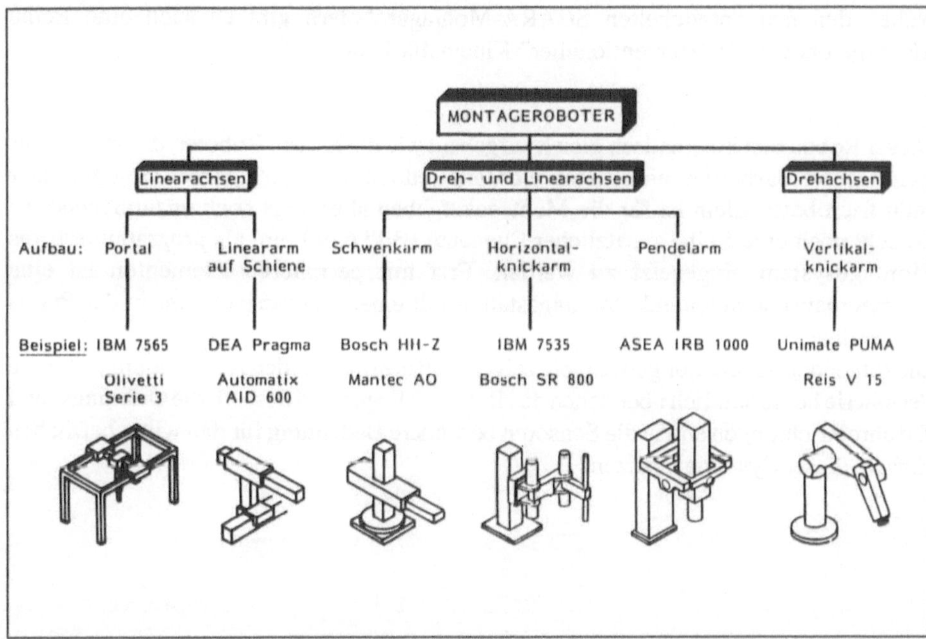

Bild 6.65 Grundbauarten von Montagerobotern

Bild 6.66 SCARA-Montageroboter in einer Montagelinie (Werkbild Bosch)

Neben den neu entwickelten SCARA-Montagerobotern gibt es auch eine Reihe Montageroboter mit “konventioneller” Kinematik (Bild 6.67).

Dieser Roboter ist kinematisch gleich aufgebaut wie die großen Roboter, die speziell für Punktschweißarbeiten eingesetzt werden, jedoch mit geringerer Traglast. Der Industrieroboter allein ist für die Montageaufgaben allerdings noch unzureichend. Er braucht noch eine Reihe zusätzlicher Elemente (Bild 6.68), um als programmierbares Montagesystem eingesetzt zu werden. Erst mit peripheren Elementen ist eine vollautomatische anleitende Montagestation mit einem Industrieroboter in der Praxis verwendbar.

Die folgenden Anwendungsbeispiele zeigen, daß die finanziellen Aufwendungen für die Peripherie heute deutlich über denen des Roboters liegen und deshalb die Ordnungs- und Zuführeinrichtungen sowie die Sensoren besondere Bedeutung für den wirtschaftlichen Einsatz dieser Systeme besitzen.

Bild 6.67 Industrieroboter (Werkbild Stäubli UNIMATION)

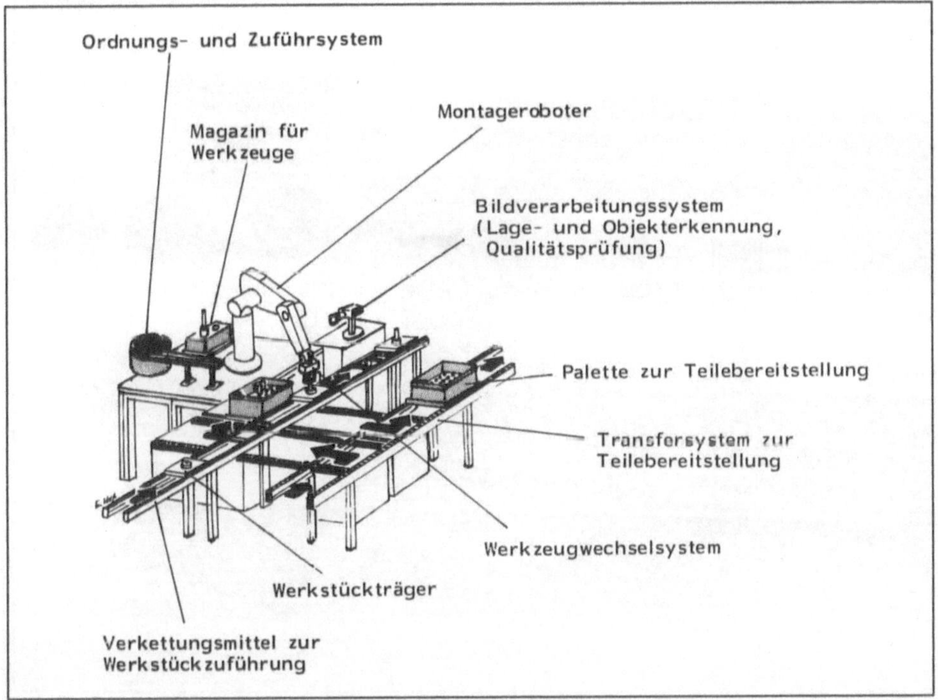

Bild 6.68 Elemente für eine programmierbare Montagestation

6.3.4.4.2 Anwendungsbeispiele von programmierbaren Montagesystemen mit Industrierobotern

- Kleinteilemontage

Das erste in Europa für die industrielle Montage eingesetzte Robotersystem war der SIGMA-Roboter, der bereits 1977 auf dem Markt war. Dieser zweiarmige Montageroboter in Portalbauweise war ursprünglich mit Schrittmotoren angetrieben. Das seit 1980 auf dem Markt eingeführte Nachfolgemodell "Serie 3" verfügt über einen 160% vergrößerten Arbeitsraum und ist mit Gleichstromantrieben ausgerüstet, die höhere Beschleunigungen erlauben. Außerdem kann dieser Montageroboter mit bis zu sechs Armen ausgerüstet werden.

Von den derzeit ca. 150 im Montagebereich eingesetzten Robotern in Europa arbeiten 25 Geräte bei verschiedenen Anwendungen des Herstellers auf dem Gebiet der Büromaschinenmontage und der Leiterplattenbestückung. Außerdem wird dieser Montageroboter in verschiedenen Branchen z.B. für folgende Anwendungsfälle eingesetzt:

- Montage für Farbbandkassette für Schreibmaschinen (Bild 6.69),
- Montage von Stoßdämpfern,

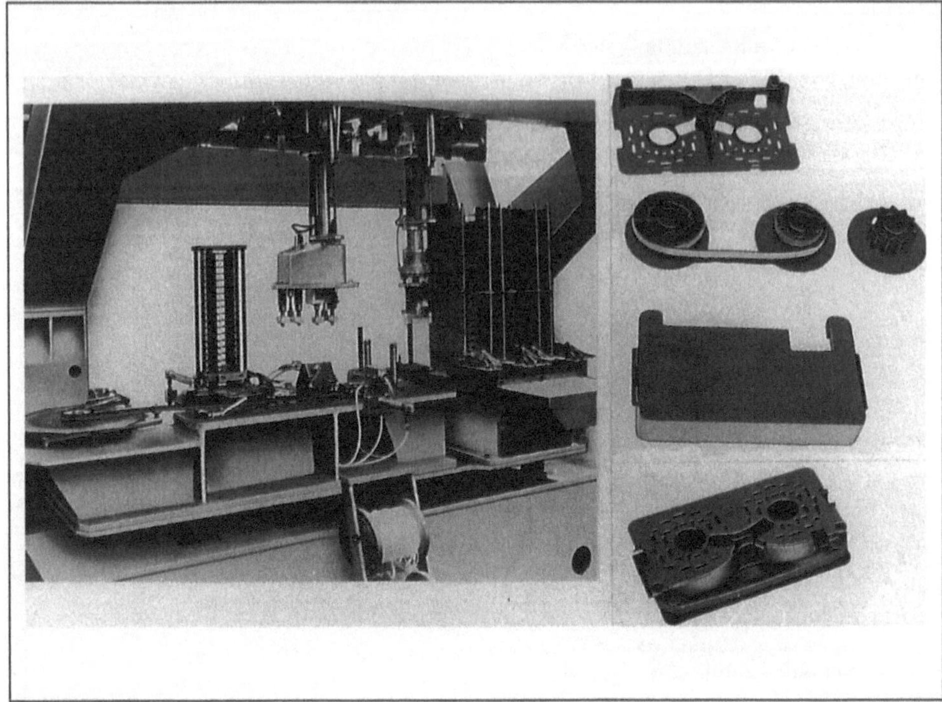

Bild 6.69 Montage von Farbbandkassetten mit SIGMA-Montageroboter

- Montage von Klemmleisten,
- Montage von Elektrosteckern,
- Montage von Kolben und Pleuel,
- Montage von Thermostaten,
- Montage von Elektroschaltern,
- Montage von Elektromotoren,
- Montage von Ventilatoren mit verschiedenen Motorgrößen,
- Montage einer Zahnradölpumpe,
- Montage von verschiedenen Pkw-Getriebebaugruppen,
- Montage von Varianten einer Druckkupplung,
- Montage einer Kraftfahrzeugwasserpumpe,
- Montage eines Motorhaubenverschlusses.

Ein typisches Beispiel eines programmierbaren Montagesystems der Firma DEA für die Montage von Automobilbaugruppen ist eine Anlage für die automatische Zylinderkopfmontage (Bild 6.70).

Die Verkettung der Arbeitsstationen dieser Montageanlage erfolgt über ein Friktionsrollenband. In einem Montageschritt werden von den Roboterarmen die Ventile in den Zylinderkopf eingesetzt und die Ventilschaftdichtungen montiert. Anschließend wird der Zylinderkopf in eine Prüfstation gegeben. Der Zylinderkopf wird zunächst

Bild 6.70 Zylinderkopfmontage (DEA)

direkt auf dem Rollenband weitergefördert. Die Ventile, sowohl die Einlaß- als auch die Auslaßventile, werden nacheinander in den Zylinderkopf eingesetzt. Hierbei wird die Fügekraft mit einem taktilen Sensor überwacht, so daß Falschteile aussortiert werden können.

Die Ventile werden in eng tolerierten Flächenmagazinen, geordnet nach Einlaß-und Auslaßventilen, bereitgestellt. Die Ventilschaftdichtungen werden aus einem Vibratortopf bereitgestellt, mit dem Roboterarm auf den Zylinderkopf aufgesetzt und anschließend mit einer Presse in den Zylinderkopf eingepreßt.

Im zweiten Montageabschnitt werden die Ventilfedern vormontiert. Zwei parallel arbeitende Roboterarme setzen die in tiefgezogenen Kunststoffmagazinen bereitgestellten Ventilfedern ineinander. Zwei weitere, parallel arbeitende Roboterarme setzen die aus Schachtmagazinen paarweise bereitgestellten Halbschalensicherungen in die Ventilteller und setzen anschließend die Ventilteller auf die Ventilfedern. Diese Roboterarme sind hierzu mit Mehrfachgreifern ausgerüstet. Die Ventilteller werden ebenfalls in Schachtmagazinen bereitgestellt.

Die Magazine, auf denen die vormontierten Ventilfedern bereitgestellt sind, werden auf Rollenbändern zu den Montagestationen transportiert. An den Montagestationen werden die Magazine mit Aushebevorrichtungen positioniert. Die vormontierten Ventilfedern werden anschließend in den Kunststoffmagazinen der im ersten Abschnitt beschriebenen Zylinderkopfmontage zugeführt. Dort werden dann die vormontierten

Ventilfedern von zwei hintereinander arbeitenden Roboterarmen auf den Zylinderkopf aufgesetzt. Die gesamte Zylinderkopfmontage umfaßt ferner das Montieren der Stößel, das Einschrauben mehrerer Gewindebolzen und das Montieren des Zylinderkopfdeckels.

Weitere Einsatzbeispiele für den PRAGMAS A 3000 der Firma DEA sind:

- Montage von Verdichterventilen für Kühlschränke,
- Montage von Spurstangengelenken für Lenkungen,
- Zusammenbau von Verdichterkurbelwellen mit dem Lager,
- Montage von Lenkgetrieben,
- Montage von Elektromotoren,
- Montage von Kreuzgelenken.

- Löten

Die Scararoboter sind nicht nur für Montageaufgaben einsetzbar, sondern können auch für komplizierte Lötaufgaben eingesetzt werden, die nicht mit konventionellen Lötbändern durchgeführt werden können. Bild 6.71 zeigt einen Hirata-Industrieroboter in einem Versuchsaufbau zum automatischen Löten, wobei der Industrieroboter ein spezielles Lötwerkzeug trägt, mit dem er in zwei Richtungen programmierbare Kräfte auf die Lötstelle ausüben kann. Dafür war die Entwicklung eines speziellen robotergerechten

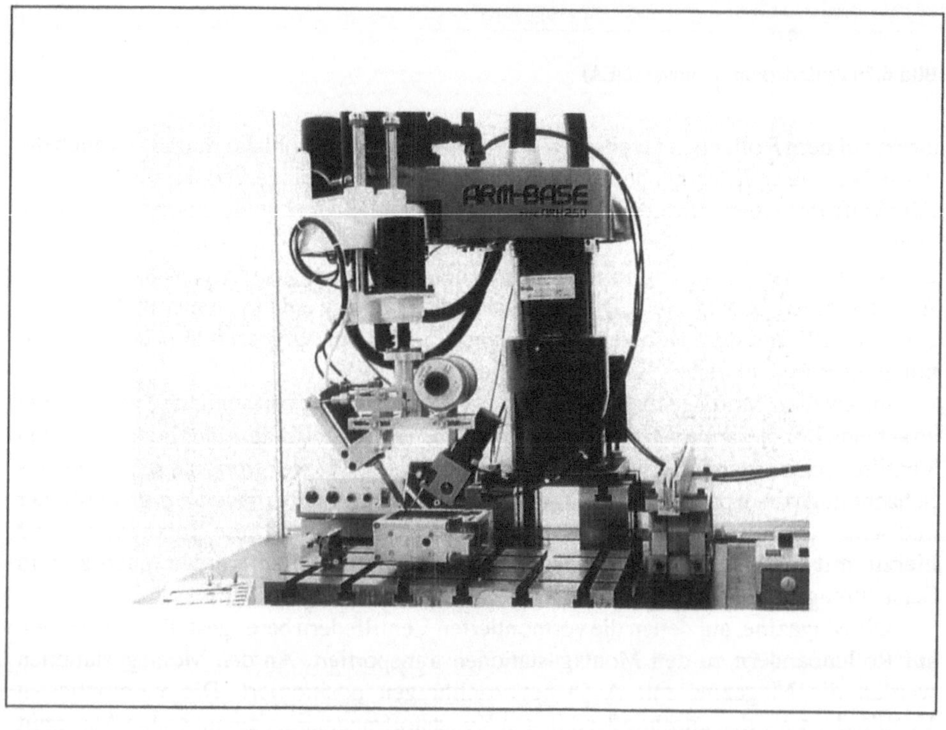

Bild 6.71 Löten mit HIRATA-Montageroboter

Lötwerkzeuges erforderlich. Dieses Lötwerkzeug wird inzwischen an vielen Industrierobotern mit Erfolg eingesetzt, dort wo man komplizierte Lötaufgaben konstruktiv nicht vereinfachen kann und so auf einen Industrieroboter angewiesen ist.

- Bestücken von Leiterplatten

Das Anwendungsgebiet Bestücken mit Sonderbauelementen gehört zu den zukunftsträchtigen Montageanwendungsgebieten überhaupt. Bild 6.72 zeigt einen Roboter aus einem Baukastensystem beim Einsetzen von Sonderbauelementen, wobei die Einfachgreifversion wie auch die Mehrfachgreifversion Verwendung findet. Für den Bereich sehr kleiner Stückzahlen wurde ein Konzept entwickelt und in einer Roboterzelle realisiert, das es ermöglicht bis hinunter zu Einzelanfertigung von Flachbaugruppen, diese vollautomatisch zu bestücken. Der Bestückroboter wird durch einen Portalroboter überspannt der die Handhabung der Bauteilmagazine in der Zelle durchführt (Bild 6.73). Die auf Paletten vom Flurförderfahrzeug herantransportierten Bauteilmagazine werden nach einem Optimierungsprogramm in der Zelle verteilt.

Durch den Einsatz von Bilderkennungssystemen können sowohl Lage und Orientierung der Teile auf den Magazinen, als auch die Lage der Anschlußdrähte bzw. Anschlußflächen der Bauteile im Greifer vor dem Bestückvorgang geortet und auftretende Toleranzen können ausgeglichen werden.

Bild 6.72 Bestücken von Leiterplatten mit Bauelementen (Werkbild Mannesmann Rexroth)

Bild 6.73 Hochflexible Bestückzelle mit optischer Bauteilerkennung

Durch die Entwicklung einer On-line-Generierung für Bestückprogramme ist es möglich, in der Robotersteuerung die benötigten Ablaufprogramme direkt für jede Flachbaugruppe aus den vorhandenen CAD-Daten zu erzeugen.

- *Montage biegeschlaffer Teile*
Neueste Versuche zeigen, daß Montageroboter auch in der Lage sind, biegeschlaffe Werkstoffe, wie z.B. Kabel, Folien oder Textilien zu handhaben.

- *Schlauchmontage*
Die Montage von Schläuchen wurde am Institut für Produktionstechnik und Automatisierung (IPA) sowohl theoretisch als auch experimentell grundlegend untersucht. Zur Verifizierung der analytischen Fügeprozeßberechnungen und der dreidimensionalen Finite-Elemente-Simulation von dynamischen Fügevorgängen wurden Versuche mit unterschiedlichen Schlauchwerkstoffen und Montagerandbedingungen unternommen. Im Mittelpunkt standen außerdem die Konstruktion, Entwicklung und Erprobung von diversen Teilsystemen zur Schlauchmontage. Hierzu zählen Schlauchgreifer, Systeme zum fliegenden Greiferwechsel oder Greiferbackenwechsel, Verlegehilfswerkzeuge und ein Klemmschellenmontagewerkzeug. Von großer Bedeutung sind in der Schlauchmontage angepaßte Sensorlösungen. Hier wurden Erfahrungen gewonnen mit diversen Systemen wie Laserscanner zur Erkennung von freien Schlauchenden oder der

Integration eines Fügekraftüberwachungssystem im Montagewerkzeug. Bezüglich der möglichen Verfahren zur Schlauchmontage wurden diverse Strategien mit unterschiedlichen kinematischen Abläufen untersucht.

Für die Komplettmontage von Kühlwasserschläuchen, einem Hauptanwendungsgebiet der Schlauchmontage, wurden zwei Pilotanlagen konzipiert und aufgebaut. Bemerkenswert ist hier die realisierte Auswertung der Sensorsignale einerseits zur Lageerkennung der räumlich undefiniert positionierten Schläuche nach dem ersten Fügevorgang sowie zur Fügeergebniskontrolle. In einer Montagezelle (Bild 6.74) wird ein Kühlerschlauch mit drei Enden komplett automatisch montiert.

Die Zelle besteht aus:

- programmierbarem Industrieroboter, Greifer, Greifersteuerung
- Greiferbackenwechselsystem
- Laserscanner, Sensordatenverabeitung.

Die bei Elastomerteilen auftretenden großen Toleranzen werden durch den Einsatz von Fügestrategien, die keine Sensoren benötigen, kompensiert.

Bild 6.74 Montage von Kühlwasserschläuchen

Der eingesetzte Laserscanner hat im wesentlichen zwei Aufgaben:

- Erkennen der grob vorpositionierten Schlauchenden; nachdem das erste Schlauchende montiert ist, sind Lage und Orientierung der anderen Schlauchenden nur sehr grob bekannt. Über dieses abstandsmessende System ist die Beurteilung der Lage und Orientierung möglich.
- Kontrolle des Fügeergebnisses.

- O-Ringmontage

Ein weiteres Querschnittsproblem beim Fügen biegeschlaffer Teile bildet die Montage von O-Ringen. Diese im allgemeinen aus nicht vorformbaren Materialien bestehenden Teile müssen zunächst vereinzelt und dann in oft extrem von der Kreisform abweichende Oberflächennuten gefügt werden.
Mit Hilfe von zwei robotergerechten Werkzeugen ist es möglich, die im Haufwerk angelieferten O-Ringe zu vereinzeln, deren Abmessungen zu prüfen, sie zu positionieren und in unterschiedliche Basisteile zu fügen.

Das speziell entwickelte Schöpfwerkzeug entnimmt zunächst eine zufällige Anzahl von O-Ringen aus dem Bunker. Beim Durchfahren der am Bunker integrierten Bürstenschikane werden alle Ringe bis auf einen wieder abgestreift. Die nachgelagerte Sensorstation prüft, ob tatsächlich genau ein O-Ring entnommen wurde und ob dieser eventuell deformiert ist.
Treten Fehler auf, so werden Störfallstrategien ausgelöst. Der geprüfte Dichtring wird in eine prismatische Positionierstation auf dem Werkstückträger abgelegt.

Der am Fügewerkzeug integrierte Greifer nimmt den Ring daraus auf und positioniert ihn so auf den Basisteil, daß er an einer Stelle mit der Nut zur Deckung kommt (Bild 6.75). An diesem Ort setzt die Montagewalze auf das Werkstück auf und drückt die Dichtung an dieser Stelle in die Nut.

Die Walze bewegt sich dann mit genau definiertem Schlupf über das Werkstück. Durch die Vorgabe teilespezifischer Schlupfparameter können die O-Ringe in unterschiedlichste, von der Kreisform abweichende Nutkonturen gefügt werden.
Ohne Werkzeugwechsel ist die Verarbeitung von Losgröse >1< möglich. Die Information über die Nutkontur des Werkstücks kann optisch mit einer Kamera oder über codierte Werkstückträger an die Industrierobotersteuerung übertragen werden.

- Nähzelle für die automatische Fertigung von Hosenbeinen

Im Rahmen eines vom Land Baden-Württemberg geförderten Forschungsvorhaben wurde eine flexible Nähzelle für die Fertigung von Hosenbeinen entwickelt (Bild 6.76).

Das Gesamtsystem besteht aus folgende Komponenten:

- Magaziniereinheit für Vorder- und Hinterhose,
- Handhabungsachse mit Schnellwechsler für Stoffgreifer,
- Positioniersystem für flächige, textile Werkstücke,
- handelsüblicher Konturnäher.

Bild 6.75 Montage von O-Ringen mit Industrieroboter

Das Gesamtsystem zeichnet sich durch folgende Merkmale aus:
- Positioniersystem, Handhabungssystem und Magazineinheit sind universell einsetzbar;
- Das Positioniersystem ist flexibel bezüglich des Materials selbsteinstellend auf unterschiedliche Teilegrößen;
- Positioniergenauigkeit +/- 1 mm;
- Die Programmierung erfolgt über eine komfortable Bedienerführung.

Das Schließen der Hosenseitennaht ist in der Zelle realisiert. Die vertikale Handhabungsachse, die mit einem Schnellwechselsystem für handelsübliche Textilgreifer ausgerüstet ist, hebt die oberste Vorderhose am Bund an. Die Positionierplatte fährt unter die Vorderhose und trennt sie damit in der ganzen Länge vom Stapel. Das auf der Platte abgelegte Hosenteil wird zur Positioniereinheit verfahren und dort positioniert und orientiert. In der Zwischenzeit verfährt die Magaziniereinheit, und ein Hinterhosenteil wird angehoben. Beim Verfahren auf der Positionierplatte unter die Hinterhose wird das zuvor positionierte Vorderhosenteil auf den Positioniertisch abgestreift. Nach Beendigung der Positionierung wird die Hinterhose beim Verfahren der Positionierplatte unter das nächste Vorderhosenteil auf die, bereits auf dem Positioniertisch liegende, Vorderhose abgelegt. Das aufeinandergelegte Hosenbein wird nun in das Konturenblech der

Bild 6.76 Flexible Nähzelle

Nähmaschine eingeführt, der Nahtanfang wird unter der Nadel plaziert und der Nähvorgang gestartet.

Die entwickelte Anlage zeigt, daß es möglich ist, die Handhabung von biegeschlaffen Materialien im Bereich der Vorfertigung und/oder der Montage von Bekleidung zu automatisieren. In diesem Fall nicht mit einem handelsüblichen Industrieroboter sondern mit einem aus modularen Baueinheiten zusammengesetzten Handhabungsgerät, das jedoch nach der Definition einen Industrieroboter darstellt.

- Kabelbaumfertigung

Auch heute noch werden in der industriellen Serienmontage die meisten Arbeitsgänge in der Kabelbaumfertigung manuell durchgeführt. Die Kabelbaumfertigung hat sich, besonders im Bereich von komplexen Kabelbaumkonfigurationen, wie z.B. in der Fahrzeug-, Braune- und Weisse-Ware-Industrie aus folgenden Gründen einer Automatisierung entzogen:

- schwierige Handhabung der formlabilen Kabel bzw.Kabelstränge,
- hohe Anzahl unterschiedlicher Kontakte und Kabel pro Kabelbaum,
- unterschiedliche Verbindungstechniken innerhalb eines Kabelbaumes,
- fehlende gerätetechnische Entwicklungen, speziell im Bereich der flexiblen Konfektionierung,
- des Verlegens und Ummantelns von Kabelsträngen.

Das IPA beschäftigt sich bereits seit mehreren Jahren mit der flexiblen Montage von Kabelbäumen. So wurde eine vollautomatisierte off-line-programmierte Kabelbaummontageanlage für Schneidklemmtechnik entwickelt (Bild 6.77). Die Arbeitsinhalte der Montageanlage umfassen das automatische Konfigurieren des Verlegebrettes mit Hilfe eines Roboters, der die variantenflexiblen Steckergehäuseaufnahmen für Steckverbinder sowie Verlegehilfen auf einer Magnetspannplatte positioniert. Für das Verlegen und Kontaktieren der Leitungen wurden spezielle Werkzeuge entwickelt und realisiert. Um den hohen Zeitanteilen, die für das Verlegen beansprucht werden, so wie der Forderung nach der Verwendung von mehreren unterschiedlichen Kabeln gerecht zu werden, wurde ein Mehrfachverlegewerkzeug entwickelt, mit dem gleichzeitig wahlweise mehrere Kabel, bis max. 3 verlegt werden können (Bild 6.78). Das Einwechseln der Kabel in das Werkzeug wird dabei über Kabelwechselmodule realisiert. Das Bündeln der Kabelstränge sowie das Testen und Entnehmen der fertigen Kabelbäume vom Verlegebrett erfolgt ebenfalls vollautomatisch.

Laut einer Umfrage des IPA werden in der Bundesrepublik etwa 70 % der Kabelbäume in Crimptechnik hergestellt. In diesem Bereich der Verbindungstechnik werden bisher lediglich in der Leitungskonfektionierung starr automatisierte Anschlagmaschinen eingesetzt. Der Grund für den relativ niederen Stand der Automatisierung insbesondere beim Verlegen der Leitungen sowie in der Kontaktmontage

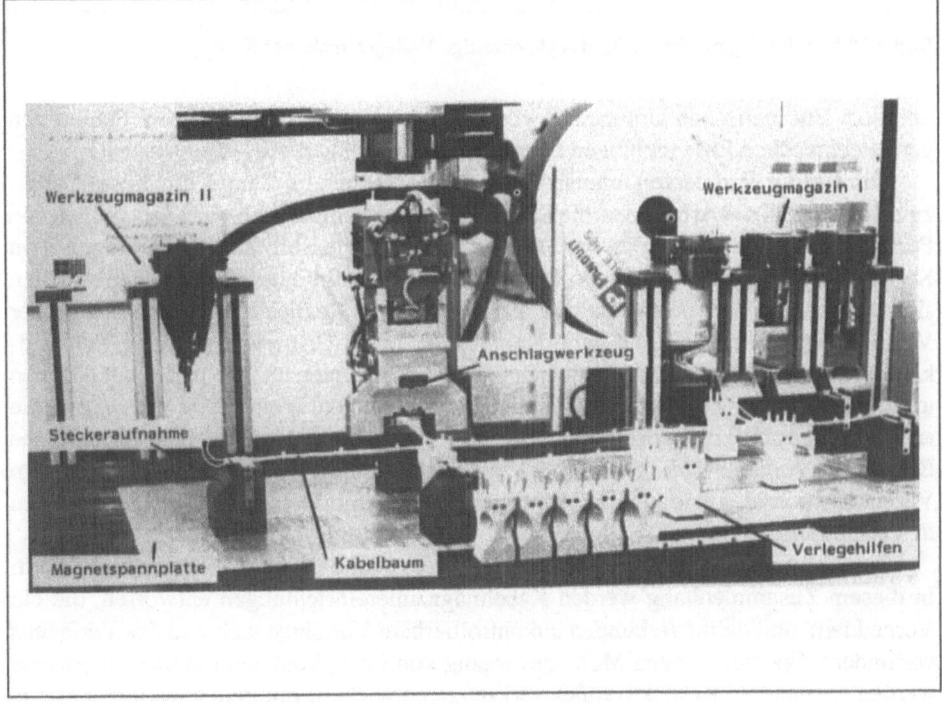

Bild 6.77 Versuchsaufbau zur Kabelbaummontage (Werkbild Bosch)

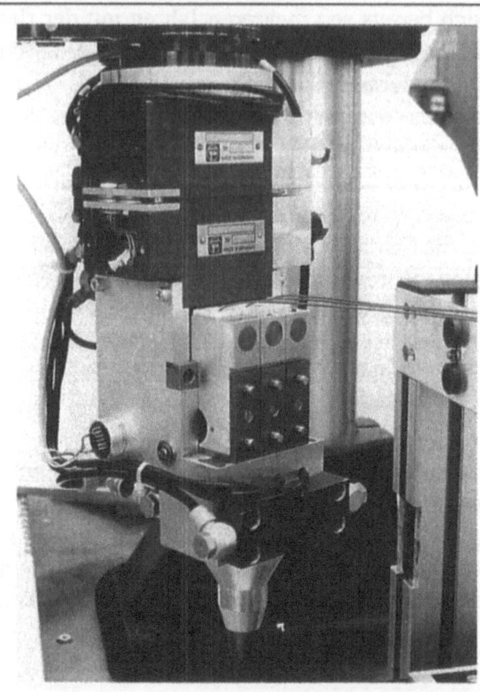

Bild 6.78 Kabelverlegewerkzeug für das gleichzeitige Verlegen mehrerer Kabel

und dem automatischen Ummanteln von Leitungssträngen liegt bisher im Fehlen von gerätetechnischen Entwicklungen begründet.

Am Institut sind derzeit intensive Forschungsarbeiten im Gange, um dieses Defizit zu beheben. Ziel der Arbeiten ist die Entwicklung und Realisierung von Werkzeugen und Peripheriekomponenten, die den weit gestreuten Flexibilitätsanforderungen von Kabelbaummontagesystemen gerecht werden. Diese Flexibilitätsanforderungen beziehen sich zum einen auf produktseitige Parameter, wie Realisierung unterschiedlicher Verbindungstechniken in einem Kabelbaum (z.B. Crimptechnik und Schneidklemmtechnik), Verwendung unterschiedlicher Kabelquerschnitte und Kontakttypen und der Entwicklung alternativer Ummantelungstechniken. Weitere Anforderungen, die an Werkzeuge und Peripheriekomponenten gestellt werden, ist der sinnvolle wirtschaftliche Einsatz in Anlagen mit hoher Stückzahlproduktion in Verbindung mit seltenem Variantenwechsel, sowie auch für Montageanlagen mit mittleren und kleinen Stückzahlen in Verbindung mit hohem Varianten- und Typenwechsel.

Zur Zeit werden schwerpunktmäßig Werkzeuge für die Kabelverlegung entwickelt. In diesem Zusammenhang werden Kabelmagaziniereinrichtungen entworfen, die ein Verheddern und damit verbunden unkontrollierbare Vorgänge während des Verlegens verhindern. Speziell für den Montagevorgang von Crimpkontakten in Steckergehäuse werden sogenannte Kontaktbestückwerkzeuge entwickelt, mit denen auch chaotische Bestückungen realisiert werden können, bei denen die Reihenfolge der zu bestückenden

Polkammern von Steckergehäusen frei gewählt werden kann. Sämtliche entwickelte Werkzeuge können in Einzelmontagestationen für Kleinserien mit geringer Ausbringung eingesetzt werden, wobei die werkzeugspezifischen Nutzungszeiten bedingt durch häufigen Werkzeugwechsel relativ gering sind. Ebenso ist aber der Einsatz in Transfersysteme denkbar, bei der Kabelbäume in der Großserienmontage mit geringer Variantenvielfalt montiert werden.

Erste Abschätzungen zeigen, daß mit den entwickelten Verfahren und Werkzeugen eine wirtschaftliche Montage von Kabelbäumen in Crimptechnik realisierbar ist. Erste Testergebnisse, die mit Pilotwerkzeugen durchgeführt wurden, lassen einen Einsatz von flexiblen Montageanlagen auch im Bereich der Crimptechnik in Zukunft erwarten.

- Pkw-Endmontagesysteme

Zu den bisher umfangreichsten Automatisierungsvorhaben im Bereich der Montage zählt die automatische Montage des VW Golf, wo 30 % des Arbeitsumfanges in der Fahrzeugendmontage von Automaten übernommen werden. Hier werden jedoch nicht nur Roboter eingesetzt, sondern auch eine Vielzahl von speziellen Montageautomaten, die für einen ganz bestimmten Zweck konstruiert wurden. Die Aufgaben, die von den Robotern hier erledigt werden, sind z.B. das automatische Auflegen, Spannen und Festziehen des Keilriemens (Bild 6.79) sowie das Einlegen des Ersatzrades, Einsetzen

Bild 6.79 Automatisches Auflegen, Spannen und Festziehen des Keilriemens (Werkbild VW)

der Batterie und Festschrauben der Batterie. Bei VW wurde erstmals in der Automobilindustrie im Bereich der Endmontage ein so hoher Automatisierungsgrad realisiert. Weltweit geht man von einem Automatisierungsgrad zwischen 4 und 6 % in diesem Endmontagebereich aus.
Es ist naturgemäß schwierig von der Automatisierungsanwendung eines Großkonzerns Rückschlüsse auf Automatisierungsmöglichkeiten in mittleren und kleineren Unternehmen zu ziehen. Die entscheidenden Punkte bei der Automatisierung waren die Einflußmöglichkeit auf die Konstruktion und die tatsächlich durchgeführten konstruktiven Änderungen am Produkt, die zu einer automatisierungsgerechten Gestaltung des gesamten Fahrzeuges führten. So wurden bisher komplizierte Bewegungsabläufe umgewandelt; z.B. sind alle Verschraubungen am Fahrzeugboden senkrecht auszuführen, d.h. mit linearen Fügebewegungen. Die Bremsleitungen wurden so umgestaltet, daß sie automatisch zu fügen sind. Darüberhinaus wurde das ganze Fahrzeugkonzept im Vorderwagenbereich dahingehend geändert, daß der Wagen vorne offen bleibt und erst als letzter Arbeitsgang, wenn alle im Motorraum befindlichen Teile montiert sind, die vordere Wagenfront angebracht wird. Dies erfolgt mit einer linearen Fügebewegung und das ganze Frontelement ist vormontiert bereits mit voreingestellten Scheinwerfern.

Doch nicht nur bei VW wurden intensive Anstrengungen unternommen, auch in allen anderen Automobilwerken gibt es zahlreiche Beispiele für flexible Montageautomatisierung. KUKA setzt für Montageaufgaben Linear- und Gelenkroboter mit Traglastgrenzen von 8 bis 240 kg ein, für die Montage von Schwungrädern an Pkw-Motoren z.B. den 60-kg-Roboter (Bild 6.80). Diese als Zelle ausgeführte flexible Montageeinrichtung ist in der Lage, drei unterschiedliche Schwungradtypen mit gleichem Lochbild an Kurbelwellen zu schrauben. Die Kurbelwellenstellung wird von einem Fernsehsystem erfaßt.

Auch bei der Montage von Pkw-Zylinderköpfen muß der Roboter greifen und schrauben mit zwei getrennten Werkzeugen, die er mit Hilfe einer Werkzeugwechseleinrichtung abwechselnd ankuppelt. Dies steigert Flexibilität und Auslastung des Roboters, der sich zunächst mit dem Greifer einen Zylinderkopf nimmt und auf den Motorblock setzt. Dann wechselt er den Greifer gegen einen Doppelschrauber aus und dreht die Zylinderkopfschrauben paarweise fest. Zur Qualitätssicherung wird das aufgebrachte Drehmoment überwacht und dokumentiert. In anderen Anwendungsfällen werden mehrere Greifer gewechselt, Punktschweiß- und Clinchzangen getauscht und Düsenköpfe für verschiedenartige Kleb- und Ausschäumstoffe bereitgestellt.

Zwei weitere Beispiele zeigen, daß neben dem Roboter eine komplexe Peripherie erforderlich ist. Für das automatische Montieren von Rädern an Kraftfahrzeugen wurde eine Gesamtlösung entwickelt, die diesen Montageprozeß an einem bewegten Fahrzeug erlaubt; ohne daß der Hängeförderer seine nicht immer gleichmäßige Bewegung ändern muß, werden paarweise die Vorder- und Hinterräder am Fahrzeug befestigt (Bild 6.81).

Dazu sind die folgenden Funktionseinheiten erforderlich:

- Roboter mit hoher Tragkraft und Synchronisation mit dem Hängeförderer,

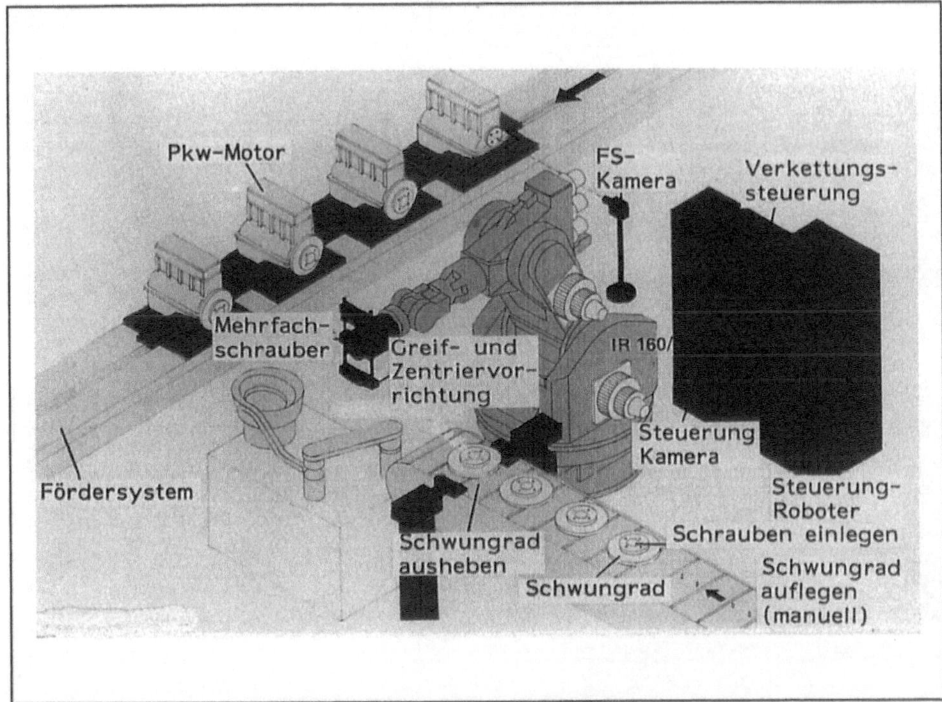

Bild 6.80 Schwungradmontage (Werkbild KUKA)

- Fernseh-Sensorsystem zur Synchronisation von Fahrzeug- und Roboterbewegung sowie zur Erfassung der X- und Y-Koordinaten der Nabe und der Drehlage des Nabenlochbildes,
- Robotergreifer mit integriertem Mehrfachschrauber,
- Wegmeßsystem zur Erfassung der Fahrzeugposition und -geschwindigkeit,
- Übergabestation mit Radausrichtungsvorrichtung und Beschickungseinrichtung für die Schrauben.

Die automatische Montage von Glasscheiben in Kraftfahrzeuge erfolgt bei modernen Fahrzeugkonzepten durch Einkleben. Roboter positionieren die mit Klebstoff versehenen Scheiben über dem Fensterausschnitt, fügen sie ein und pressen sie an (Bild 6.82). Das exakte Positionieren wird von optischen Sensoren kontrolliert, z.B. dadurch, daß mit Laserstrahlen charakteristische Konturen sichtbar gemacht werden. Weicht die Scheibenposition vom Sollzustand ab, gibt die Sensorsteuerung Korrektursignale an die Robotersteuerung. Diese veranlaßt eine korrigierende Bewegung des Roboters. Auch das Vorreinigen der Scheiben und das Auftragen der Klebstoffraupen wird von Robotern übernommen. Die Scheiben werden automatisch transportiert. Pufferstrecken sorgen für optimale Ablüftzeiten des Reinigungsmaterials und des Klebstoffs.

Entscheidend für den Erfolg eines jeden Anlagenkonzeptes ist eine ganzheitliche Systembetrachtung, bei der Roboter, Materialfluß, kommunikative Verkettung und Integration von manuellen Arbeitsplätzen einen entscheidenden Einfluß auf die

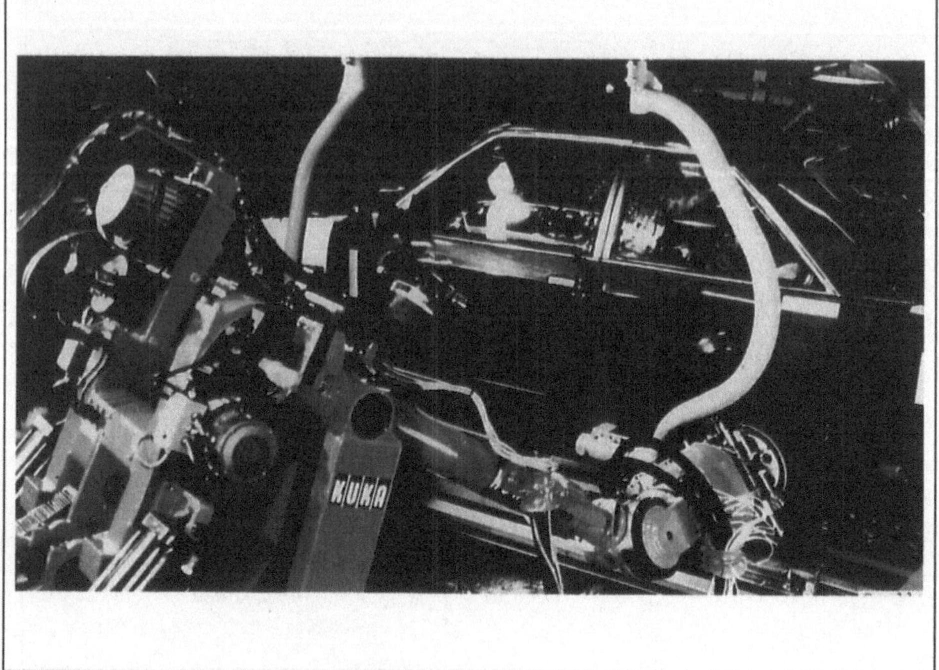

Bild 6.81 Radmontage (Werkbild KUKA)

Produktivität haben. Betriebswirtschaftliche Aspekte sollen die Wahl des Flexibilitätsgrades einer Anlage bestimmen. Dabei gilt es, einen vernünftigen Ansatz für die wiederverwendbaren Anlagenteile bei einem Modellwechsel zu finden. Montageroboter sind Fertigungshilfen mit größtmöglicher Flexibilität. Ihr Einsatz erfordert aber eine hochautomatisierte Peripherie, wie die Beispiele zeigen.

Es ist zu erwarten, daß die Anzahl der Industrieroboter im Montagebereich in den nächsten Jahren stark ansteigen wird. Das hauptsächliche Anwendungsgebiet von Montagerobotern wird bei Anwendungsfällen mit hohen Flexibilitätsanforderungen liegen. D. h. sie werden verwendet zur Lösung von Montageproblemen, die aufgrund niedriger Stückzahlen, hoher Umrüsthäufigkeit und großer Komplexität bisher manuell gelöst wurden. Voraussetzung für einen breiten, wirtschaftlichen Betrieb von Montagerobotern ist jedoch eine deutliche Senkung des Preises der Industrieroboter sowie der peripheren Einrichtungen.

- Zukünftige Montagesysteme und Entwicklungstendenzen

Wie in Zukunft Montagesysteme mit flexibler Automatisierung aussehen, ist noch etwas umstritten. So gibt es Verfechter von Linearkonzepten, wo ähnlich einer Transferstraße die einzelnen Montagesysteme linear hintereinander aufgereiht sind und mit Hilfe eines Transportsystems werden die zu montierenden Produkte quasi auf Werkstückträgern zu

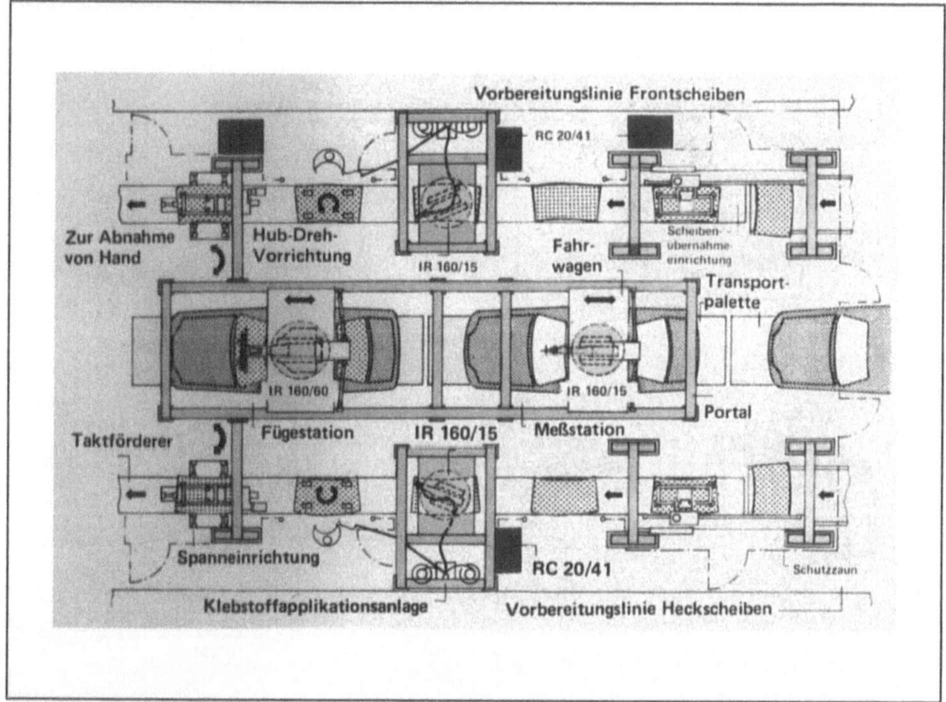

Bild 6.82 Anlage zur automatischen Pkw-Scheibenmontage inkl. Vorbereitung (Werkbild KUKA)

den einzelnen Montagebereichen gebracht. Einige Versuche hinsichtlich einer flexiblen Verkettung von Montagesystemen sind ebenfalls in der Automobilindustrie im Gange.

So zeigt Bild 6.83 einen Vorschlag für eine flexibel automatisiertes Montagesystem, bei dem von einem automatischen Flurförderfahrzeug die zu montierenden Baugruppen auf Paletten in einzelne programmierbare Montagezellen oder problemangepaßte Sonderstationen gebracht werden. Dieses System bietet noch mehr Flexibilität, insbesonders dann, wenn man sich vorstellt, daß einzelne dieser programmierbaren Montagezellen redundant sind, d.h., bei Stillstand einer Zelle wird dieser Arbeitsgang von einer benachbarten Zelle ausgeführt, so daß nie ein totaler Produktionsstillstand befürchtet werden muß. Diese noch höhere Flexibilität bedingt leider im Augenblick noch höhere Kosten und so ist im Einzefall abzuwägen, wie weit man den Flexibilitätsgedanken aus finanziellen Gründen treiben kann.

Bei der Planung solcher Montagesysteme wird in der Zukunft auch auf Expertensysteme zurückgegriffen werden können. So wird z.B. heute daran gearbeitet, Expertensysteme speziell für die Planung von Montageanlagen aufzubauen, um das Wissen von Experten, Anwendern, Herstellern und Produktentwicklern gleichsam zu nutzen und den Planer von Routinearbeit zu entlasten, so daß die Entscheidungsfindung transparent wird und die Auswirkungen geänderter Randbedingungen frühzeitig abgeschätzt werden können. Solche Expertensysteme werden in wenigen Jahren zur

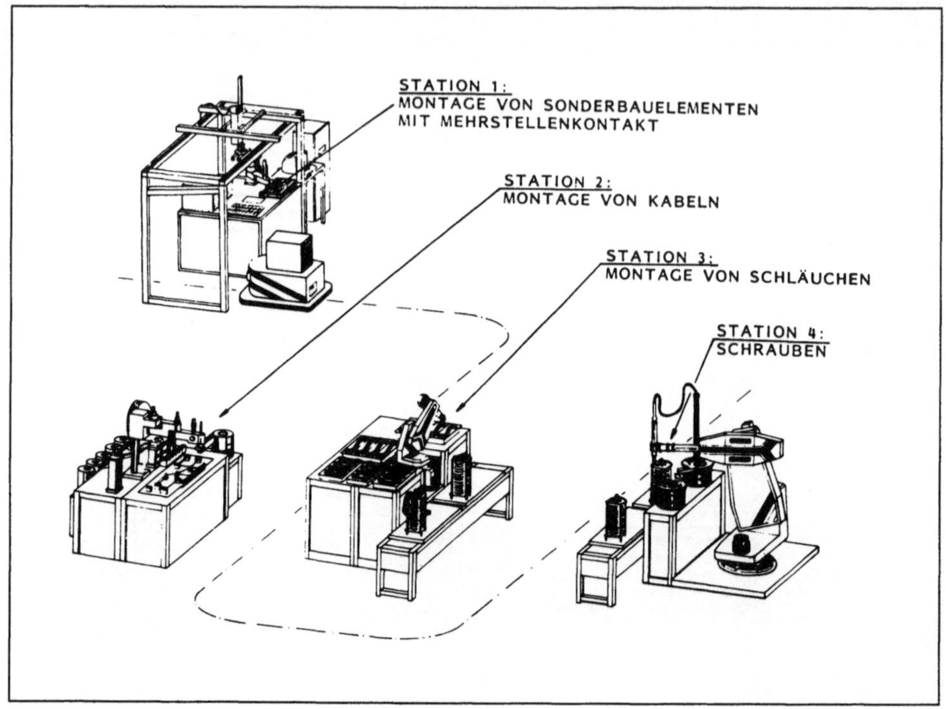

Bild 6.83 Flexibel automatisiertes Montagesystem

Verfügung stehen mit einer ausreichenden Daten- und Wissensbasis versehen als Hilfsmittel für den Planer für Montageanlagen.

Daß die Zukunft schon begonnen hat, zeigt ein Beispiel aus Japan. Nicht nur die Geräteentwicklung in Japan scheint zumindest einen kleinen Schritt weiter in der Zukunft zu stehen, auch die Montageroboteranwendung ist in Japan etwas weiter fortgeschritten als in Europa. In einem Werk für die Herstellung von Druckern werden drei Typen in einem Montagesystem automatisch montiert, das insgesamt aus 127 Stationen (48 Industrieroboterstationen, 22 Schraubstationen, ca. 50 Prüfstationen, der Rest Sonderstationen) bestehen. Die Taktzeit des Systems beträgt 18 s und es werden derzeit im 1-Schichtbetrieb ca. 2000 Drucker pro Tag montiert. Die typischen Losgrößen betragen ca. 1000 Stück und die Umrüstzeit der 127 Stationen ist mit 15 min äußerst gering. Die Montagestationen sind über ein Doppelgurtband verkettet, die Struktur des Systems ist mäanderförmig, so daß mehrere Brücken über das Band notwendig sind. Die Anlieferung der Teile an die Montagestationen erfolgt über ein induktiv gesteuertes Flurförderfahrzeug. Von diesem werden die Magazine automatisch an Abstapelvorrichtungen übergeben, die aus mehreren Rollenzuführungen bestehen, so daß ein automatisches Abstapeln voller Paletten und Rückführen der Leerpaletten sowie ein Aufstapeln der Leerpaletten ermöglicht wird.

Dieses automatische Montagesystem wird von nur 12 Mann bedient, die alle erforderlichen Arbeiten in dieser Montagehalle erledigen. Im Störungsfall werden sehr schnell die Mitarbeiter zur ausgefallenen Station gerufen (innerhalb von wenigen Sekunden). Einige Mitarbeiter reparieren das defekte Gerät, während ein Mitarbeiter parallel dazu die manuelle Montage durchführt. Es sind in der gesamten Linie keine Ersatzstationen vorgesehen oder Ausschleußmöglichkeiten für Werkstücktäger, wie bei solchen Systemen normalerweise üblich.

In der gesamten Montagehalle sind auch keinerlei Sicherheitseinrichtungen vorgesehen. Die Mitarbeiter sind entsprechend qualifiziert und die gesamte Montagehalle wird als Sicherheitsbereich aufgefaßt. Bild 6.84 zeigt einen Blick in diese Montagehalle, die normalerweise menschenleer ist, da nur für Störungsbeseitigung oder für Umrüstvorgänge Mitarbeiter erforderlich sind. Diese Entwicklung eines solchen komplexen Montagesystems war nur möglich durch eine konsequente montagegerechte Produktgestaltung. Ohne eine solche Überarbeitung wäre dieses System nicht denkbar. Von der Kostenseite muß man mit Vorbehalten an ein solches System herangehen; die genannten Wirtschaftlichkeitskennzahlen der japanischen Firma sind nur zum Teil zutreffend, da die gesamten Entwicklungskosten von der Konzernmutter getragen wurden und nur die tatsächlichen Erstellungskosten für das System in die Wirtschaftlichkeitsrechnung eingebracht wurden. Unter diesen Randbedingungen jedoch muß das System als äußerst wirtschaftlich bezeichnet werden.

Bild 6.84 Automatisches Montagesystem für Drucker (Werkbild OKI-DATA)

Ob die Entwicklung in der Bundesrepublik Deutschland ähnlich ablaufen wird wie in Japan scheint fraglich, da die Randbedingungen der japanischen Industrie doch anders geartet sind als die der bundesdeutschen Unternehmen. Berücksichtigt man jedoch eine Reihe von Einflußfaktoren, die auf die Anwendung von Industrierobotern in der Bundesrepublik Deutschland von Bedeutung sind, so kann man die Entwicklung des Montagerobotereinsatzes ungefähr vorhersagen (Bild 6.85). Hier wurde berücksichtigt, daß die Roboter wesentlich kostengünstiger werden, daß man die Produkte montagefreundlicher konstruieren wird und daß man mehr Flexibilität in der Peripherie, dem zweiten Schlüsselpunkt der Montageautomatisierung, zur Verfügung haben wird. Die Grafik zeigt veschiedene Erhebungen und Hochrechnungen von unterschiedlichen Untersuchungen. Es kann jedoch davon ausgegangen werden, daß 1992 zwischen 5.000 und 10.000 Montageroboter in der Bundesrepublik Deutschland an der Arbeit sind.

Ein Entwicklungsdefizit besteht derzeit noch auf den Gebieten der Teilebereitstellung. Der sogenannte “Griff in die Kiste” erscheint derzeit trotz einiger Aktivitäten nur in beschränktem Umfang möglich, weil

- die Systeme kein universelles Werkstückspektrum zulassen,
- der Systempreis kaum wirtschaftlich zu rechtfertigen ist und
- die derzeit erreichbare Taktzeit noch sehr lang ist.

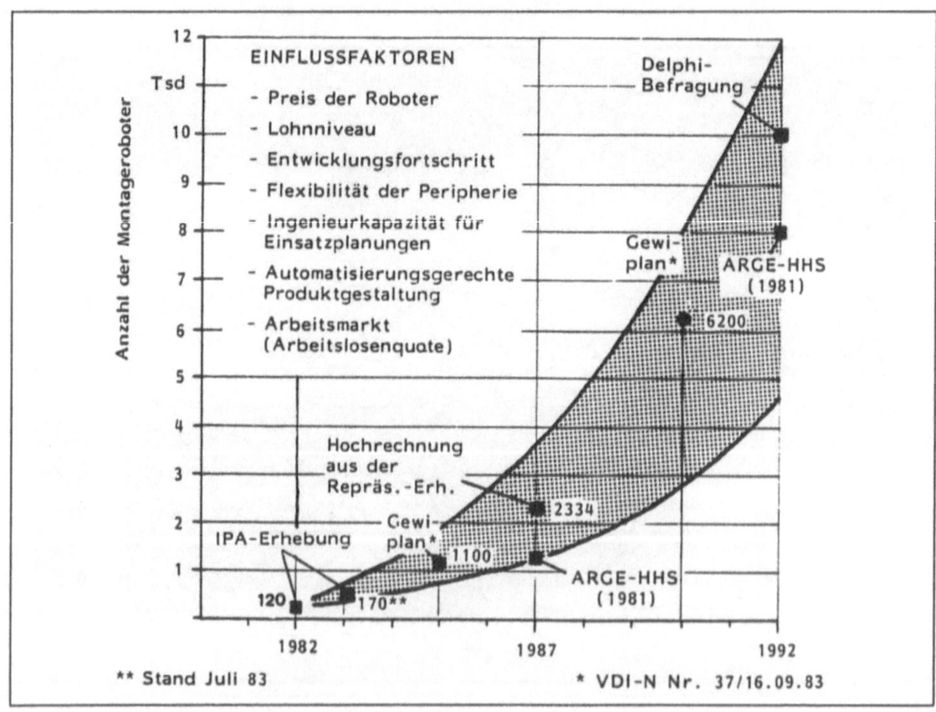

Bild 6.85 Entwicklung des Montagerobotereinsatzes

Deshalb ist die konventionelle Teilebereitstellung und -handhabung oft die einzige Lösung und stellt somit einen Flexibilitätsengpaß dar. Damit die Flexibilität und die Möglichkeiten des Industrieroboters voll ausgenützt werden können, ist es erforderlich, zukünftig auch flexible Ordnungs- und Magaziniersysteme zu entwickeln.

6.3.5 Planung und Bewertung von Montagesystemen

Die herkömmlichen, zur Verfügung stehenden Methoden zur Planung und Bewertung von Arbeitssystemen berücksichtigen vorwiegend technische und wirtschaftliche Gesichtspunkte. Daneben sind systematische Vorgehensweisen zur Arbeitsgestaltung bekannt, wie beispielsweise die 6-Stufen-Methode nach REFA [6.4]. Die allgemein gehaltenen Stufen dieser Methode sind:

- Ziele setzen,
- Aufgaben abgrenzen,
- ideale Lösung suchen,
- Daten sammeln und praktikable Lösungen entwickeln,
- optimale Lösungen auswählen,
- Lösungen einführen und Zielerfüllung kontrollieren.

Auf die Bewertung alternativer Lösungen wird in der 6-Stufen-Methode nicht näher eingegangen. Im folgenden soll eine systematische Vorgehensweise zur Planung und Bewertung von Montagesystemen dargestellt werden.

6.3.5.1 Systematische Vorgehensweise zur Planung und Bewertung von Montagesystemen

In Bild 6.86 sind die einzelnen Schritte der Vorgehensweise dargestellt [6.5].
Ausgangspunkt für die Auslegung eines Montagesystems ist die Montageaufgabe. Die relevanten Einflußgrößen und Randbedingungen, die hierbei zu berücksichtigen sind, lassen sich in vier Gruppen einordnen (Bild 6.87).
Anhand der erfaßte Einflußgrößen wird die Struktur des Montageprozesses ermittelt. Dies geschieht durch Aufzeichnen der Montageteilverrichtungen (z.B. Getriebewelle einbauen, Getriebedeckel montieren) in einem netzplanartigen Schaubild, dem Vorranggraphen (Bild 6.88).

Nach der Untersuchung, inwieweit die Montageteilverrichtungen automatisierbar sind, wird unter Einbeziehung der Einflußgrößen und Randbedingungen die Struktur des Montagesystems festgelegt.

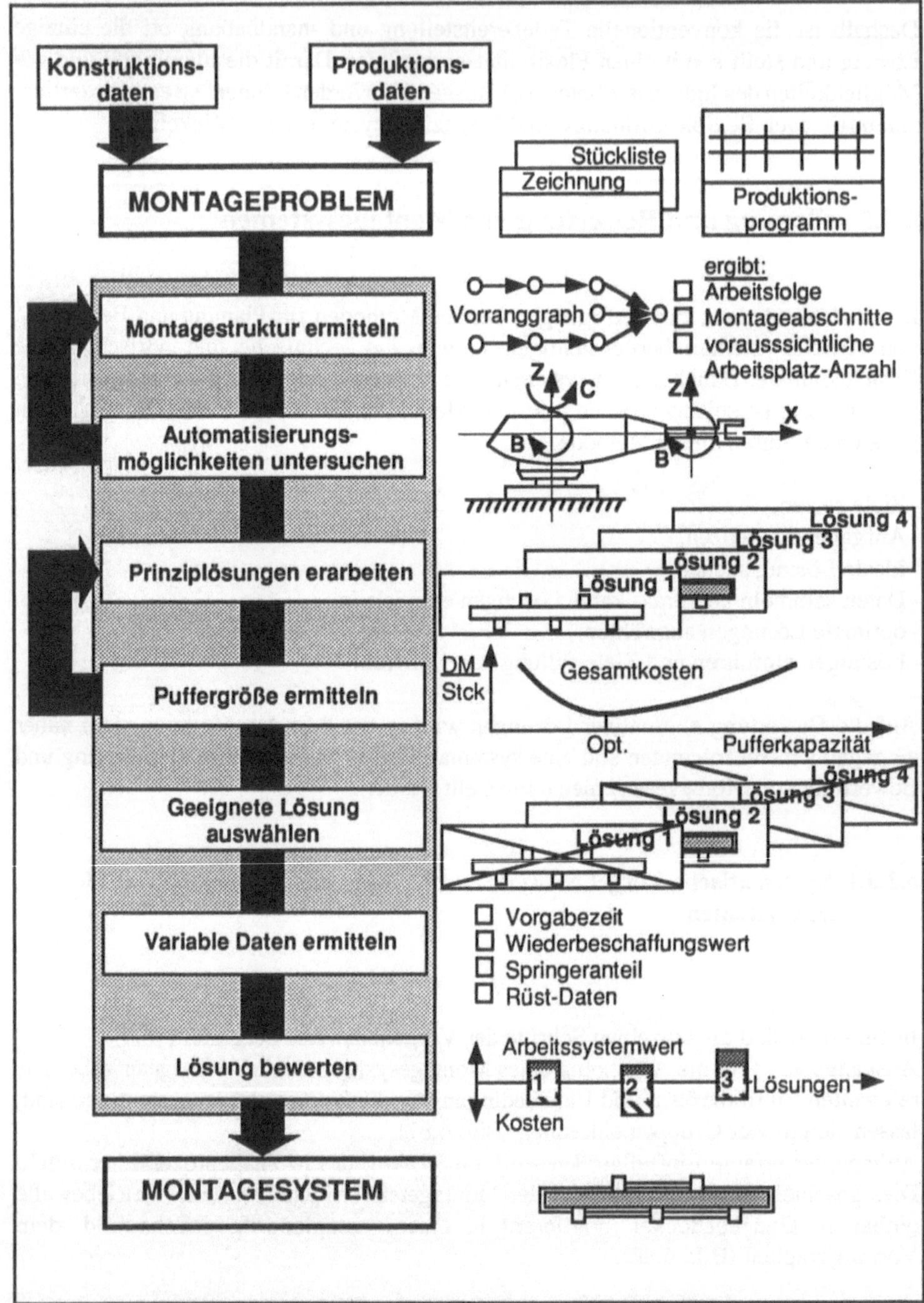

Bild 6.86 Ablaufschema zur Planung und Bewertung von Montagesystemen [6.5]

In der darauffolgenden Planungsstufe werden die Prinziplösungen (Arbeitssystemalternativen) entwickelt. Das bedeutet, daß eine bzw. verschiedene Organisationsformen für die Montageteilsysteme oder das Montagesystem bestimmt werden. Bild 6.89 stellt die Methoden und Hilfsmittel zur Ermittlung der Arbeitssystemalternativen dar.

Eine wesentliche Aufgabe bei der Erarbeitung von Prinziplösungen ist die Dimensionierung von Puffern. Puffer dienen der Entkopplung von Arbeitsplätzen, so daß eine zeitlich begrenzte Unterbrechung im Fertigungsablauf (z.B. durch persönliche Verteilzeit, technische Störungen) die vorausgehenden und nachfolgenden Arbeitsplätze nicht beeinflußt. Bei der Dimensionierung von Puffern sind sowohl personenbezogene als auch wirtschaftliche Aspekte zu berücksichtigen.
Die wichtigsten personenbezogenen Gesichtspunkte sind [6.5]:

- Befreiung der Mitarbeiter vom Arbeitsrhythmus der vor- und nachgeschalteten Arbeitsplätze;
- Möglichkeit zur Ausführung der Arbeitsaufgabe, unbeeinflußt von Störungen an vor- und nachgeschalteten Arbeitsplätzen;
- verbesserte Möglichkeiten zur individuellen Leistungsentfaltung;

PRODUKT	PRODUKTION	ORGANISATION	PERSONAL
☐ Größe	☐ Anlauftermin	☐ Gesetzliche Vorschriften	☐ Kenntnisse
☐ Gewicht	☐ Produktionsmenge	☐ Arbeitswissenschaftliche Erkenntnisse	☐ Fertigkeiten
☐ Funktion	☐ Losgröße	☐ Fertigungssteuerung	☐ Alter
☐ Qualität	☐ Laufzeit des Produkts	☐ Lohnform	☐ Geschlecht
☐ Komplexität	☐ Kostenziel		☐ Nationalität
☐ Typenvielfalt	☐ Maximales Investitionsvolumen		
	☐ Amortisationszeit		
	☐ Raumangebot		

Bild 6.87 Einflußgrößen und Randbedingungen bei der Planung von Montagesystemen [6.5]

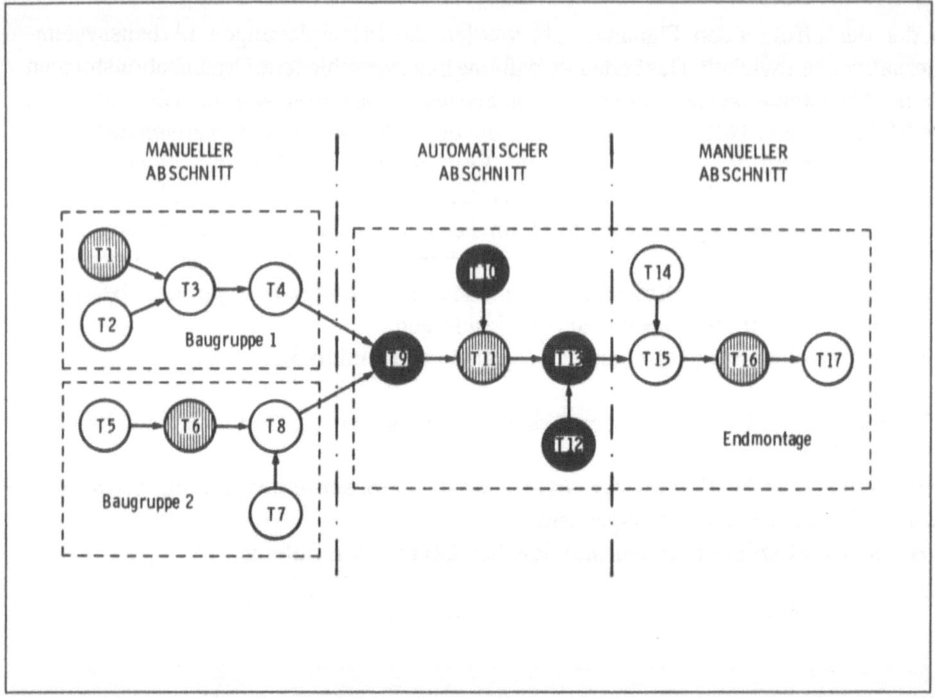

Bild 6.88 Vorranggraph mit ausgewiesenen Montageabschnitten [6.5]

- Möglichkeit zur zeitlich begrenzten Übernahme zusätzlicher, arbeitsbereichernder Tätigkeiten, wie z.B. die Durchführung von unregelmäßig anfallenden kleineren Nacharbeiten;
- Möglichkeit zur kurzfristigen Arbeitsunterbrechung oder individuellen Pausenwahl sowie unter Umständen sogar zu flexibler Gestaltung der Arbeitszeit (z.B. Gleitzeit).

In Bild 6.90 sind die wichtigsten Kostenarten zur Ermittlung der wirtschaftlichen Pufferkapazität in Abhängigkeit der Puffergröße qualitativ dargestellt.

Pufferkosten: Die Pufferkosten setzen sich zusammen aus den Puffergrundkosten (Vorrichtungen, Hubstationen; unabhängig von der Kapazität) sowie den kapazitätsabhängigen Kosten durch die bereitgestellten Speicherplätze. Mit zunehmender Kapazität müssen die technischen Merkmale (Antrieb usw.) geändert werden, wodurch die Sprünge im dargestellten Kostenverlauf zustande kommen.

Pufferfüllkosten: Diese Kosten entstehen durch das in den Puffern durch Werkstücke gebundene Kapital.

Stillstandskosten: Stillstandskosten entstehen durch ungenützte Kapazitäten infolge von Störungen; sie werden mit zunehmender Pufferkapazität kleiner.

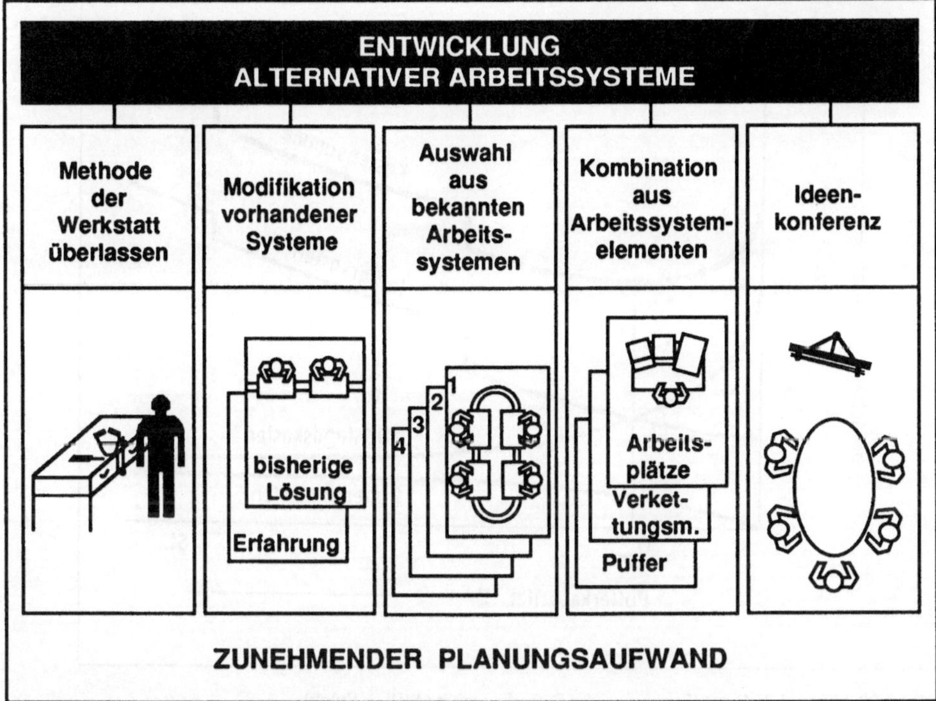

Bild 6.89 Methoden und Hilfsmittel zur Entwicklung alternativer Arbeitssysteme [6.5]

Die "Optimierung" der Pufferkapazität kann sowohl unter Berücksichtigung personenbezogener als auch wirtschaftlicher Gesichtspunkte mit Hilfe von Simulationsmodellen durchgeführt werden [6.16].

Nach der Entwicklung von Prinziplösungen werden die ungeeigneten Lösungen ausgeschieden. Gründe hierfür sind z.B.:

- gesetzliche Vorschriften,
- Raumangebot läßt die Realisierung des Systems nicht zu,
- zu hohe Kosten bei der Verwirklichung,
- Restriktionen der Firma bezüglich Materialfluß, Materialbereitstellung, usw.,
- Personalqualifikation.

Die Bewertung der übrig gebliebenen Lösungen erfolgt auf zwei Arten [6.34]:

- Erstens werden die monetär quantifizierbaren Kriterien, z.B. Kosten für Betriebsmittel, Lohnkosten, Ausschußkosten usw., in einer Kostenrechnung verglichen.
- Zweitens werden die monetär schwer oder nicht quantifizierbaren Kriterien bewertet, z.B. Flexibilität bezüglich Stückzahländerungen, Typen- und Variantenvielfalt sowie

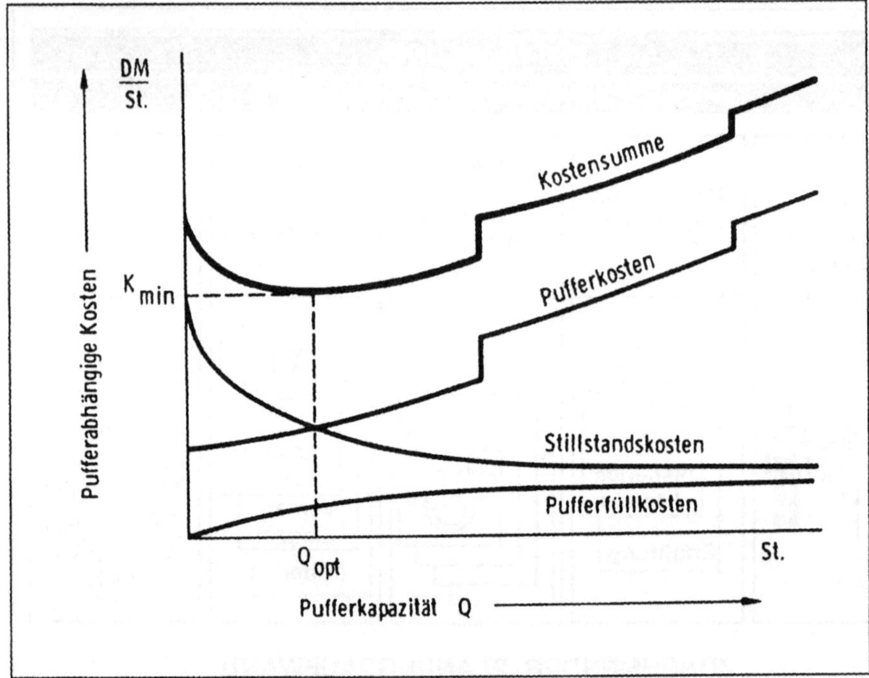

Bild 6.90 Abhängigkeit der Kosten von der Pufferkapazität Q (St. = Stück)

die Möglichkeiten individueller Leistungsentfaltung der Mitarbeiter. Diese Bewertung kann durch eine Punkteverteilung für die Kriterien vorgenommen werden. Den Kriterien kann entsprechend ihrer Bedeutung ein Gewichtungsfaktor zugeordnet werden. Aus diesem ergibt sich durch Multiplikation mit der Punktzahl für das jeweilige Kriterium und durch die nachfolgende Summenbildung über alle Kriterien der Arbeitssystemwert.

Nachdem das "optimale" Montagesystem mit möglichst geringen Kosten und möglichst hohem Arbeitssystemwert ermittelt worden ist, erfolgt die Feinplanung. Hierunter sind folgende Planungsaktivitäten zu verstehen.

- Planung der Montagemittel, -hilfsmittel und -einrichtungen,
- ergonomische Gestaltung der Arbeitsplätze,
- Erstellung von Planungs- und Ausführungsanalysen (Zeitplanung) mit Hilfe der "Systeme vorbestimmter Zeiten",
- Materialbereitstellungsplanung.

6.3.5.2 Tendenzen

Bei der Planung und Realisierung von Montagesystemen sind in zunehmendem Maße personalspezifische Probleme zu berücksichtigen. Vor allem die veränderten Erwartungen der im Arbeitsprozeß stehenden Menschen, die ihre Belange und Bedürfnisse als gleichrangig mit den technischen und wirtschaftlichen Erfordernissen der Arbeitswelt gewertet wissen wollen, stellen die Betriebe vor die Aufgabe, Arbeitsbedingungen zu schaffen, die diesem Wandel Rechnung tragen. Aus diesen Gesichtspunkten lassen sich Tendenzen für die Planung und Realisierung von Montagesystemen ableiten.

Infolge der Arbeitsteilung und der Abtaktung der Montageteilverrichtungen, hauptsächlich in den Bereichen der Großserien- und Massenmontage, sind teilweise monotone Tätigkeiten entstanden, die verschiedene Auswirkungen haben können wie z.B.

- hohe Fluktuationsrate,
- hohe Krankheitsquote,
- lange Fehlzeiten und
- Frühinvalidität.

Aus diesen Gründen sind es die sozial- und gesellschaftspolitischen Veränderungen, der Wandel auf den Arbeits- und Absatzmärkten und auch technologische Veränderungen, die Impulse für die Entwicklung neuer Arbeitsstrukturen gaben.

> **"Die *Arbeitstrukturierung* wird auch als die Organisation der Arbeit, ihrer Situation und Bedingungen definiert, so daß bei Erhaltung oder Steigerung der Leistung der Arbeitsinhalt möglichst mit den Fähigkeiten und Lebenzielen des einzelnen Mitarbeiters übereinstimmt." [6.35]**

Bei den unter dem Begriff Arbeitsstrukturierung [6.37] zusammengefaßten Maßnahmen handelt es sich um

- systematischen Arbeitswechsel (Job Rotation),
- Arbeitserweiterung (Job Enlargement) und
- Arbeitsbereicherung (Job Enrichment).

Beim *Arbeitswechsel* werden, z.B. innerhalb einer Arbeitsgruppe, nacheinander von jedem Mitarbeiter, sozusagen in zyklischer Vertauschung, sämtliche vorkommenden Arbeiten durchgeführt.

Arbeitserweiterung ist eine einfache Aneinanderreihung mehrerer gleichartiger oder ähnlicher Arbeiten.

Die *Arbeitsbereicherung* hat eine größere Bedeutung als die Arbeitserweiterung. Hierbei werden verschiedenartige Arbeitsaufgaben, z.B. Planungs-, Fertigungs- und Kontrollaufgaben, in einem größeren Arbeitsbereich zusammengefaßt. Der Mitarbeiter führt eine längere Arbeitsfolge unterschiedlicher Tätigkeiten aus.

Durch die in der Industrie eingeführte neue Arbeitsstrukturen (z.B. bei den Firmen Bosch, IBM, Philips, Volvo) sind auf diesem Gebiet Wege gezeigt worden, die zu einer Verbesserung der Qualität des Arbeitslebens führen können. Die Erfahrungen, die bereits gemacht wurden, rechtfertigen die Feststellung, daß weitere Arbeiten in dieser Richtung nicht nur aus menschlicher, sondern auch aus *wirtschaftlicher* Sicht sinnvoll sind.

6.3.5.3 Beispiel einer realisierten neuen Arbeitsstruktur

Die Neugestaltung der Montage durch humanere Arbeitsstrukturen erfordert eine Überarbeitung bestehender Systeme. Dabei sollen vorwiegend menschliche Gesichtspunkte im Vordergrund stehen.

Ein Beispiel ist die Schreibmaschinen-Montage in einer Fabrik bei Amsterdam. Die Ausgangssituation in dem 1967 gebauten Werk war die, daß an zwei langen Fließbändern mit je 60 Arbeitern täglich 180 Schreibmaschinen montiert wurden. Bei dieser Organisationsform ergaben sich erhebliche Schwierigkeiten. So lag beispielsweise die Fluktuation im Jahr 1969 bei 30 %. Entsprechend hoch waren Einstellungs-, Anlern- sowie Nacharbeitskosten.
Weitere Überlegungen führten zur Entwicklung der sogenannten "Mini-Linie" (Bild 6.91).
An jeder Mini-Linie, einer kurzen, unabhängigen Bandeinheit, wird ein Produkt von einer Arbeitsgruppe, die ungefähr 20 Mitarbeiter umfaßt, vollständig montiert. Eine Mini-Linie hat die Form eines großen M, das durch Röllchenbahnen gebildet wird. Die Schreibmaschinen stehen auf Paletten und werden von Hand weitergeschoben. Dieses Layout erleichtert den Überblick über den gesamten Montageablauf und ermöglicht somit dem Mitarbeiter, sich mit seinem Produkt zu identifizieren.

Durch die Einführung der Mini-Linien erhöhte sich die Produktivität innerhalb eines Jahres von 100 % auf 135 %. Gleichzeitig konnte die Fluktuationsrate von annähernd 20% auf 7 % gesenkt werden. Die Kommunikation ist wesentlich besser geworden und führte zu einem besseren gegenseitigen Verständnis aller Mitarbeiter. Außerdem ging die Anzahl der Montagefehler stark zurück, und die vorher beträchtlichen Nacharbeitszeiten konnten gesenkt werden.

Schwierigkeiten gab es vor allem in der Einführungsphase der neuen Struktur. Diese lagen hauptsächlich im personellen und soziologischen Bereich. Erst durch eine intensive Schulung der Mitarbeiter in organisations-, motivations- und verhaltens-theoretischen Fragen konnten die Schwierigkeiten behoben werden [6.36].

Bild 6.91 Gruppenarbeit in einer Mini-Linie

6.4 Wiederholungsfragen

1. Wie sind die Fertigungsverfahren (Hauptgruppen) in DIN 8580 gegliedert?
2. Welche Fertigungstypen kennen Sie? Nennen Sie kennzeichnende Merkmale.
3. Welche Arbeitsplatztypen gibt es? Nennen Sie Beispiele.
4. Welche Ein- und Ausgangsgrößen hat ein Arbeitssystem?
5. Wie kann die Aufgabenstellung der Teilefertigung beschrieben werden?
6. Welche Nebenaufgaben treten in der Teilefertigung auf?
7. Welche Faktoren bestimmen den Organisationstyp einer Fertigung?
8. Nennen Sie Beispiele für die Ihnen bekannten Organisationstypen.
9. Diskutieren Sie Einsatzbereich sowie Vor- und Nachteile einer Fließfertigung.
10. Welche Flexibilitätsarten sind Ihnen bekannt?
11. Was ist ein flexibles Fertigungssystem?
12. Nennen Sie drei wesentliche Ziele der Automatisierung.
13. Was versteht man unter dem Begriff der Komplettbearbeitung?
14. Wie lassen sich an einem Bearbeitungszentrum die Funktionen Handhaben und Speichern realisieren?
15. Wie wird bei Fertigungszellen ein zuverlässiger Betrieb gewährleistet? Nennen Sie einige Beispiele.
16. Was sind die Vorteile von induktiv geführten Flurförderzeugen?
17. Welche Aufgabe hat die Montage?
18. Nennen Sie die Montagefunktionen und was Sie darunter verstehen.
19. Welches sind die die Montage hauptsächlich beeinflussenden Teilebereiche der Produktion? Warum?

20. Nennen Sie einige Arbeitsmittel eines Montagesystems?

21. Was versteht man unter der Organisationsform der Montage?

22. Wodurch unterscheidet sich die Baustellenmontage von der Wandermontage?

23. Nennen Sie einige Kriterien zur Bewertung eines Montagesystems.

24. Wie wird die Montagestruktur eines Produktes ermittelt?

25. Beschreiben Sie die Vorgehensweise zur Planung und Bewertung von Montagesystemen.

26. Welchen Zweck verfolgt man mit der Installation von Puffern in Montagesystemen?

6.5 Literaturhinweise

6.1 Norm VDI-Richtlinie 2815 05.78: Begriffe für die Produktionsplanung und Produktionssteuerung.

6.2 Norm DIN 8580 06.74: Begriffe der Fertigungsverfahren.

6.3 Dolezalek, C.M.; Warnecke, H.J.: Planung von Fabrikanlagen. Berlin u.a.: Springer, 1981.

6.4 REFA: Methodenlehre des Arbeitsstudiums. Teil 1 und 3. München: Hanser, 1984 und 1985.

6.5 Metzger, H.: Planung und Bewertung von Arbeitssystemen in der Montage. Dissertation Universität Stuttgart 1977.

6.6 Wiendahl, H.-P.: Betriebsorganisation für Ingenieure. München: Hanser, 1983.

6.7 REFA: Planung und Gestaltung komplexer Produktionssysteme. München: Hanser, 1987.

6.8 Warnecke, H.J.: Automatisierung in Teilefertigung, Handhabung und Montage. In: Handbuch Fertigungs- und Betriebstechnik/Hrsg. W. Meins. Braunschweig: Vieweg, 1989, S. 683-698.

6.9 Dolezalek, C.M.: Was ist Automatisierung? Werkstattstechnik 56 (1966), H. 5, S. 217.

6.10 Norm DIN 19233 07.72: Automat, Automatisierung; Begriffe.

6.11 Scharf, P.: Strukturen flexibler Fertigungssysteme - Gestaltung und Bewertung. Mainz: Krausskopf Verlag 1976.

6.12 Westkämper, E.: Automatisierung in der Einzel- und Serienfertigung. Aachen, RWTH, Dissertation, 1977.

6.13 Miese, M.: Systematische Montageplanung in Unternehmen mit Kleinserienproduktion. Essen: Verlag W. Girardet.

6.14 Brankamp, K.: Handbuch der modernen Fertigung und Montage. München: Verlag Moderne Industrie 1975.

6.15 Miese, M.: Variantenvergleich zum Ermitteln der günstigsten Montageorganisationsform. Maschinenmarkt 80 (1974) Nr. 80, S. 1556-1560.

6.16 Stetten, R.v.: Puffer zum Ausgleich von Störungen in kapitalintensiven Fertigungslinien. Dissertation Universität Stuttgart 1977.

6.17 Rühl, G.: Untersuchungen zur Arbeitsstrukturierung. Industrial Engineering 3 (1973) Nr. 3, S. 147-197.

6.18 Frankenhauser, Bruno: Montage von Schläuchen mit Industrierobotern. Berlin z.a.: Springer, 1988. Zugl. Stuttgart, Universität, Diss., 1988. (IPA-IAO Forschung und Praxis; 125).

6.19 Schlaich, Gerd: Kabelbaummontage mit Industrierobotern. Berlin u.a.: Soringer, 1988. Zugl. Stuttgart, Universität, Diss., 1988. (IPS-IAO Forschung und Praxis; 118).

6.20 Walther, Jörg: Montage großvolumiger Produkte mit Industrierobotern. Berlin u.a.: Springer, 1985. Zugl. Stuttgart, Universität, Diss. 1985. (IPA-IAO Forschung und Praxis; 88).

6.21 Wolf, Ernst: Bestücken von Leiterplatten mit Industrierobotern. Berlin i.a.: Springer, 1988. Zugl. Stuttgart, Universität, Diss. 1988. (IPA-IAO Forschung und Praxis; 12).

6.22 Schöninger, Joachim: Planung taktzeitorientierter flexibler Montagestationen. Berlin u.a.: Springer, 1989. Zugl. Stuttgart, Universität, Diss. 1988. (IPA-IAO Forschung und Praxis; 133).

6.23 Feldmann, K.: Einsatzmöglichkeiten für CAD/CAM-Lösungen in der Montage. Montagetechnik - keine Insellösung. VDI Berichte, 747 (1989) Düsseldorf: DVI-Verlag, S. 147 - 160, 14S/14B/4Q, Paper-Nr.: ISBN 3-18-090747-9.

6.24 Lotter, B.: Verflechtung von Teilefertigung mit der automatisierten Montage. Montagetechnik - keine Insellösung. FHS Karlsruhe, D.Technische Rundschau, Verb, 81 (1989) 37, S. 70-73/75, 5S/12B/4Q.

6.25 Bäßler, Rudolf (Bearb.); Jordan Günter (Bearb.); Zitzler, Peter (Bearb.); Frankenhauser, Bruno (Bearb.); Schraft, Rolf-Dieter (Projektleiter); Kernforschungszentrum Karlsruhe (Hrsg.); Fraunhofer-Institut für Produktionstechnik und Automatisierung (IPA); Bundesminister für Forschung und Technologie (BMFT) (Auftraggeber): FAMOS: Voruntersuchungen über die Möglichkeit einer Europäischen Kooperation im Bereich Flexibel automatisierter Montagesysteme. Karlsruhe: KfK, 1987 (Förderungsprogramm Fertigungstechnik des Bundesministers für Forschung und Technologie) (KfK-PFT 135).

6.26 Warnecke, Hans-Jürgen; Schweigert, Uwe; Schweizer, Manfred: Entwicklungsschwerpunkte bei der flexiblen Montageautomatisierung in der Feinwerktechnik. In: wt Werkstattstechnik 80 (1990), Nr. 8, S. 441 - 444.

6.27 Schweizer, Manfred: Entwicklungstendenzen in der Montage mit Industrierobotern. In: Fördertechnik 59 (1990), Nr. 1, S. 26 - 29.

6.28 Schweizer, Manfred: Zwischen Lichtschranke und Halbleiterkamera. Montage 1 (1988) 3, S. 80 - 86, 3 BILD.

6.29 Schweizer, Manfred: Montageautomation in Japan. Flexibilität trotz hoher Stückzahlen. Produktion (1988) 51/52, S. 6, 2 BILD.

6.30 Schweizer, Manfred; Frankenhauser, Bruno: Programmierbare, sensorgeführte Greifer für Industrieroboter. Konstruktion 40 (1988) 213-216, 7 BILD.

6.31 Warnecke, H.-J.; Löhr, H.-G.: Die Montage als Teil des Produktionssystems. Fachtagung Montage. Stuttgart: Institut für Produktionstechnik und Automatisierung 1977.

6.32 Hermann, G.: Analyse von Handhabungsvorgängen im Hinblick auf deren Anforderungen an programmierbare Handhabungsgeräte in der Teilefertigung. Dissertation Universität Stuttgart 1976.

6.33 Adamczyk, J.: Der Fließzusammenbau elektrotechnischer Bauteile und Erzeugnisse. Beuth Vertrieb GmbH 1969.

6.34 Metzger, H., Dittmayer, S.; Schäfer, D.: Neue Methode zur Entscheidungsfindung für die Auswahl zukunftsorientierter Arbeitssysteme. Zeitschrift für Arbeitswissenschaft 29 (1975) Heft 2.

6.35 Rühl, G.: Untersuchungen zur Arbeitsstrukturierung. Industrial Engineering 3 (1973) Nr. 3, S. 147 - 197.

6.36 Warnecke, H.-J.; Metzger, H. Zippe, H.: Neue Formen der Arbeitsstrukturierung im Produktionsbereich. wt - z. ind. Fertig. 65 (1975), S. 665 - 670.

6.37 Bullinger, H. J.; Korndörfer, V.: Mensch und Arbeit. Vorlesungsmanuskript. Stuttgart: Institut für Industrielle Fertigung und Fabrikbetrieb (IFF) der Universität Stuttgart 1983.

7 Qualitätswesen

7.1 Einleitung

Qualitätssicherung (QS) ist ein weites Aufgabenfeld, das bei nahezu allen Funktionen im Produktionsbetrieb beachtet werden muß. Wurde unter Qualitätssicherung noch vor wenigen Jahren vor allem eine Kontrollfunktion verstanden, ist heute eine wesentliche Managementaufgabe damit gemeint, die bei den meisten Unternehmen einer eigenständigen Organisationseinheit übertragen wird.

Obwohl Qualitätssicherung ein noch junges Wissensgebiet ist, wurde die Aufgabe als integraler Teil des Arbeitsablaufs bei der Herstellung von Produkten schon immer wahrgenommen. Erst die Arbeitsteilung nach klassischen Prinzipien der Unternehmensführung von F. W. Taylor bewirkte die Spezialisierung und Herausbildung isolierter Qualitässicherungsfunktionen, die, ausgehend von einer Überprüfung des Arbeitsergebnisses, nach und nach alle Produktionsstufen erfaßte. Die streng zielgerichtete ingenieurmäßige Betriebsführung mit getrennten optimierten Methoden wird heute zwar zugunsten einer flexibleren integrierten Arbeitsorganisation verschoben, die QS-Aufgaben sind jedoch weiterhin - wenn auch anders organisiert - wahrzunehmen.

Qualitätssicherung umfaßt alle geplanten und systematischen Tätigkeiten, die notwendig sind, um ein angemessenes Vertrauen zu schaffen, daß ein Produkt oder eine Dienstleistung die gegebenen Qualitätsforderungen erfüllt. Voraussetzung zur Wahrnehmung dieser Tätigkeit ist die Kenntnis über die Qualitätsforderung und über Möglichkeiten für deren Überprüfung.

Für die Produktion bedeutet dies einerseits die exakte Festlegung der Sollwerte, die aus der Qualitätsforderung abgeleitet sind, und andererseits eine adäquate Überwachung von deren Werten. Zur Ermittlung der Sollwerte (Qualitätsplanung) werden zahlreiche Methoden angewandt, von denen die wichtigsten im folgenden erläutert werden. Die Überwachung der Merkmale erfordert die Anwendung von Prüftechnik und Sensorik sowie die Erfassung und Auswertung der Prüfdaten. Nur mit einer systematischen, sorgfältig geplanten und lückenlos angewandten Qualitätssicherung kann eine hohe Qualität des Erzeugnisses garantiert werden. Daher werden sogenannte Qualitätssicherungssysteme definiert, in denen Aufbauorganisation, Verantwortlichkeiten, Abläufe, Verfahren und Mittel zur Verwirklichung der Ziele des Qualitätsmanagements vereinbahrt sind. Die Basis der Qualitätsicherungssysteme bilden die seit 1987 erstmals veröffentlichten Anforderungen nach DIN ISO 9000 - 9001. Dieser in der Praxis bereits umfassend angewandte Standard erlaubt die Kommunikation und verbindliche Festlegung der Qualitätsforderungen nicht nur innerhalb eines Unternehmens, sondern auch zwischen Abnehmern und Lieferanten.

7.2 Qualitätssicherungssysteme

In den vergangenen Jahren wurde die große Bedeutung der Qualität des Produktes, aber auch die des Umfeldes, das dessen anforderungsgerechte und fehlerfreie Herstellung gewährleisten soll, Bestandteil der Qualitätssicherung. Die Ursachen hierfür waren u.a.

- Forderungen von Kunden durch
    - gestiegenes Qualitätsbewußtsein des Verbrauchers und
    - Einsatz neuer Produktionskonzepte (z.B. Just-in-time),

- die Veränderung rechtlicher Rahmenbedingungen durch
    - zunehmende Anspruchsmentalität, d.h. geringere Scheu vor der gerichtlichen Durchsetzung von Ansprüchen und
    - Inkrafttreten des Produkthaftungsgesetzes (mit Einführung einer verschuldensunabhängigen Haftung),

- unternehmensinterne Forderungen wie
    - Erhöhung der Wirtschaftlichkeit,
    - Vorbereitung auf den schärferen Wettbewerb in einem europäischen Binnenmarkt und
    - Verbesserung des Qualitätsimages.

Zu diesem Umfeld, das weit über die früher unter Qualitätssicherung verstandenen Prüfmaßnahmen hinausgeht, gehören u.a. alle Planungs-, Entwicklungs-, Beschaffungs-, Produktions- und Vetriebstätigkeiten, die Einfluß auf die Produktqualität besitzen. Es wird als Qualitätssicherungssystem (QS-System) bezeichnet und ist nach DIN ISO 8402 definiert als "die Aufbauorganisation, Verantwortlichkeiten, Abläufe, Verfahren und Mittel zur Verwirklichung des Qualitätsmanagements".

7.2.1 Die Normenreihe DIN ISO 9000 - 9004

Aufgrund der großen Anzahl unterschiedlicher in- und ausländischer Forderungskataloge bzgl. des QS-Systems, mit denen ein Zulieferant durch seine verschiedenen Kunden konfrontiert wurde, entstand der dringende Wunsch nach einer nationalen und internationalen Vereinheitlichung der Forderungen an ein QS-System. Dies führte zur Erstellung der Normenreihe DIN ISO 9000-9004 (bzw. zur wortgleichen EN 29000-29004), die im Mai 1987 veröffentlicht wurde. Sie ist seither zu einem internationalen Standard geworden, der für den Aufbau oder die Umstrukturierung von QS-Systemen grundlegende Bedeutung besitzt.

Die Titel der einzelnen Normen lauten:

- EN 29000: Qualitätsmanagement- und Qualitätssicherungsnormen; Leitfaden zur Auswahl und Anwendung
- EN 29001: Qualitätssicherungssysteme; Modell zur Darlegung der Qualitätssicherung in Design/Entwicklung, Produktion, Montage und Kundendienst
- EN 29002: Qualitätssicherungssysteme; Modell zur Darlegung der Qualitätssicherung in Produktion und Montage
- EN 29003: Qualitätssicherungssysteme; Modell zur Darlegung der Qualitätssicherung bei der Endprüfung
- EN 29004: Qualitätsmanagement und Elemente eines Qualitätssicherungssystems - Leitfaden

Während die EN 29000 grundsätzliche Informationen zum Umgang mit der Normenreihe gibt, stellen die EN 29001, 29002, 29003 drei verschiedene Stufen zum Nachweis eines Qualitätssicherungssystems dar. In ihnen werden jeweils Forderungen an die Aufbau- und Ablauforganisation eines QS-Systems formuliert. Diese sind inhaltlich gegliedert und in verschiedenen QS-Elementen zusammengefaßt. Die drei Normen unterscheiden sich im wesentlichen durch den Umfang ihres jeweiligen Anwendungsbereiches. Die EN 29001 enthält Forderungen bezogen auf alle Produktentstehungsphasen von der Planung über die Realisierung bis hin zum Kundendienst. Die einzelnen QS-Elemente zeigt Bild 7.1.

Die EN 29002 läßt Entwicklung/Konstruktion und Kundendienst unberücksichtigt und ist damit für solche Unternehmen anzuwenden, in denen diese beiden Funktionen fehlen oder eine sehr untergeordnete Rolle spielen.

Die Norm EN 29003 ist anzuwenden, wenn in einem Unternehmen der Schwerpunkt der Qualitätssicherung eindeutig bei der Produktendprüfung liegt. Die Vergangenheit hat jedoch gezeigt, daß diese Norm in der Praxis eine eher geringe Bedeutung besitzt.

Während in den Normen EN 29001-29003 diejenigen Forderungen berücksichtigt werden, die aus Kundensicht besondere Bedeutung haben, gibt die EN 29004 Empfehlungen und Hinweise, welche Gesichtspunkte beim Aufbau eines QS-System, das darüberhinaus zusätzlichen internen Anforderungen genügen soll, zu beachten sind. Als QS-Elemente der EN 29004, denen kein entsprechendes Element der EN 29001 zugeordnet werden kann, sind die Wirtschaftlichkeitsbetrachtungen (qualitätsbezogene Kosten) sowie die Produktsicherheit und -haftung zu nennen.

7.2.2 Das Qualitätssicherungs-Handbuch

Ein wesentlicher Bestandteil eines QS-Systems ist dessen Dokumentation. Diese ist üblicherweise wie in Bild 7.2 gezeigt aufgebaut. Die entscheidende Aufgabe der übergeordneten Darstellung von qualitätsrelevanten Zusammenhängen und Tätigkeiten kommt dabei dem Qualitätssicherungs-Handbuch zu.

1. Verantwortung der obersten Leitung	11. Prüfmittel
2. Qualitätssicherungssystem	12. Prüfstatus
3. Vertragsüberprüfung	13. Lenkung fehlerhafter Produkte
4. Designlenkung	14. Korrekturmaßnahmen
5. Lenkung der Dokumente	15. Handhabung, Lagerung, Verpackung und Versand
6. Beschaffung	16. Qualitätsaufzeichnungen
7. Vom Auftraggeber beigestellte Produkte	17. Interne Qualitätsaudits
8. Identifikation und Rückverfolgbarkeit von Produkten	18. Schulung
9. Prozeßlenkung (in Produktion und Montage)	19. Kundendienst
10. Prüfungen	20. Statistische Methoden

Bild 7.1 QS-Elemente der EN 29001

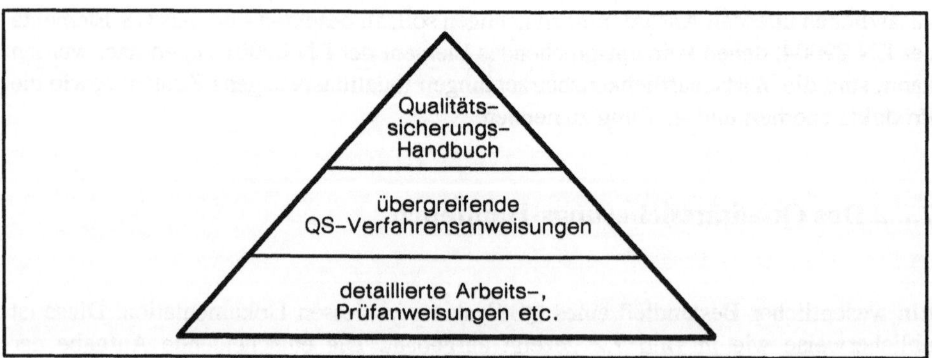

Bild 7.2 Aufbau der Dokumentation eines QS-Systems

Das Qualitätssicherungs-Handbuch enthält in der Regel die folgenden Informationen:

- unternehmensspezifische QS-Grundsätze (Qualitätspolitik),
- die Verantwortungen und Befugnisse sowie die gegenseitigen Beziehungen von Mitarbeitern in leitender, ausführender oder überprüfender, qualitätsrelevanter Tätigkeit,
- grundsätzliche Beschreibung der QS-Ablauforganisation,
- QS-Verfahrensanweisungen oder Hinweise darauf,
- Festlegungen zur Überprüfung, Aktualisierung und Überwachung des Handbuches.

Da das Handbuch üblicherweise auch an Stellen außerhalb des Unternehmens, z.B. an Kunden, vergeben wird, ist darauf zu achten, daß es kein firmenspezifisches Know-how enthält. Dieses sollte den nur für den internen Gebrauch bestimmten Durchführungsbestimmungen vorbehalten bleiben.
Die Vorteile eines QS-Handbuches sind:

- Transparente Darstellung der qualitätssichernden Tätigkeiten im Unternehmen für die eigenen Mitarbeiter,
- Schaffung von Vertrauen in die Qualitätsfähigkeit des Unternehmens gegenüber potentiellen Kunden,
- Erleichterung der Überprüfung des QS-Systems durch Abnehmer oder neutrale Institutionen.

Es ist üblich, das Handbuch in Anlehnung an die QS-Elemente der für das Unternehmen relevanten Norm EN 2900x zu gliedern. In der Regel wird für jedes Element ein eigenes Hauptkapitel gewählt. Für zusätzliche Informationen können weitere Kapitel festgelegt werden.

7.2.3 Auditierung von QS-Systemen

Die DIN ISO 8402 definiert Qualitätsaudit wie folgt:

> "Eine systematische und unabhängige Untersuchung, um festzustellen, ob die qualitätsbezogenen Tätigkeiten und die damit zusammenhängenden Ergebnisse den geplanten Vorgaben entsprechen und ob diese Vorgaben effizient verwirklicht und geeignet sind, die Ziele zu erreichen."

Die Auditierung von QS-Systemen wird auch als Systemaudit bezeichnet. Es erfolgt zur Beurteilung der Wirksamkeit aller darin enthaltenen QS-Elemente, üblicherweise anhand von Checklisten oder Fragekatalogen. Die DIN ISO 10011 "Leitfaden für das Audit von Qualitätssicherungssystemen" gibt Hinweise und Empfehlungen für die Durchführung von Audits, die Qualifikation von Auditoren und das Management von Auditprogrammen. Prinzipiell ist zwischen internen und externen Systemaudits zu unterscheiden. Das interne Systemaudit wird von unternehmenseigenen, aber vom auditierten Bereich unabhängigen, Mitarbeitern vorgenommen und ist in der Regel ein fester Bestandteil des QS-Systems (In EN 29001 und EN 29002 ist jeweils ein eigenes QS-Element Qualitätsaudit vorgesehen.). Es muß regelmäßig nach Plan durchgeführt werden. Die Aufgaben sind:

- Überprüfung der Übereinstimmung von Beschreibung und Ausführung der qualitätsrelevanten Tätigkeiten,
- Ermittlung von Schwachstellen,
- Aufzeigen von Verbesserungsmaßnahmen und
- Überprüfung der Wirksamkeit bereits ergriffener Verbesserungsmaßnahmen.

Die Auditergebnisse müssen dokumentiert und das für den auditierten Bereich verantwortliche Personal darüber informiert werden.

Das externe Systemaudit wird von firmenfremdem Personal, z.B. Kunde oder Behörde, durchgeführt, um sich von der Qualitätsfähigkeit eines Unternehmens zu überzeugen. Es ist besonders in der Automobilindustrie im Rahmen der Lieferantenbewertung weit verbreitet.

7.2.4 Zertifizierung von QS-Systemen

Aufgrund zunehmender Auditierungsaktivitäten von Kunden bei ihren Lieferanten, die für beide Seiten mit steigenden Kosten verbunden sind, entstand die Idee, neutrale, unabhängige Institutionen zu gründen, die einheitliche Auditierungen von QS-Systemen gemäß anerkannter Regeln durchführen und bei Erfüllung der gestellten Forderungen ein Zertifikat ausstellen. Seit der Etablierung dieser Institutionen nimmt die Zahl der zertifizierten Unternehmen ständig zu. Die Vorteile sind:

- für den Kunden:
    - Verzicht auf die Durchführung eines eigenen Audits beim Lieferanten durch Anerkennung des Zertifikats,
- für den Lieferanten:
    - kein Zeitverlust durch regelmäßige Audits verschiedener Kunden und
    - Erschließung neuer Märkte durch die internationale Anerkennung des Zertifikates.

Die Grundlage für die Zertifizierung von QS-Systemen sind üblicherweise die Normen EN 29001-29003. Es wird nur auf Antrag des zu überprüfenden Unternehmens zertifiziert, das auch die Kosten dafür zu tragen hat. In der Regel wird ein Zertifikat für die Dauer von drei Jahren ausgestellt, wobei jährlich ein Überwachungsaudit durchzuführen ist. Nach Ablauf der Gültigkeitsdauer erfolgt ein umfangreicheres Re-Audit, das im Erfolgsfall zu einer Verlängerung des Zertifikates führt.

7.2.5 Akkreditierung von Stellen, die QS-Systeme zertifizieren

Um vergleichbare, neutrale Zertifikate zu gewährleisten sollten Institutionen, die Zertifikate ausstellen, festgelegte und überwachte Voraussetzungen erfüllen. Die genauen Bedingungen sind in der EN 45012 "Allgemeine Kriterien für Stellen, die Qualitätssicherungssysteme zertifizieren" festgeschrieben. Hierzu gehören u.a.:

- eine geeignete Verwaltungsstruktur,
- kompetentes Personal,
- dokumentierte Verfahren für Zertifizierung und Überwachung,
- ein QS-Handbuch,
- die Durchführung von internen Audits,
- Regelungen zum Vorgehen bei Beschwerden und Mißbrauch von Zertifikaten.

Die Anerkennung einer Stelle auf Einhaltung dieser Kriterien wird Akkreditierung genannt. Nur akkreditierte Zertifizierungsstellen können allgemein anerkannte Zertifikate ausstellen. Als Akkreditierungsstelle für den privatwirtschaftlichen Bereich wurde in Deutschland die Trägergemeinschaft für Akkreditierung GmbH (TGA) gegründet. Es ist geplant, alle staatlichen und privatwirtschaftlichen Akkreditierungen zukünftig im Deutschen Akkreditierungsrat (DAR) zusammenzufassen.

7.3 Qualitätssicherung im Produktlebenszyklus

Die Aufgaben der Qualitätssicherung erstrecken sich nicht nur über alle Funktionsbereiche eines Unternehmens, wie im letzten Kapitel dargelegt, sondern auch über den gesamten Produktlebenszyklus: von der Defintion des Produktes bis zur Kontrolle des Produkterfolgs. Die wichtigsten Aufgaben werden im folgenden anhand der Phasen Definition, Planung, Realisierung und Kontrolle erörtert.

7.3.1 Definitionsphase

Da gemäß allgemeiner Erfahrung 80% aller Produktfehler im Vorfeld der Produktion verursacht werden, ist auf die Qualitätssicherung in der Definitionsphase besondere Aufmerksamkeit zu richten. In Bild 7.3 wird gezeigt, daß bei Marketing, Entwicklung und Konstruktion bereits umfassende QS-Aufgaben anfallen. Entsprechend der Qualitätspolitik des Unternehmens und den Kunden- bzw. Marktforderungen sind als erstes die Qualitätsziele für das neudefinierte Produkt zu ermitteln. Bei der Umsetzung der Kundenforderungen in technische Forderungen kann als Methode "Quality Function Deployment" (QFD) für ein systematisches Vorgehen eingesetzt werden. Ziel der

Qualitätsplanung in dieser Phase ist letztlich die Festlegung der Sollqualitäten (auch Spezifikation genannt), die als .verbindliche Forderungen ins Lastenheft eingehen. Insbesondere wenn kein neuartiges Produkt geplant ist, können hierbei auch Erkenntnisse des Vorgängermodells oder Wissen über Wettbewerbsprodukte einbezogen werden.

7.3.2 Planungsphase

Nach der Definitionsphase ist die Planungsphase der Schwerpunkt zum Einsatz moderner QS-Methoden. Eine genaue Planung und die Anwendung entsprechender QS-Methoden hilft hier, weitgehend fehlerfreie Fertigungsunterlagen für die Serienproduktion zu gewährleisten und sichere Prozesse zu gestalten. Aber nicht nur interne Planungsprozesse sind abzusichern. Da Kaufteile üblicherweise einen hohen Anteil am Gesamtprodukt haben, ist die Überprüfung der QS-Systeme der Lieferanten sowie die Gestaltung der Liefervorschriften eine weitere wichtige Aufgabe. Nicht zuletzt muß auch das Personal auf die Produktion vorbereitet werden (Schulungen, Produktinformation, Motivation,

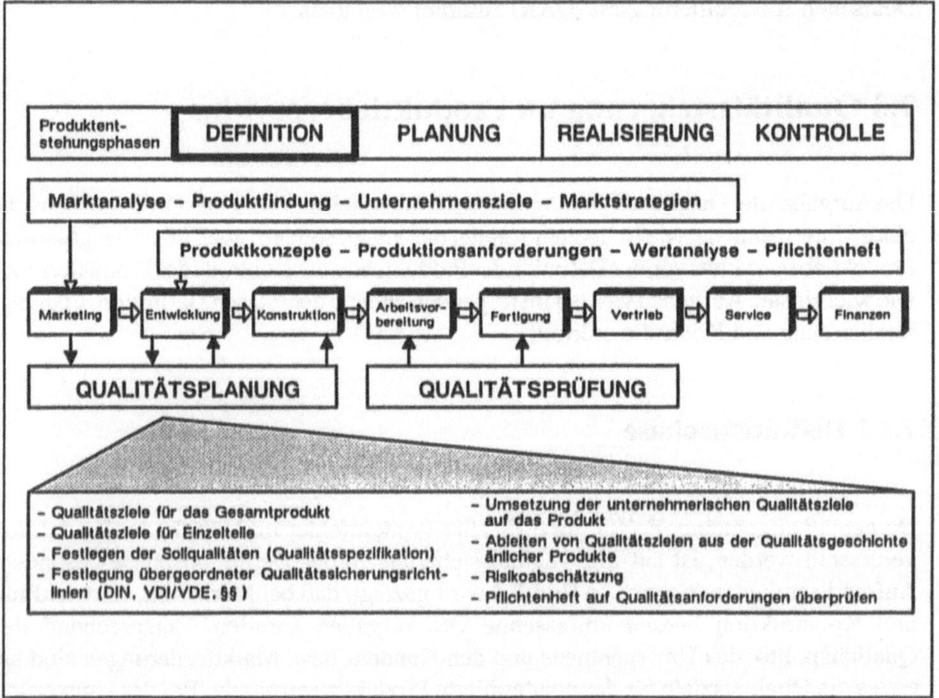

Bild 7.3 Qualitätssicherung in der Definitionsphase

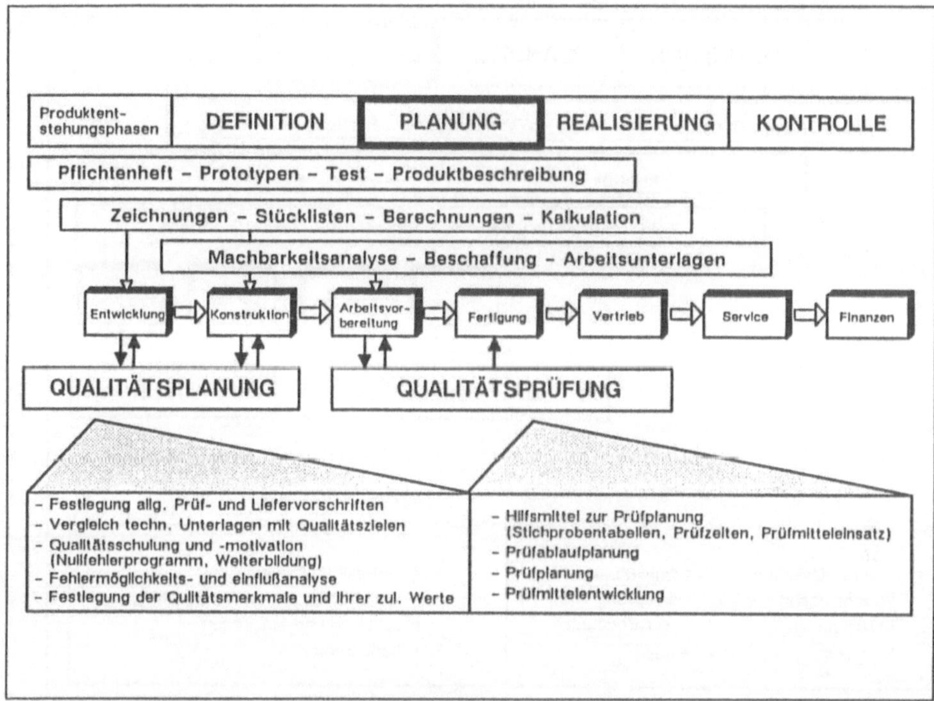

Bild 7.4 Qualitätssicherung in der Planungsphase

etc.). In dieser Phase kommen zahlreiche Methoden zur präventiven Qualitätssicherung (siehe Kap. 7.4) zum Einsatz.

7.3.3 Qualitätssicherung in der Realisierungsphase

In der Realisierungsphase werden die Produktionsfunktionen ausgeführt: Materialwirtschaft, Teilefertigung, Montage, Nacharbeit usw. Die dabei anfallenden Qualitätssicherungsaufgaben können hauptsächlich in

- Prüfdurchführung,
- Qualitätsinformationsverarbeitung,
- Ursachenanalyse und
- Prozeßverbesserung

eingeteilt werden.

Diese Aufgaben werden traditionell schon seit langer Zeit durchgeführt und sind deshalb auch in der Praxis gut organisiert und von markterhältlicher Software unterstützt.

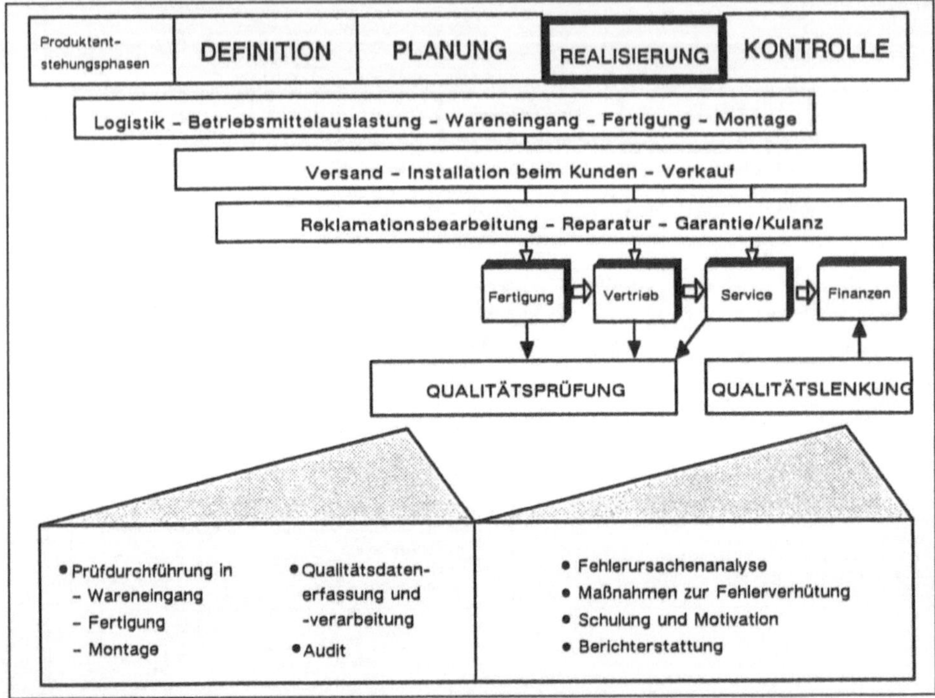

Bild 7.5 Qualitätssicherung in der Realisierungsphase

7.3.4 Qualitätssicherung in der Kontrollphase

Um eine wirtschaftliche Qualitätssicherung und eine gezielte Qualitätsverbesserung zu erreichen, sind auch nach Abschluß der Produktion QS-Funktionen erforderlich. Im wesentlichen sind dies, entsprechend der betriebswirtschaftlichen Erfolgskontrolle, die Erfassung und Ausweisung von Qualitätskosten sowie die Rückmeldung von Qualitätsinformationen zur ständigen Qualitätsverbesserung.

7.3.4.1 Qualitätskosten

Die Qualitätskosten werden klassisch in

- Fehlerverhütungskosten,
- Prüfkosten und
- Fehlerkosten

eingeteilt. Dabei geht man davon aus, daß alle drei Kostenanteile vom Grad der Prozeßbeherrschung abhängen. Bei einem bestimmten Grad der Prozeßbeherrschung ergibt sich bei dieser Betrachtungsweise ein Kostenoptimum. Zieht man jedoch auch Prozeßverbesserungen, z.B. durch den Einsatz von Technologien mit besserer Prozeßfähigkeit, in Betracht, ergeben sich weitere Reduzierungen der Qualitätskosten.

Während Prüfkosten (Prüfaufwand in Wareneingang, Zwischenprüfungen und Endprüfungen) und Fehlerkosten (z.B. Nacharbeit, Ausschuß, Wertminderung, Gewährleistung) im allgemeinen Kostenträgern und Kostenstellen direkt und verursachergrecht zugeordnet werden können, sind Fehlerverhütungskosten meist Gemeinkosten und nur schwer von anderen Kostenarten abtrennbar. Daher werden in der Praxis Fehlerverhütungskosten nur selten ausgewiesen. Vermehrt wird gefordert, anstelle des Begriffs Qualitätskosten, den Begriff Fehlleistungsaufwand einzuführen, um deutlich zu machen, daß nicht Qualität Kosten verursacht, sondern mangelhafte Prozeßbeherrschung und daraus resultierende Fehlleistungen.

7.3.4.2 Qualitätsverbesserung

Sowohl entsprechend den Anforderungen nach DIN ISO 9000 - 9004 als auch dem EG-Produkthaftungsgesetz ist die Erfassung und Beseitigung von Produktfehlern und -mängeln nach Auslieferung eine notwendige Funktion der Qualitätssicherung. Die wichtigste Aufgabe ist dabei die Analyse von Kundenreklamationen, Ermittlung von Fehlerursachen und deren Beseitung. Falls diese aus wirtschaftlichen oder sachlichen Gründen nicht ermittelt oder beseitigt werden können, ist zumindest mittels Prüfmaßnahmen das Risiko des Fehlereintritts zu reduzieren. Neben den Reklamationauswertungen ist auch der Einsatz des Produktes (z.B. bezüglich mißbräuchlicher,

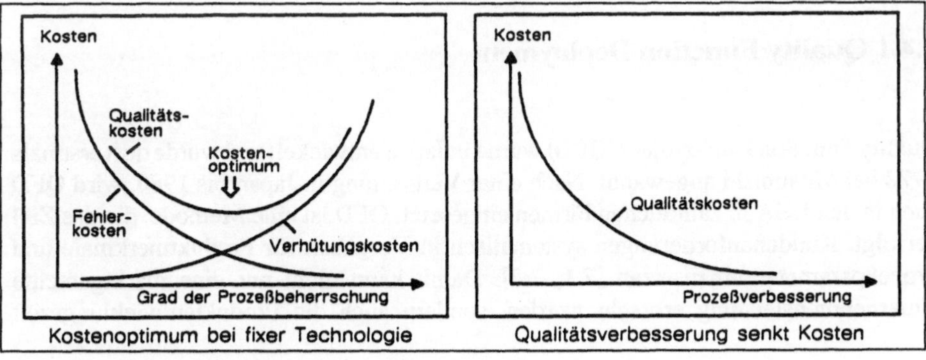

Bild 7.6 Qualitätskosten als Funktion der Prozeßfähigkeit

Bild 7.7 Qualitätssicherung in der Kontrollphase

gefährlicher Anwendung) zu beobachten. Weiterhin können auch geändertes Marktverhalten oder neue Kundenanforderungen Anlaß für Qualitätsverbesserungen sein.

7.4 Methoden der Qualitätssicherung

7.4.1 Quality Function Deployment

Quality Function Deployment (QFD) wurde in Japan entwickelt und wurde dort erstmals 1972 bei Mitsubishi angewandt. Nach einer Verbreitung in Japan bis 1980, wird QFD auch in den USA in zahlreichen Firmen eingesetzt. QFD ist eine Methode, die das Ziel verfolgt, Kundenanforderungen systematisch in Vorgaben für Produktmerkmale und Prozeßparameter umzusetzen [7.1, 7.2]. Damit kann nicht nur eine marktgerechte Unternehmensleistung erbracht werden, sondern auch die Produktentwicklungszeit reduziert werden und durch weniger Änderungen der Serienanlauf beschleunigt werden. QFD wird in Teamarbeit durchgeführt. Als Hilfsmittel werden mehrere Matritzen aufgebaut, mit denen z.B. die Kundenanforderungen den technischen Merkmalen zugeordnet und bewertet werden (Bild 7.8). Wegen der Form des Arbeitsformulars wird dieses auch als "House of Quality" bezeichnet.

7.4.2 Fehlermöglichkeits- und -einflussanalyse (FMEA)

Die FMEA ist eine Methode der präventiven Qualitätssicherung [7.3, 7.4, 7. 5]. Bedingt durch ständig steigende Qualitätserwartungen seitens der Kunden sowie durch neue gesetzliche Vorschriften, wie die seit Anfang 1990 geltende Produzentenhaftung, wird die FMEA in den letzten Jahren verstärkt angewandt. Der Grundgedanke, auf dem die Methode basiert, ist die Fehlervermeidung. Qualitätsprobleme sollen frühzeitig entdeckt und deren Auftreten durch das Einleiten geeigneter Maßnahmen vermieden werden. Dadurch sollen die an die Produkte gestellten Qualitätsforderungen erfüllt, und gleichzeitig die Qualitätskosten, die durch die Beseitigung der Fehler und Fehlerfolgen entstehen würden, reduziert werden.

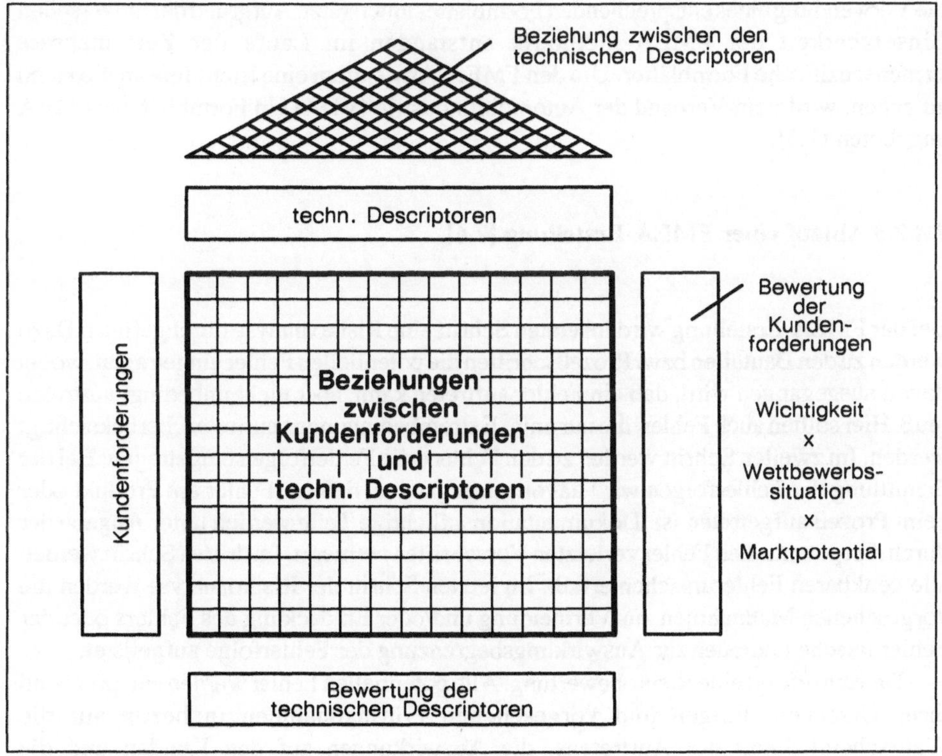

Bild 7.8 House of Quality

7.4.2.1 Entwicklung der FMEA

Die FMEA wurde erstmals Anfang der sechziger Jahre von der NASA zur Qualitätssicherung der Apollo-Projekte angewandt. Von da an wurde sie vor allem in sicherheitskritischen Bereichen, wie der Luft- und Raumfahrt und der Kerntechnik, verbreitet eingesetzt. Ende der siebziger Jahre wurde die FMEA bei der Firma Ford als Methode zur Qualitätssicherung eingeführt. Seit Beginn der achtziger Jahre ist sie in vielen Automobilfirmen und bei Zulieferern der Automobilindustrie zu einem häufig angewandten Bestandteil der Qualitätssicherungsstrategie geworden. In Deutschland ist die FMEA-Methodik seit 1980 als Ausfall-Effekt-Analyse in DIN 25 448 genormt.

7.4.2.2 Methodische Grundsätze der FMEA

Das Produkt wird systematisch durch einen Vorlauf in einer Top-Down-Vorgehensweise in einzelne Bauteile oder Funktionen untergliedert und dann bezüglich der Erfüllung der konstruktiven Forderungen bzw. der Einhaltung dieser Forderungen während der Herstellung untersucht. Die systematische Vorgehensweise bei der Analyse wird durch die Verwendung eines entsprechenden Formblattes unterstützt. Aufgrund der universellen Einsetzbarkeit der FMEA-Methodik entstanden im Laufe der Zeit mehrere firmenspezifische Formblätter. Um den FMEA-Anwendern eine Richtlinie an die Hand zu geben, wird vom Verband der Automobilindustrie (VDA) ein Formblatt zur FMEA angeboten [7.3].

7.4.2.3 Ablauf einer FMEA-Erstellung [7.6]

Bei der FMEA-Erstellung wird im ersten Schritt eine Risikoanalyse durchgeführt. Dazu werden zu den Bauteilen bzw. Prozeßschritten die potentiellen Fehler eingetragen, wobei davon ausgegangen wird, daß ein Fehler auftreten kann, aber nicht unbedingt auftreten muß. Hier sollten auch Fehler, die nur unter Extrembedingungen auftreten, berücksichtigt werden. Im zweiten Schritt werden zu den Fehlern die Fehlerfolgen eingetragen. Bei der Ermittlung der Fehlerfolgen wird davon ausgegangen, daß der Fehler am Produkt oder beim Prozeß aufgetreten ist. Dokumentationspflichtige Teile werden unter Angabe der durch den potentiellen Fehler verletzten Vorschriften vermerkt. Im dritten Schritt werden alle denkbaren Fehlerursachen erfaßt. Im letzten Schritt der Risikoanalyse werden die vorgesehenen Maßnahmen zur Vermeidung und/oder Entdeckung des Fehlers oder der Fehlerursache und/oder zur Auswirkungsbegrenzung der Fehlerfolge aufgelistet.

Danach erfolgt eine Risikobewertung. Alle potentiellen Fehler werden entsprechend ihrer Ursachen, Folgen und vorgesehenen Prüfmaßnahmen in bezug auf die Wahrscheinlichkeit des Auftretens, die Auswirkungen auf den Kunden und die

Wahrscheinlichkeit der Entdeckung bewertet. Die Wahrscheinlichkeit des Auftretens (Faktor A) einer potentiellen Fehlerursache, die Bedeutung der Fehlerauswirkung (Faktor B) und die Wahrscheinlichkeit, einen Fehler zu entdecken, bevor das Produkt den Kunden erreicht (Faktor E), werden geschätzt und anhand einer von 1 bis 10 reichenden Skala bewertet. Es wird davon ausgegangen, daß der Fehler und die Fehlerursache nicht entdeckt werden, bevor der Kunde das Produkt übernimmt bzw. der Fehler Störungen am weiteren Prozeßverlauf verursacht. Bei der Konstruktions-FMEA wird für den Betrachtungszeitraum die Mindestlebensdauer des Produktes oder eines Verschleißteiles herangezogen.

Bei der Prozeß-FMEA dient die Prozeßfähigkeit als zusätzliches Kriterium zur Bewertung der Wahrscheinlichkeit des Auftretens. Die Risikoprioritätszahl (RPZ) ergibt sich nun durch die Multiplikation der einzelnen Bewertungsfaktoren für die Auftretenswahrscheinlichkeit (A), die Bedeutung (B) und die Entdeckungswahrscheinlichkeit (E) zu:

Risikoprioritätszahl (RPZ) = Auftreten (A) x Bedeutung (B) x Entdeckung (E)

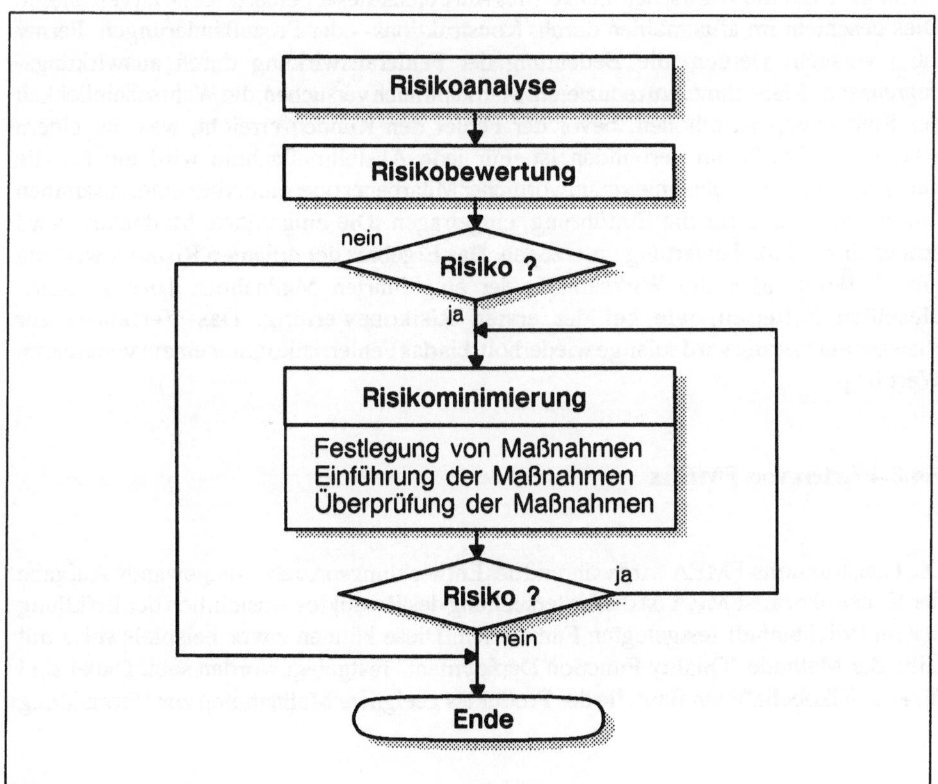

Bild 7.9 Methodische Vorgehensweise der FMEA-Bearbeitung

In der Praxis wird davon ausgegangen, daß Fehler mit einer RPZ > 125 als kritisch anzusehen sind und weiter behandelt werden müssen. Ebenso sollten Fehler mit einer Einzelbewertung größer als 8 (B > 8 oder A > 8 oder E>8) weiter verfolgt werden. Geringe Einzelbewertungen der Entdeckungswahrscheinlichkeit (E < 3) deuten darauf hin, daß Fehler verstärkt durch Prüfmaßnahmen entdeckt werden. In diesen Fällen sollte man sich ebenso Gedanken über mögliche Maßnahmen zur Fehlervermeidung machen.

Die Risikobewertung ist stark von der firmenspezifischen Bewertungsskala abhängig. Im folgenden werden Tabellen (Bild 7.10 und Bild 7.11), wie sie vom VDA empfohlen sind, vorgestellt.

Aufgrund der Ergebnisse der Risikobewertung wird für besonders risikobehaftete Bauteile bzw. Prozesse eine Risikominimierung durchgeführt. Die Prioritäten zur Planung von Verbesserungsmaßnahmen können zum Beispiel mit Hilfe einer Paretoanalyse, anhand welcher die Fehler nach ihrem Risiko sortiert aufgelistet werden, ermittelt worden sein. Grundsätzlich sind fehlervermeidende Maßnahmen fehlerentdeckenden vorzuziehen, d.h. es soll Qualität produziert, nicht erprüft werden. Im allgemeinen sind fehlerentdeckende Maßnahmen kostenintensiv und führen nicht zu Qualitätsverbesserungen, sondern nur zu einer Reduzierung des Fehleranteils im Lieferauftrag. Als erste Maßnahme sollte also versucht werden, die Fehlerursache zu vermeiden oder die Wahrscheinlichkeit des Auftretens dieser Fehlerursache zu verringern. Dies geschieht im allgemeinen durch. Konstruktions- oder Prozeßänderungen. Ferner kann versucht werden, die Bedeutung der Fehlerauswirkung durch auswirkungsbegrenzende Maßnahmen zu reduzieren. Man kann auch versuchen, die Wahrscheinlichkeit der Entdeckung zu erhöhen, bevor der Fehler den Kunden erreicht, was mit einem erhöhten Prüfaufwand verbunden ist. Für jede Abstellmaßnahme wird ein für die Durchführung der Maßnahme verantwortlicher Mitarbeiter oder eine Abteilung, zusammen mit einem Termin für die Einführung, eingetragen. Die eingeführte Maßnahme wird erneut einer Risikobewertung unterzogen. Das Ergebnis der erneuten Risikobewertung gibt Auskunft über die Wirksamkeit der eingeführten Maßnahme. Hierbei gelten dieselben Kriterien, wie bei der ersten Risikobewertung. Das Verfahren zur Risikominimierung wird solange wiederholt, bis das Fehlerrisiko unter einem vetretbaren Wert liegt.

7.4.2.4 Arten von FMEAs

Die Konstruktions-FMEA wird während des Entwicklungsprozesses angewandt. Aufgabe der Konstruktions-FMEA ist die Untersuchung des Produktes hinsichtlich der Erfüllung der im Pflichtenheft festgelegten Funktionen. Diese können zuvor beispielsweise mit Hilfe der Methode "Quality Function Deployment" festgelegt worden sein. Dabei sind für alle risikobehafteten Bauteile des Produktes geeignete Maßnahmen zur Vermeidung

Wahrscheinlichkeit des Auftretens (A) (Konstruktions-FMEA)	Häufigkeit	Bewertungspunkte
Unwahrscheinlich		
Es ist unwahrscheinlich, daß ein Fehler auftritt.	0	1
Sehr gering		
Konstruktion entspricht generell früheren Entwürfen,	1/10000	2
für die sehr geringe Fehlerzahlen gemeldet wurden.	1/5000	3
Gering	1/2000	4
Konstruktion entspricht generell früheren Entwürfen,	1/1000	5
bei denen gelegentlich Fehler auftraten.	1/200	6
Mäßig		
Konstruktion entspricht generell früheren Entwürfen,	1/100	7
bei denen immer wieder Schwierigkeiten auftraten.	1/50	8
Hoch		
Es ist nahezu sicher, daß Fehler in größerem	1/10	9
Umfang auftreten werden.	1/2	10

Wahrscheinlichkeit des Auftretens (A) (Prozeß-FMEA)	Häufigkeit	Bewertungspunkte
Unwahrscheinlich		
Es ist unwahrscheinlich, daß ein Fehler auftritt.	ca. 0	1
Sehr gering		
Prozeß liegt innerhalb $\bar{x} \pm 4s$ bzw.	< 1/20000	2
Fehleranteil <1/20000		
Prozeß liegt innerhalb $\bar{x} \pm 3s$ bzw.	< 1/5000	3
Fehleranteil <1/5000		
Gering	< 1/1000	4
Prozeß liegt innerhalb $\bar{x} \pm 2.5s$ bzw.	< 1/500	5
Fehleranteil 1/1000 - 1/200	< 1/200	6
Mäßig		
Prozeß liegt innerhalb $\bar{x} \pm 2.5s$ oder weniger bzw.	< 1/100	7
Fehleranteil 1/100 - 1/50	< 1/50	8
Hoch		
Es ist nahezu sicher, daß Fehler in größerem	< 1/10	9
Umfang auftreten werden.	> 1/10	10
Fehleranteil 1/10 oder größer		

Bild 7.10 VDA Tabellen zur FMEA

Bedeutung (B)	Bewertungspunkte
Unwahrscheinlich Es ist unwahrscheinlich, daß der Fehler irgendeine wahrnehmbare Auswirkung auf das Verhalten des Systems haben könnte. Der Kunde wird den Fehler wahrscheinlich nicht bemerken.	1
Geringfügig Der Fehler ist unbedeutend und der Kunde wird nur geringfügig belästigt. Der Kunde wird wahrscheinlich nur eine geringe Beeinträchtigung des Systems bemerken.	2–3
Mittelschwer Mittelschwerer Fehler, der Unzufriedenheit beim Kunden auslöst. Der Kunde fühlt sich durch den Fehler belästigt oder ist verärgert. Der Kunde wird Beeinträchtigungen des Systems bemerken.	4–5–6
Schwer Schwerer Fehler, löst Verärgerung des Kunden aufgrund des Fehlers aus. Die Systemsicherheit oder eine Nichtübereinstimmung mit den Gesetzen ist hier nicht angesprochen.	7–8
Äußerst schwerwiegend Äußerst schwerwiegender Fehler, der zum Ausfall des Systems führt oder möglicherweise die Sicherheit und/oder die Einhaltung gesetzlicher Vorschriften beeinträchtigt.	9–10

Wahrscheinlichkeit der Entdeckung (E) (vor Auslieferung an den Kunden)	Häufigkeit	Bewertungspunkte
Hoch Funktioneller Fehler, der bei den nachfolgenden Arbeitsgängen bemerkt wird.	> 99.99%	1
Mäßig Augenscheinliches Fehlermerkmal . Automatische 100% Prüfung eines einfachen Merkmals.	> 99.7%	2–5
Gering Leicht zu erkennendes Fehlermerkmal . Automatische 100% Prüfung eines meßbaren Merkmals.	> 98%	6–8
Sehr gering Nicht leicht zu erkennendes Fehlermerkmal. Visuelle oder manuelle 100% Prüfung.	> 90%	9
Unwahrscheinlich Das Merkmal wird nicht geprüft, bzw. kann nicht geprüft werden. Verdeckter Fehler, der in der Fertigung oder Montage nicht entdeckt wird.	< 90%	10

Bild 7.11 VDA Tabellen zur FMEA

oder Entdeckung der potentiellen Fehler zu planen. Die Maßnahmen können dabei sowohl die Konstruktion als auch den Herstellungsprozeß betreffen.

Die Prozeß-FMEA baut logisch auf den Ergebnissen derKonstruktions-FMEA auf. Ein Fehler der Konstruktions-FMEA, dessen Ursache im Herstellungsprozeß liegt, wird als Fehler in die Prozeß-FMEA übernommen. Aufgabe der Prozeß-FMEA ist es, jeden Teilprozeß der Fertigung auf die Eignung zur Herstellung der geforderten Produkteigenschaften hin zu untersuchen. Dabei sind für alle Fehler, die bei der Herstellung des Produktes auftreten können, geeignete Maßnahmen zu deren Vermeidung oder Entdeckung zu planen.

Fließt das Produkt, für welches eine Konstruktions-FMEA gemacht werden soll, in ein größeres System ein, kann die Erstellung einer System-FMEA sinnvoll sein. Bei der System-FMEA werden die Auswirkungen von Komponenten-Fehlern speziell hinsichtlich des betrachteten Systems analysiert und bewertet.

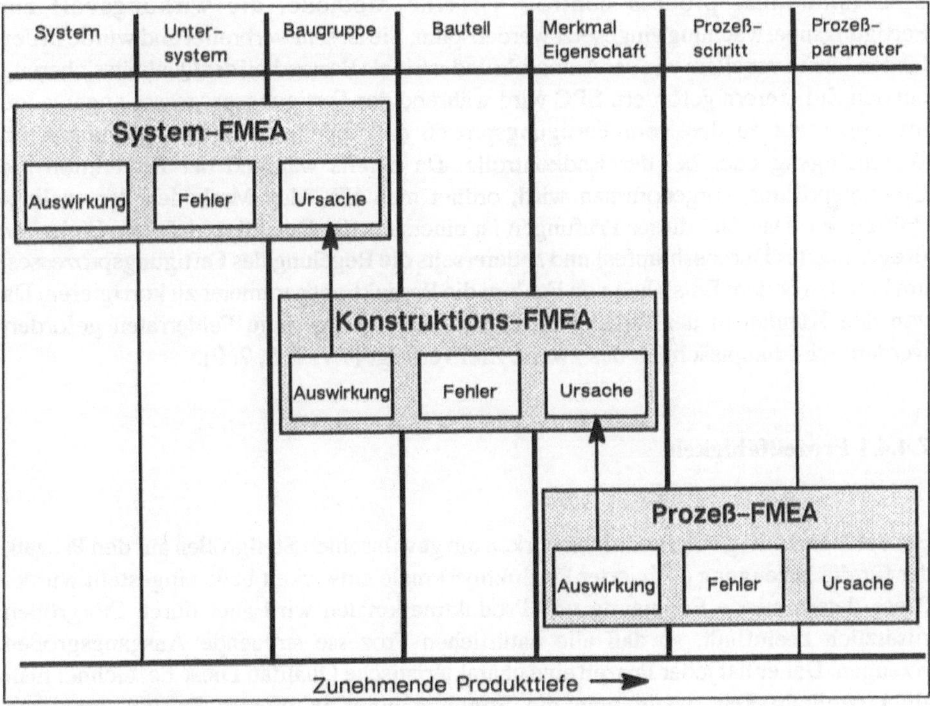

Bild 7.12 Zusammenhänge zwischen den FMEA-Arten

7.4.3 Statistische Versuchsplanung

Um im Rahmen der Qualitätsplanung Merkmalswerte und deren zulässige Abweichungen festlegen zu können, sind oft zahlreiche Versuche notwendig. Die Anzahl der Versuche ist von der Anzahl der Parameter, die einen Merkmalswert beeinflussen, abhängig. Da die Parameter sich gegenseitig beeinflussen können, müssen alle Parameterkombinationen bei unterschiedlichen Einstellwerten untersucht werden. Man erkennt hieraus, daß bereits bei wenigen Parametern und Einstellwerten die Anzahl der Versuche sehr groß wird. Um den Aufwand zu reduzieren, werden daher Verfahren der statistischen Versuchsplanung angewandt. Bekannt geworden sind die sogenannten Taguchi Methoden und die Methodik von Shanin. Während Taguchi die Anzahl der Versuche durch die Einschränkung von Parameterkombinationen reduziert, setzt Shanin bei einer Reduzierung der Parameter an, indem er mit verschiedenen Verfahren die wesentlichsten im Vorfeld herausfiltert.

7.4.4 Statistische Prozeßregelung (SPC)

SPC (statistical process control) ist eine Methode, die wirkungsvoll zur Fertigungsüberwachung eingesetzt werden kann. Sie ist sehr verbreitet und wurde in den letzten Jahren vor allem von der Automobilindustrie als Bestandteil der Qualitätssicherung bei den Zulieferern gefordert. SPC wird während des Fertigungsprozesses angewandt, im Gegensatz zu den vom Fertigungsprozeß entkoppelten Abnahmeprüfungen im Wareneingang oder bei der Endkontrolle. Da bereits während der Produktion die Qualitätsprüfung vorgenommen wird, ordnet man SPC den Methoden der on-line-Prüfung zu. Das Ziel dieser Prüfungen ist einerseits die Detektion defekter Einheiten (Regelung des Durchschlupfes) und andererseits die Regelung des Fertigungsprozesses, um bereits vor dem Entstehen von Fehlern die Produktionsparameter zu korrigieren. Da von den Kunden in der Regel Null-Fehler oder sehr geringe Fehlerraten gefordert werden, wird hauptsächlich das zweite Ziel verfolgt [7.7, 7. 8, 7. 9].

7.4.4.1 Prozeßfähigkeit

Bei der Herstellung von Produkten wirken die gewünschten Stellgrößen auf den Prozeß, der für die Erzeugung definierter Produktmerkmale entwickelt bzw. eingestellt wurde. Diese determinierte Erzeugung von Produktmerkmalen wird aber durch Störgrößen zusätzlich beeinflußt, so daß alle natürlichen Prozesse streuende Ausgangsgrößen erzeugen. Daher hat jeder Prozeß eine charakteristische Qualität. Diese bezeichnet man als Prozeßfähigkeit, wenn man die Streuung eines in diesem Prozeß erzeugten Merkmalswerts mit der Toleranzbreite ins Verhältnis setzt. Die Prozeßfähigkeit darf erst

ermittelt werden, wenn der Prozeß unter statistischer Kontrolle ist (Prozeßbeherrschung). Je nachdem, ob das Verhältnis zwischen Toleranzbreite und Streuung groß oder klein ist, spricht man von einem sicheren oder unsicheren Prozeß.
Der Prozeßfähigkeitsindex ist ein dimensionsloses Maß für die Prozeßfähigkeit und ist definiert durch:

$$c_p = \frac{\text{Toleranzbreite}}{6\,\sigma}$$

Im Allgemeinen wird für einen sicheren Prozeß gefordert, daß die Toleranzbreite nur zu 75% ausgenutzt wird. Daher soll dieser Index größer als 1.33 sein. Um auch die Lage des Prozesses bzgl. des Mittelwertes zu beurteilen wird ein weiterer Prozeßfähigkeitsindex definiert:

$$c_{pk} = \frac{\text{Toleranzgrenze} - \mu}{3\,\sigma}$$

Für einen sicher auf Toleranzmitte geführten Prozeß (zentriert) wird auch für diesen Index ein Wert größer als 1,33 gefordert.

7.4.4.2 Qualitätsregelkarten

Um den Prozeßverlauf beurteilen zu können und ggf. einzugreifen, werden sogenannte Qualitätsregelkarten geführt. Dabei wird beobachtet, wie sich ein Merkmalswert von Stichprobe zu Stichprobe verändert. Da zumindest innerhalb der Toleranzgrenzen (To, Tu) produziert werden muß, sind diese als Grenzen in den Regelkarten eingetragen. Um Toleranzgrenzenverletzungen möglichst auszuschließen, werden zusätzlich engere Eingriffsgrenzen (OEG, UEG) vorgegeben, bei deren Überschreitung der Prozeß korrigiert werden muß.

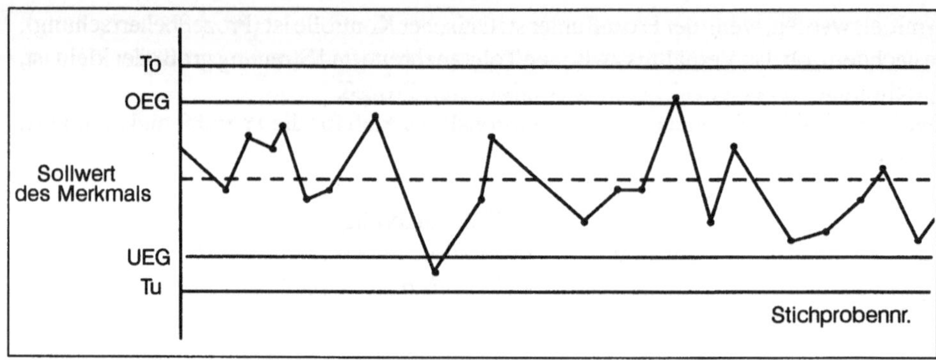

Bild 7.13 Regelkarte mit Sollwert, Toleranzen und Eingriffsgrenzen

7.4.5 Abnahmeprüfungen

Bei Abnahmeprüfungen wird aus einer definierten, endlichen Grundgesamtheit (Los, Prüflos) eine Stichprobe entnommen. Alle Einheiten des Prüfloses müssen unter identischen Produktionsbedingungen entstanden sein. Auf eine zufällige Entnahme der Stichprobe ist zu achten. Nach der Art der Erfassung der Prüfergebnisse unterscheidet man attributive (zählende) und variable (messende) Abnahmeprüfung. Für beide Prüfarten existieren genormte Stichprobenprüfpläne (Stichprobensysteme). Am häufigsten wird die Attributprüfung nach DIN 40 080, die auf dem amerikanischen Military Standard MIL-STD 105 D basiert, angewandt.

In den Stichprobentabellen ist abzulesen, für welches Qualitätsniveau und welche Losgröße welche Stichprobenanweisung anzuwenden ist. Stichprobentabellen sind aus den entsprechenden Operationscharakteristiken berechnet. Das Qualitätsniveau wird durch die Angabe eines AQL-Wertes quantifiziert (AQL = Acceptable Quality Level). Dieser Wert sagt aus, wie hoch der durchschnittliche Fehleranteil im Los sein darf, damit dieses mit 95%-iger Wahrscheinlichkeit angenommen wird. Die Festlegung des AQL-Wertes orientiert sich am Verwendungszweck für das Merkmal; d.h. je kritischer ein Merkmal ist, umso kleiner muß der AQL-Wert gewählt werden und umso größer wird dann der Stichprobenumfang sein.

Wenn in den Lieferbedingungen praktisch keine Fehler in den Lieferungen mehr erlaubt sind, ist die Vereinbahrung eines AQL-Wertes für die Abnahmeprüfungen nicht mehr sinnvoll. Der Abnehmer verlangt dann sichere Prozesse (siehe 7.4.4) und zuverlässige Qualitätssicherungssysteme (siehe 7.2).

7.4.6 Fehlerbaumanalyse und Ereignisablaufanalyse

Die Fehlerbaumanalyse und die Ereignisablaufanalyse sind zwei auf der Boole'schen Algebra basierenden Sicherheitsanalysen. Sie dienen beide zur quantitativen Abschätzung von Fehlern, Fehlerfolgen und Fehlerursachen sicherheitsrelevanter Systeme, wie sie z.B. in der Luft- und Raumfahrt und der Reaktortechnik vorkommen [7.10]. Im Gegensatz zur FMEA, die nur die Betrachtung eines Fehlers und dessen Folgen und Ursachen zuläßt, können bei der Fehlerbaumanalyse und der Ereignisablaufanalyse auch logische Verknüpfungen von Fehlerfolgen und Fehlerursachen betrachtet werden.

- *Fehlerbaumanalyse:*
Das Vorgehen bei der Fehlerbaumanalyse ist deduktiv, das heißt ausgehend von einem unerwünschten Ereignis (z.B. Bersten des Druckbehälters) werden alle zu dem unerwünschten Ereignis führenden Fehlerursachen ermittelt. Ziel der Fehlerbaumanalyse ist dann die systematische Ermittlung aller potentiellen Ausfallmöglichkeiten sowie deren logische Verknüpfungen, die zu dem unerwünschten Ereignis führen, um daraus auf Grundlage der Boole'schen Algebra Zuverlässigkeitskenngrößen, wie z.B. Eintrittshäufigkeit des unerwünschten Ereignisses oder Verfügbarkeiten des Systems zu berechnen. Bild 7.14 zeigt beispielhaft einen Fehlerbaum [7.11].

- *Ereignisablaufanalyse:*
Das Vorgehen bei der Ereignisablaufanalyse ist induktiv, das heißt im Gegensatz zur Fehlerbaumanalyse bei der alle zu dem Ereignis führenden Fehlerursachen ermittelt werden, werden bei der Ereignisablaufanalyse alle durch das unerwünschte Ereignis ausgelösten Fehlerfolgen betrachtet [7.12]. Auch hier können dann wiederum auf Basis der Boole'schen Algebra Zuverlässigkeitskenngrößen berechnet werden. Bild 7.15 zeigt beispielhaft eine Ereignisablaufanalyse.

7.4.7 Prüfmittelüberwachung

Die im Betrieb eingesetzten Prüfmittel unterliegen, ebenso wie die Produktionsmittel, einem ungewollten Verschleiß. Dabei handelt es sich zum einen um natürlichen Verschleiß, wie z.B. Abnutzung einer Grenzrachenlehre, zum anderen um Verschleiß durch unsachgemäße Behandlung, wie z.B. Beschädigung eines Meßschiebers durch Herunterfallen. Selbst bei längerer Nichtbenutzung eines Prüfmittels kann dieses seine Eigenschaften verändern (z.B. Korrosion, 'Wachsen' eines Endmaßes). Die Prüfmittel haben jedoch einen entscheidenden Einfluß auf die Beurteilung der Qualität der gefertigten und ausgelieferten Produkte und müssen aus diesem Grunde in regelmäßigen Abständen innerhalb einer Prüfmittelüberwachung auf ihre Einsatzfähigkeit hin überprüft werden. Teilweise werden Prüfmittel, die zur Prozeßüberwachung eingesetzt werden,

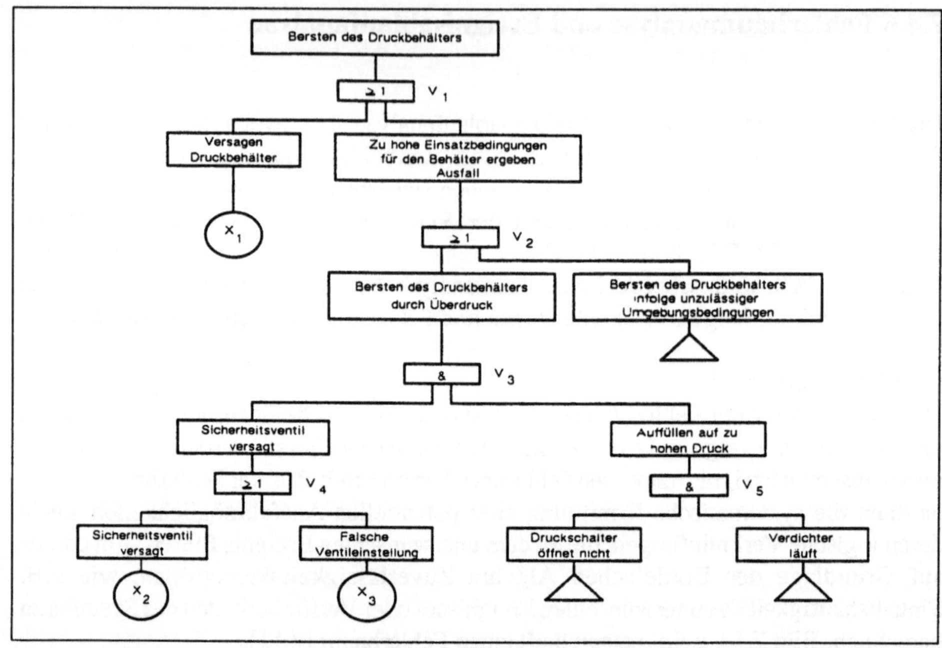

Bild 7.14 Fehlerbaum für Bersten des Druckbehälters [7.11]

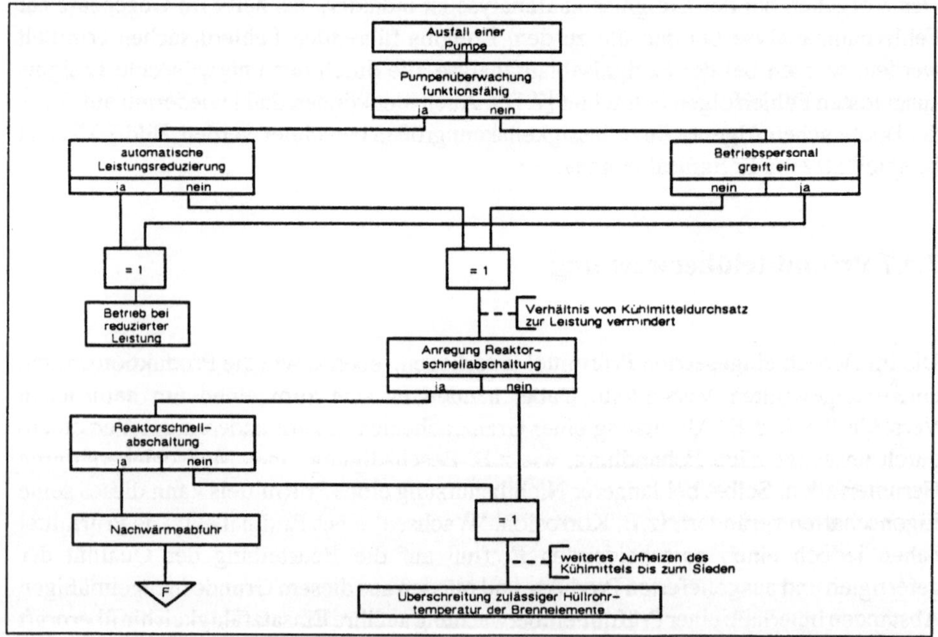

Bild 7.15 Ereignisablaufdiagramm für den Ausfall einer Pumpe des Reaktorkühlkreislaufes [7.12].

noch einer Prüfmittelfähigkeitsuntersuchung unterzogen, die das Ziel verfolgt, die Fähigkeit (Genauigkeit und Wiederholbarkeit) des Prüfmittels unter dem Einfluß variabler Prüfparameter (z.B. Prüfer) zu ermitteln. Voraussetzung für eine systematische Prüfmittelüberwachung ist die Erfassung der im Betrieb vorhandenen Prüfmittel. Dazu erhält jedes Prüfmittel eine Identnummer und wird meist einer Prüfmittelklasse zugeordnet. Aufgrund der Einsatzbedingungen und der Prüfmitteleigenschaften werden als nächstes die Überwachungsintervalle empirisch oder anhand von firmeninternen Vorgaben festgelegt. Für den zulässigen Nutzungszeitraum, d.h. den Zeitraum zwischen zwei Überwachungen, werden hierbei zweckmäßigerweise die Kriterien Einsatzort (z.B. Meßlabor, Fertigung oder Werkzeugbau), Einsatzhäufigkeit (z.B. niedrig, mittel oder hoch) und das Verschleißverhalten des Prüfmittels (z.B. niedrig, mittel oder hoch) herangezogen. Der nächste Überwachungstermin wird sowohl auf dem Prüfmittel (z.B. Farbmarkierung, Plakette) als auch im Erfassungssystem vermerkt.

Für jedes Prüfmittel bzw. jede Prüfmittelgruppe müssen zudem Prüfmittelprüfpläne angelegt werden. In diesen Prüfplänen sind die zu überprüfenden Merkmale mit ihren Sollwerten und zulässigen Abweichungen eingetragen. Bei der Erstellung dieser Prüfpläne kann man auf die VDI/VDE/DGQ-Richtlinie 2618 zurückgreifen, die bereits für die häufigsten im Betrieb vorkommenden Prüfmittel Standardprüfpläne enthält [7.13, 7.14].

7.5 Rechnerunterstützte Qualitätssicherung (CAQ)

Die rechnerunterstützte Qualitässicherung hat sich aus zwei Richtungen entwickelt. Einerseits bestand die Notwendigkeit, Prüfdaten und Meßwerte zu erfassen, statistisch auszuwerten und an verschiedene Stellen zu übermitteln, (Bild 7.16). Andererseits war die traditionelle Hauptaufgabe der Qualitätssicherung, das Prüfen, zu planen und zu steuern und zwar sowohl für fertigungsbegleitende Prüfungen (SPC) als auch für Abnahmeprüfungen (Wareneingangsprüfungen). Am Markt erhältliche CAQ (=Computer Aided Qaulity Assurance)-Systeme sind auf diese Aufgaben ausgerichtet.

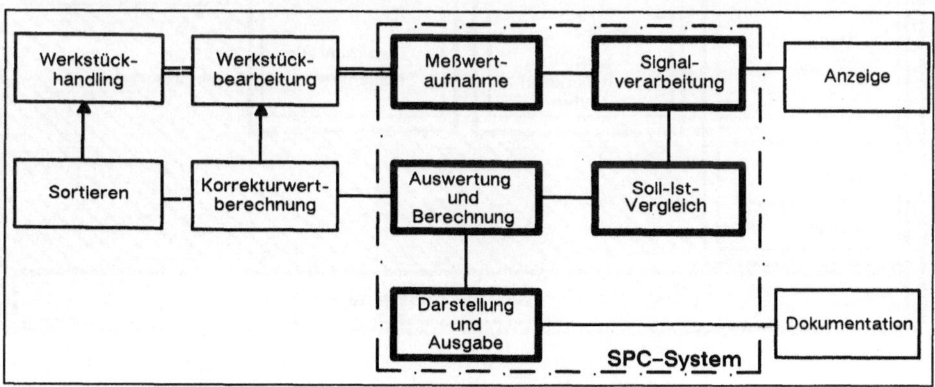

Bild 7.16 Grundfunktionen beim automatischen Messen und Prüfen

Neuere Methoden wie QFD oder FMEA kommen als eigenständige oder integrationsfähige Module hinzu. Die unternehmensweite Aufgabe des Qualitätsmanagements hat dazu beigetragen, daß CAQ-Funktionen in anderen betrieblichen DV-Systemen (CAD/CAM, PPS) erforderlich wurden und standardisierte Schnittstellen zum Austausch von Qualitätsdaten entwickelt werden.

7.5.1 Funktionalität von CAQ-Systemen

Die Basisfunktion eines CAQ-Systems ist die Prüfplanung. Im Prüfplan sind für ein Produkt alle Aktivitäten der Qualitätsprüfung in Art und Umfang festgelegt. Er ist i.a. produktspezifisch und auftragsneutral. Weitere Abhängigkeiten des Prüfplans können bezüglich des Kunden, des Lieferanten oder des Produktionsortes gegeben sein [7.15].

Bei Vorliegen eines Prüfanlasses, also eines Wareneingangs- oder eines Fertigungsauftrages, wird aus dem entsprechenden auftragsneutralen Prüfplan und den Auftragsdaten ein auftragsbezogener Prüfauftrag generiert.

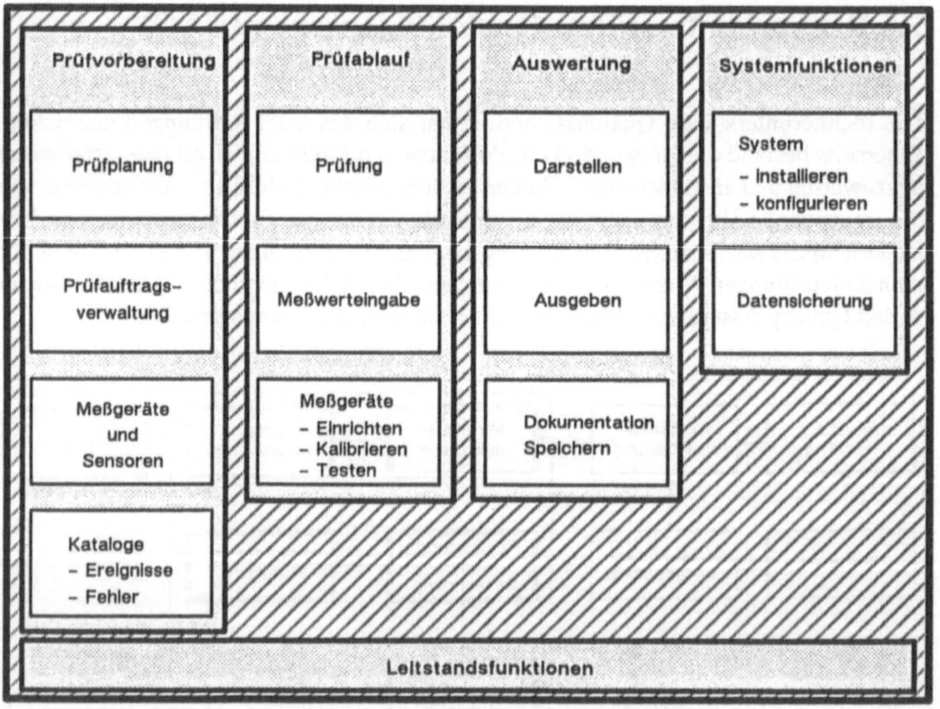

Bild 7.17 Funktionen eines CAQ-Systems für fertigungsbegleitende Prüfungen

Der Prüfauftrag liegt am jeweiligen Prüfort vor und wird dort entsprechend der in ihm enthaltenen Prüfvorschriften, abgearbeitet. Die dabei entstehenden auftragsbezogenen Prüfdaten werden verdichtet, zu Informations- und Regelzwecken verarbeitet und dann, falls erforderlich, archiviert.

-Prüfplanung:

CAQ-Systeme haben zumindest Programme zur Prüfplanerstellung und -verwaltung [7.16]. Dabei wird der eigentliche Planungsprozeß nicht automatisiert. Der Prüfplaner wird aber bei der Handhabung von Stichprobentabellen (Prüfhäufigkeitsplanung) und Katalogen für Merkmale, Prüfmittel, Fehler usw. unterstützt. Die meisten Systeme bieten die Möglichkeit, Variantenprüfpläne rationell aus Standardprüfplänen abzuleiten. Der Prüfplan ist teilespezifisch und auftragsneutral. Er besteht normalerweise aus einem Prüfplankopf und einer, der Zahl der Qualitäts- bzw. Prüfmerkmale entsprechenden, Anzahl von Prüfschritten, die wiederum zu Prüffolgen (logisch und zeitlich zusammengehörige Prüfmerkmale) zusammengefaßt sein können. Der Prüfplankopf enthält Produktdaten sowie Angaben zur Durchführung und Dokumentation der Prüfung.

-Prüfaufträge:

Für zu prüfende Aufträge, Lose oder Arbeitsfolgen werden aus den Prüfplänen Prüfaufträge generiert. Abhängig von der Losgröße, der Historie und den aktuellen Püfmöglichkeiten werden Prüfmerkmale, Prüfhäufigkeit und ggf. Prüfmittel festgelegt. Zur Koordination des Prüfablaufs und zum Vergleich der Prüfergebnisse an mehreren Erfassungsstationen können CAQ-Systeme über Leitstandsfunktionen verfügen. Prüfaufträge können auch in PPS-Systemen verwaltet werden. Dann ist eine Kopplung zwischen CAQ- und PPS-System erforderlich, die außerdem zum Austaush von Stamm- und Lieferantendaten dienen kann.

-Prüfarten:

CAQ-Systeme unterstützen

- 100%-Prüfungen,
- Abnahmeprüfungen (Losprüfung) und
- fertigungsbegleitende Prüfungen (SPC)

Abnahmeprüfungen finden hauptsächlich im Wareneingang statt. Die Unterstützung erfolgt vor allem in der Bestimmung des Stichprobenumfangs nach vorgebbaren Stichprobenplänen (z.B. DIN 40 080) und der Erstellung von Prüfberichten. Die Anwendung der sogenannten Skip-lot-Prüfung (Prüfverzicht bei hinreichend guter Qualitätshistorie) kann den Prüfaufwand bedeutend reduzieren.

SPC-Systeme unterstützen den Anwender hauptsächlich bei der Meßwerterfassung und dem Führen von Qualitätsregelkarten. Die automatisierte Meßwerterfassung und direkte Auswertung mit Hilfe statistischer Methoden erlaubt eine fertigungsnahe und schnelle Reaktion auf Qualitätsabweichungen.

- Meßwerterfassung, Qualitätsdatenverarbeitung und Dokumentation:
CAQ-Systeme verfügen entweder über Module zur Meßwerterfassung oder haben Schnittstellen zu autarken Meßwerterfassungssystemen. Die Auswertung und Aufbereitung der Qualitätsdaten ist eine wichtige Funktion zur Qualitätslenkung und damit Qualitätsverbesserung. Meist stehen unterschiedliche Statistikfunktionen oder zumindest Schnittstellen zu speziellen Statistikprogrammen zur Verfügung, um Datenanalysen durchführen zu können. Typisch sind: Pareto-Analyse, Verteilungstests, Korrelationsanalyse und Varianzanalyse.

Die Dokumentation von Meßergebnissen kann sowohl für spätere Ursachenanalysen als auch aus rechtlichen Gründen (Produzentenhaftung, dokumentationspflichtige Teile) erforderlich sein.

- Prüfmittelverwaltung und -überwachung:
Eingesetzte und in den Prüfplänen eingeplante Prüfmittel müssen identifiziert, klassifiziert und überwacht werden. Für diesen Zweck verfügen CAQ-Systeme über entprechende Funktionen. Nur die in diesem Modul erfaßten und freigegebenen Prüfmittel sollten im Prüfplanungsmodul für Prüfaufgaben eingeplant werden.

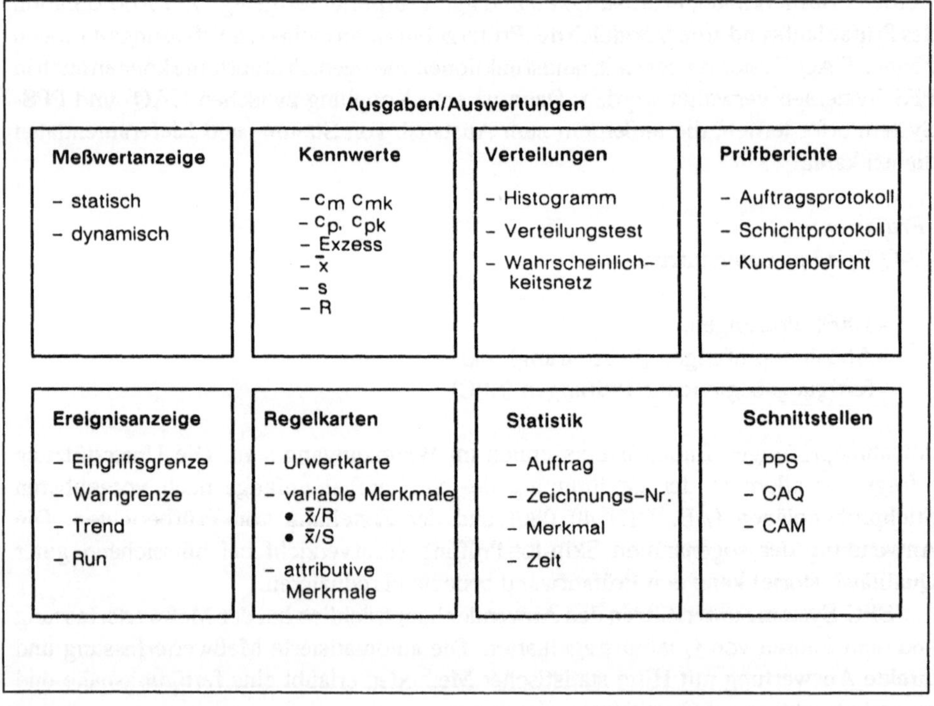

Bild 7.18 Auswertefunktionen

7.6 Prüftechnik in der Qualitätssicherung

Die Prüftechnik ist für die Qualitätsprüfung bzgl. der Aussagefähigkeit der Ergebnisse und den Möglichkeiten zur Automatisierung in der Produktionstechnik von großer Bedeutung. Die ständige Entwicklung neuartiger Sensoren und die wachsenden Möglichkeiten bei der Erfassung, Verarbeitung und Auswertung der Signale hat zu neuen Einsatzgebieten der Prüftechnik geführt, die vorher noch vielfach rein subjektiv vom Menschen ausgeführt wurden. Bildverarbeitung und Sensorik sind zwei Gebiete, anhand derer die Möglichkeiten der Prüftechnik aufgezeigt werden sollen.

7.6.1 Bildverarbeitung

Die rechnergesteuerte Bildverarbeitung hat sich in den letzten Jahren zu einem der leistungsfähigsten und flexibelsten Werkzeuge für die Qualitätstechnik entwickelt. Ihre zunehmende Verbreitung ist vor allem auf rapide Entwicklungen im Bereich der Optoelektronik, Rechnertechnik und Auswerteverfahren zurückzuführen. Der folgende Abschnitt gibt einen kurzen Überblick über Prinzipien und Anwendungen der Bildverarbeitung in der Qualitätstechnik sowie den Aufbau entsprechender Systeme.

7.6.1.1 Aufbau und Funktion von Bildverarbeitungssystemen

Mit Hilfe der rechnergesteuerten Bildverarbeitung werden Bildszenen erfaßt und automatisch auf vordefinierte Merkmale hin untersucht. Hierzu sind die Bilder mittels eines optoelektronischen Wandlers, der Kamera, in elektrische Signalfolgen zu wandeln. Das entstehende, analoge Kamerasignal wird zunächst digitalisiert und gegebenenfalls einfachen Vorverarbeitungsschritten unterzogen, die der Vereinfachung der nachfolgenden Bildauswertung dienen. Die Auswertung der vorverarbeiteten Bilder erfolgt in der Regel nach Abspeicherung der digitalen Informationen in einem Bildspeicher mittels eines Prozessors, der direkten Speicherzugriff besitzt. Die Verarbeitungsschritte von der Prüfszene bis zum Prüfergebnis und die beteiligten Komponenten sind in Bild 7.19 dargestellt. In industriellen Meß- und Prüfsystemen mit Bildverarbeitung kommen zusätzlich periphere Einheiten, wie zum Beispiel mechanische Komponenten zur Prüfteilehandhabung, zum Einsatz. Die wesentlichen Komponenten einer industriellen Prüfanlage mit Bildverarbeitung sind somit:

- Beleuchtungseinrichtungen,
- Kamera, Optik,
- Systemrechner mit Bildverarbeitungshard und -software,
- periphere Einrichtungen zur Prüfteiledarbietung bzw. zum Prüfteilewechsel.

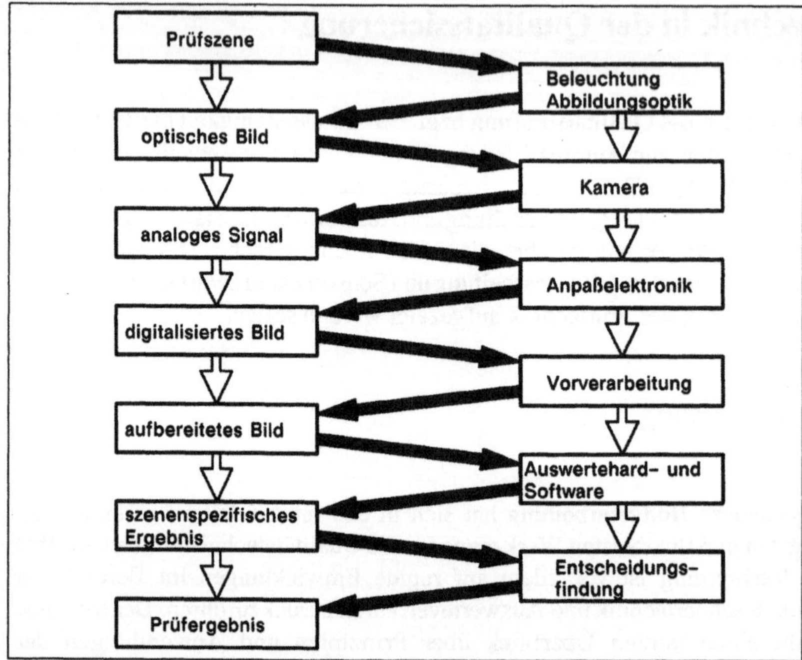

Bild 7.19 Vorgehensweise bei der Gewinnung von Prüfaussagen mit Bildverarbeitung

7.6.1.2 Beleuchtungseinrichtungen

Für die Beleuchtung sind sowohl einfache, faseroptische Komponenten und handelsübliche Beleuchtungssysteme ohne aufwendige Spezialkomponenten, als auch komplexe, rechnergesteuerte Beleuchtungseinrichtungen mit speziellen optischen Eigenschaften einsetzbar. Für die sichere Erkennung der zu detektierenden Merkmale spielen sowohl der Bildkontrast als auch die optimale Ausleuchtung der Prüfszene eine entscheidende Rolle. Grundsätzlich ist bei den Beleuchtungsanordnungen zwischen Auflicht-und Durchlichtbeleuchtung zu differenzieren. Bei der Durchlichtanordnung befindet sich das Werkstück zwischen Beleuchtung und Kamera, so daß ein Schattenbild des Objekts aufgenommen wird. Diese Beleuchtungsanordnung führt zu höchsten Bildkontrasten und entsprechend hoher Prüfsicherheit. Für Merkmale, die nicht im Durchlicht erfassbar sind, ist die Auflichtbeleuchtung einzusetzen, bei der, je nach Lichteinfallswinkel, zwischen Hellfeld- und Dunkelfeldbeleuchtung zu unterscheiden ist. Neben diesen Beleuchtungsanordnungen spielen in jüngster Zeit zunehmend auch Verfahren der codierenden Beleuchtung eine wichtige Rolle. Bei diesen Verfahren, die vor allem bei der Prüfung von räumlichen Gebilden an Bedeutung gewinnen, werden definierte Muster Punkte, Balken, Gitter etc.) auf die Werkstücksoberfläche projiziert, mittels der Kamera aufgenommen und anschließend ausgewertet.

7.6.1.3 Kamera, Optik

Als Kamerasysteme stehen für industrielle Anwendungen heute Halbleiterkameras in unterschiedlichen Bauformen zur Verfügung. Halbleiterkameras bestehen aus einer Vielzahl von einzelnen, elektrisch getrennten, lichtempfindlichen Elementen (Photodioden), die üblicherweise als Pixel (picture element) bezeichnet werden. Durch sequentielles Auslesen der Informationen aller Einzeldioden und nachfolgender Elektronik entsteht am Kameraausgang ein kontinuierliches Signal. Durch die Halbleitertechnologie ist es möglich, unterschiedliche geometrische Anordnungen der lichtempfindlichen Elemente zu realisieren, so daß außer den herkömmlichen Flächenkameras auch Zeilenkameras und Kameras mit ringförmig angeordneten Pixels erhältlich sind. Heute sind Zeilenkameras mit bis zu 8000 Einzeldioden auf dem Markt. Sie zeichnen sich durch schnelle Bildaufnahmezyklen und hohe Datenraten aus, wobei die Empfindlichkeit der Elemente über Variation der Bildzyklusdauer variabel ist. Die üblicherweise eingesetzten Flächenkameras unterliegen hinsichtlich ihres Ausgangssignals einigen Beschränkungen durch die Video-Norm, die die Anzahl der im Signal enthaltenen Zeilen und Spalten sowie die zeitliche Abfolge der Signale festlegt. Diese Norm ist unabhängig von Auflösung und Baugröße des eigentlichen Wandlerelements, die bei Standardsystemen zwischen 1/2" und 2/3" Bilddiagonalen mit einem Höhe/Breite-Verhältnis von 3:4 variiert. Neueste Entwicklungen führen zu einer Loslösung von der Video-Norm hin zu hochauflösenden Kamerasystemen mit bis zu 2048x2048 Bildelementen.

Durch die Auswahl der Abbildungsoptik kann die Auflösung des Gesamtsystems in weiten Grenzen festgelegt werden. Dabei besteht ein fester Zusammenhang zwischen Auflösung und erzielbarem Sehfeld, also dem mit einer Aufnahme erfassbaren Bildausschnitt. Je nach Aufgabenstellung kommen hier handelsübliche Videoobjektive ebenso wie speziell entwickelte Optiken für Präzisionsmessungen zum Einsatz.

7.6.1.4 Bildverarbeitungssysteme

Die eigentlichen Bildverarbeitungssysteme bestehen, unabhängig vom eingesetzten Kameratyp, aus einer analogen Elektronik zur Synchronisation der Kamera und Signalanpassung des Videosignals (dem sogenannten Kamerainterface), digitalen Vorverarbeitungsstufen zur Analog/Digital-Wandlung des Videobildes und Vorverarbeitung der Bilddaten wie z.B. Filterung oder Kontrastbeeinflussung durch Look-Up-Tabellen, sowie einem Bildspeicher unterschiedlicher Größe. Die im Bildspeicher abgelegten Daten werden mit Hilfe eines Prozeßrechners ausgewertet. Bei Standardsystemen ist dies ein Von-Neumann-Rechner, der über den Rechnerbus auf den Bildspeicher zugreift. Hier kommen bei komplexen industriellen Anwendungen zwei Nachteile zum Tragen. Zum einen die geringe Datenrate des Rechnerbus, zum anderen die Architektur der Standard-CPU, die weder für die Signalverarbeitung noch für die

so ist heute der Einsatz komplexester Algorithmen zur Erfüllung anspruchsvoller Aufgaben die Regel.

7.6.1.6 Einsatzbereiche

Bei den Anwendungen der Bildverarbeitung im Bereich der Qualitätstechnik sind im wesentlichen die Bereiche

- Automatisierung visueller Prüfvorgängen und
- berührungslose Meßtechnik

zu unterscheiden.
Seit einigen Jahren sind optische Koordinatenmeßgeräte mit bildverarbeitenden Komponenten als Standardsysteme auf dem Markt. Gegenüber konventionellen Koordinatenmeßgeräten mit mechanischen Tastsystemen bieten diese Koordinatenmeßsysteme mit Bildverarbeitung einige wesentliche Vorteile; vor allem

- berührungslose Arbeitsweise,
- hohe Meßgeschwindigkeit,
- vollständige Erfassung von Geometrieelementen,
- Messen kleiner Strukturen und
- Messen flacher Teile ohne Kanten.

Entsprechend den eingesetzten Sensoren, optischen Prinzipien und Anwendungsbereichen, existiert auf dem Markt eine Vielzahl unterschiedlicher Koordinatenmeßgeräte mit bildverarbeitenden Komponenten. Im wesentlichen kann zwischen oberflächen- und konturantastenden Meßprinzipien unterschieden werden. Bei ersteren handelt es sich um abstandsmessende Geräte mit codierender Beleuchtung (Lichtschnittverfahren, Moire-Verfahren, Triangulation). Konturantastende Geräte zeichnen sich durch den Einsatz flexibler Beleuchtungseinrichtungen sowie spezieller Fokussiersysteme zur Durchführung von Höhenmessungen aus. Durch Vergrößerungswechsel der Abbildungsoptik, der bei einigen Geräten programmgesteuert erfolgen kann, ist eine Anpassung des Sehfeldes und somit der Auflösung auf die vorliegende Meßaufgabe hin möglich. Die Genauigkeit bei Messungen in einem Bild kann bei diesen Systemen unterhalb von 1µm liegen. Hauptanwendungsbereiche solcher Geräte sind im Gebiet der Halbleiterindustrie, Präzisionsmechanik und Kunststoffbranche zu sehen. Als Variante dieser Systeme sind auch kombinierte Geräte mit Bildverarbeitung und berührendem Taster erhältlich. Die Vorteile dieser Geräte entstehen durch die Vereinigung zweier unterschiedlicher Sensorsysteme. Zum einen können die universellen Antastmöglichkeiten des mechanischen Tasters zur Messung von optisch nicht oder nur unsicher erfassbaren Merkmalen genutzt werden, zum anderen wird die Durchführung einfacher Meßaufgaben durch den Einsatz der Bildverarbeitung um ein Vielfaches beschleunigt.

Die industrielle Bildverarbeitung ist im Bereich der Automatisierung von Sichtprüfvorgängen das wohl leistungsfähigste Werkzeug der Zukunft. Der hauptsächliche Einsatz wird auf den Teilgebieten

- Objekterkennung,
- Montage- und Vollständigkeitsprüfung,
- Form- und Lageprüfung,
- Erkennen von Oberflächenfehlern und,
- der Bewertung von strukturierten oder texturierten Oberflächen

erwartet. Die aufgabenbezogene Systemrealisierung erfordert in der Regel die Spezialentwicklung aller Komponenten des Prüfsystems, weil die Prüfmerkmale der genannten Aufgaben hinsichtlich des lokalen Auftretens und in ihrer Ausprägung, ebenso wie die Art und Größe der Prüfobjekte selbst, stark variieren. Ein Überblick über verschiedene Systemrealisierungen im Bereich der Sichtprüfung ist in [7.17, 7.18] enthalten. Bei der Entwicklung automatisierter Sichtprüfsysteme ist ein intensiver Dialog zwischen Entwickler und Anwender erforderlich, um die technisch/wirtschaftlich optimale Lösung zu erarbeiten.

7.6.2 Sensoren

7.6.2.1 Definition

Die folgenden Abschnitte geben einen kurzen, allgemeinen Überblick über Sensoren für die Qualitätstechnik [7.19, 7.20]. Für den Begriff “Sensor” gibt es zahlreiche, mitunter widersprüchliche Definitionen und Vorstellungen. Eine hinreichend allgemeine Sensordefinition lautet folgendermaßen:

> **"Ein Sensor wandelt physikalische Meßgrößen in elektrische Signale um. Dabei führt der Sensor sowohl die Funktion des Aufnehmens (einer Prozeßgröße) aus, als auch die Funktion des Anpassens."**

Ein Sensor besteht aus den in Bild 7.20 dargestellten Komponenten.

Für den Sensoranwender im Maschinenbau ist die vorliegende Definition des Sensors ausreichend. Sie reicht zur Beschreibung von einfachen Näherungsschaltern bis hin zum komplexen optoelektronischen Sensorsystem bestehend aus einer Matrixkamera und einer Bildverarbeitungselektronik.

Auf dem Markt sind Sensoren mit unterschiedlichem Integrationsstadium erhältlich. D.h. die Teilfunktionen Signalaufbereitung und Signalverarbeitung sind entweder vom eigentlichen Sensor getrennt in einer gesonderten Elektronik untergebracht oder sie sind

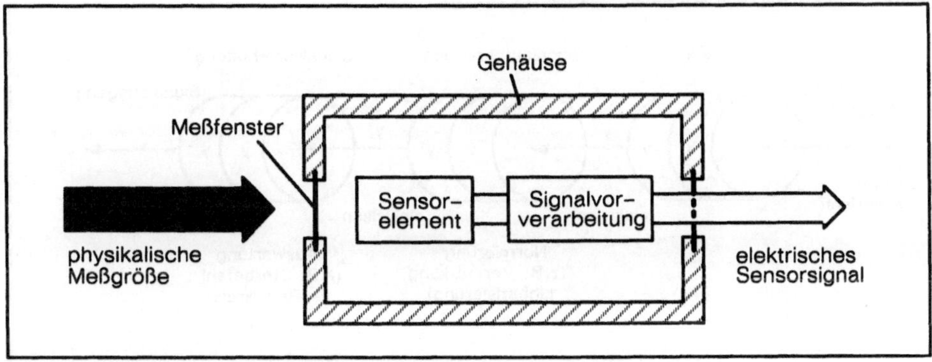

Bild 7.20 Komponenten eines Sensors

in einem Gerät integriet. In Bild 7.21 sind beispielhaft die drei Integrationsstadien dargestellt.

7.6.2.2 Sensor - Klassifikation

Von dem Integrationsstadium sind auch die Herstellkosten eines jeden Sensors abhängig. Aus diesem Grund wird unterschieden zwischen:

- Elementarsensoren, bestehend aus zumeist in Halbleiter-, Dünnschicht- oder Dickschichttechnologien aufgebauten Sensorelementen, die der physikalischen Meßgröße direkt ausgesetzt werden,
- Sensoren, versehen mit fühlendem Element, Wandler, Vorverstärker und ggf. Signalweiterverarbeitungselektronik, einschließlich Gehäuse,
- Sensorsysteme, bestehend aus Sensoren mit Stromversorgung, weiterführender Signalaufbereitung und -verarbeitung, einschließlich Anzeige, Protokollierung und ggf. Rechnerfunktionen.

Neben dieser Klassifikation gibt es noch folgende Klassifizierungsmöglichkeiten:

- produzierte Stückzahlen (Präzisionsmeßtechnik, industrielle Anwendungen,Massenmärkte),
- Sensor-Herstelltechnik,
- Sensor-Anwendungsgebiete,
- Meßgrößen,
- Meßprinzipien.

Aus dieser Vielfalt sollen im folgenden nur die beiden letzten Möglichkeiten kurz erläutert werden.

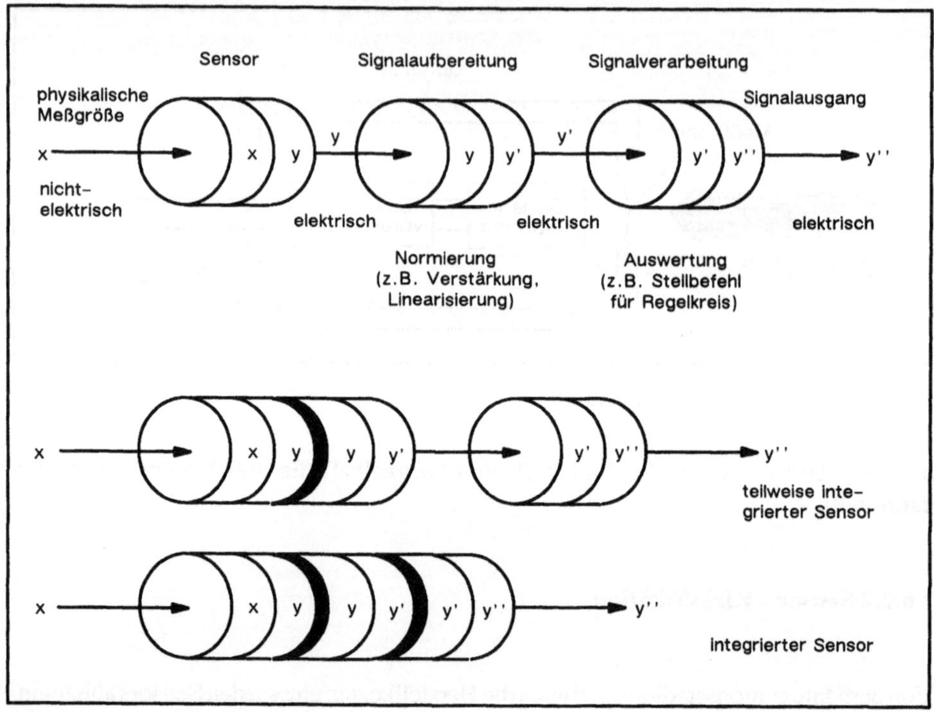

Bild 7.21 Integrationsstadien der Sensortypen

7.6.2.3 Meßgrößen

Als wesentliches Unterscheidungsmerkmal von Sensoren dient die erfaßbare Meßgröße. In Bild 7.22 sind beispielhaft die wichtigsten Meßgrößen im Maschinenbau zusammengestellt. Zur Messung dieser Größen werden Sensoren, die nach unterschiedlichen Meßprinzipien arbeiten, auf dem Markt angeboten.

7.6.2.4 Meßprinzipien

In Bild 7.23 sind beispielhaft einige taktile (berührende) Meßprinzipien zusammengestellt. Sensoren, die nach diesen Prinzipien arbeiten, kommen bei den unterschiedlichsten Anwendungsfällen zum Einsatz. Es wird jedoch zunehmend angestrebt, berührungslose Meßprinzipien einzusetzen, da diese eine sehr schnelle Meßobjektantastung ermöglichen.

1 Mechanische Größen an Festkörpern: – Länge, Distanz – Weg – Dicke – Nähe – Winkel – Neigung – Fläche – Form – Position – Rauheit – Bewegung – Geschwindigkeit – Massendurchfluß – Vibration – Beschleunigung – Masse – Gewicht – Druck – Moment – Höhe – Dichte	– Drehzahl – Drehmoment – Härte – Elastizitätsmodul – Dehnung **2 Mechanische Größen an Flüssigkeiten und Gasen** – Strömungsgeschwindigkeit – Durchfluß – Strömungsrichtung – Dichte – Viskosität – Füllstand – Druck – Vakuum – Volumen **3 Thermische Größen** – Temperatur – Wärmestrahlung	– Wärmestrahlungs-temperatur – Wärmekapazität – Wärmeleitung – Thermische Behaglichkeit – Entropie **4 Optische Größen** – Lichtintensität – Farbe – Licht-Wellenlänge – Brechungsindex – Licht-Polarisation – Leuchtdichte **5 Akustische Größen** – Schall-Intensität – Schall-Druck – Schall-Frequenz – Schall-Geschwindigkeit – Schall-Polarisation

Bild 7.22 Wichtigste Meßgrößen im Maschinenbau

1 Elektrisch und elektromagnetisch – DMS – Druckmeßfolie – Hall-Effekt – induktiv – kapazitiv	– magnetisch – magnetoelastisch – magnetoresistiv – Piezoelektrisch – potentiometrisch – Wiegandeffekt – Wirbelstromprinzip	**2 Optisch und optoelektronisch** – faseroptisch – interferometrisch – inkremental – spannungsoptisch

Bild 7.23 Taktile Meßprinzipien der Sensoren

Wechselwirkungsfelder	konstant oder langsam veränderlich		schnell veränderlich		
Energietäger	elektrische Felder	magnetische Felder	elektromagnetische Wellen Mikrowellen	optische Wellen	akustische Wellen Ultraschall
Wechselwirkungskenngrößen	Kapazität	Induktivität	Laufzeit Abbildung Unterbrechung Doppler-Verschiebung Interferenz	Laufzeit Abbildung Unterbrechung Ablenkung Interferenz	Laufzeit Interferenz
Verfahren	kapazitive Verfahren	induktive Verfahren	Mikrowellen-Verfahren	optische Verfahren	Ultraschall-Verfahren
Sensorbeispiele	Initiatoren	Initiatoren	Pulsradar Dauerstrichradar Mikrowellen-schranke Bewegungs-melder	Impulsradar Kamerasysteme Triangulations-systeme Lichtschranken	Pulsradar
Wechselwirkungsbereich, max.	einige mm	einige mm	einige 10 km	einige 100 m	einige 10 m
Schutzmaßnahmen, Richtlinien	gering	gering	Vorschriften	Laserschutzvorschriften	Staub-Ex-Vorschriften
Enfernungsauflösung	mm-Bereich	mm-Bereich	mm ... dm-Bereich	mm ... cm-Bereich	mm-Bereich
Laterale Auflösung			gering	hoch	Strahlungsdivergenz ≥ 5°
Kosten	gering	gering	gering - hoch	gering - hoch	gering - mittel

Bild 7.24 Übersicht über die berührungslosen Meßprinzipien nach der Art der energetischen Wechselwirkungen

Bild 7.24 gibt eine Übersicht über berührungslose Meßprinzipien und die Einsatzmöglichkeiten der vorgestellten Meßprinzipien.

7.6.2.5 Randbedingungen

Beim Einsatz von Sensoren an den verschiedenen Meßorten sind Umwelteinflüsse und Sensoreigenschaften zu beachten, um ein einwandfreies Funktionieren zu gewährleisten.

Bild 7.25 zeigt, daß bei der Auswahl eines geeigneten Sensors für einen spezifischen Anwendungsfall eine große Anzahl von Randbedingungen zu berücksichtigen ist. Wird eine wesentliche Eigenschaft übersehen, kann es sein, daß mit dem ausgewählten Sensor die gestellte Aufgabe nicht realisierbar ist. Durch diese extreme aufgabenspezifische Abhängigkeit muß jede Meßaufgabe nach den in Bild 7.25 und Bild 7.26 zusammengestellten Daten analysiert werden. In Bild 7.26 sind die wesentlichen Orientierungsdaten für einen industrieangepaßten Sensor zusammengestellt.

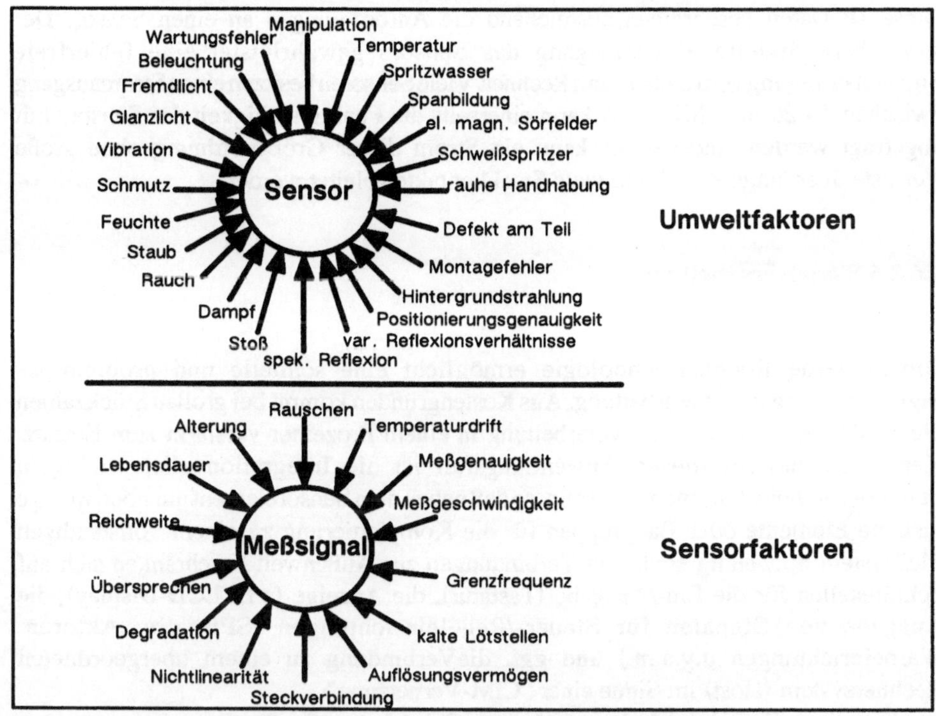

Bild 7.25 Meßsignalverfälschung durch Umwelteinflüsse und Sensoreigenschaften

● wirtschaftliche vertretbare Kosten	● einfache Bedienbarkeit
● hohe Meßgenauigkeit, geringe Meßzeit	● hohes Auflösungsvermögen
● schnelle Meßwerte-/Bildverarbeitung	● kleine Abmessungen
● keine sicherheitstechnische Auflagen	● hohe Zuverlässigkeit
● störsicherer digitaler Signalausgang	● lange Lebensdauer
● flexible Einsatzmöglichkeiten	● Wartungsfreiheit
● hinreichende Dokumentation	● Langzeitstabilität
● Robustheit, Umweltresistenz	● Störsicherheit
● praxisnahe Ausführung	● Modulbauweise

Bild 7.26 Wesentliche Orientierungsdaten für einen industrieangepaßten Sensor

Diese 18 Daten beschreiben ausreichend die Anforderungen an einen Sensor. Der störsichere digitale Signalausgang des Sensors gewährleistet eine fehlerfreie Signalübertragung vom Sensor zum Rechner. Viele Sensoren besitzen einen Stromausgang zwischen 4 - 20 mA. Mit 4 mA kann einerseits die Funktiosfähigkeit des Sensors mit abgefragt werden, andererseits kann ein Strom dieser Größenordnung ohne große Verluste über lange Kabel und viele Steckkontakte geleitet werden.

7.6.2.6 Signalverarbeitung

Die moderne Rechnertechnologie ermöglicht eine schnelle und problemlose Signalerfassung und -verarbeitung. Aus Kostengründen kommt bei großen Stückzahlen die Meßdatenerfassung und -verarbeitung in einem Prozessor verstärkt zum Einsatz. Kennzeichnend für diesen Anwendungsfall ist die Integration aller wichtigen Funktionseinheiten in einem Baustein, so daß neben dem Sensorelement nur noch wenige diskrete Elemente oder Baugruppen für die Komplettierung zu einem vollständigen Meßsystem notwendig sind. Die Verbindungen zur Außenwelt beschränken sich auf Schnittstellen für die Ein-/Ausgabe (Tastatur), die Anzeige (z.B. LCD-Display), die Ausgabe von Signalen für Steuer-/Regeleinrichtungen (SPS, div. Aktoren, Warneinrichtungen u.v.a.m.) und ggf. dieVerbindung zu einem übergeordneten Rechnersystem (Host) im Sinne einer "CIM-Vernetzung".

Von dieser Signalverarbeitung auf einem Chip bis zum Großrechner sind momentan alle Rechnerkonfigurationen im Einsatz. Allgemein läßt sich sagen, daß bei gleichbleibender Aufgabenstellung und Elementarsensoren die Verarbeitung auf einem Chip erfolgen kann. Sobald flexible Aufgabenstellungen zu erwarten sind und komplexe Sensoren zum Einsatz kommen ist die Möglichkeit einer Modifikation der Verarbeitungssoftware notwendig und es kommen Rechnerkonfigurationen zum Einsatz, die eine Anpassung der Auswertesoftware an die vorliegende Problemstellung in weiten Bereichen ermöglichen.

7.7 Wiederholungsfragen

1. Nennen Sie zehn mögliche Ursachen für Mängel der Erzeugnisqualität.

2. Der Qualitätsbegriff wird unterschiedlich interpretiert: a) Was versteht man in der Umgangssprache und in der Werbung unter Qualität? b) Wie ist die Qualität nach DIN und DGQ zu definieren?

3. Welche Merkmale eines Erzeugnisses tragen zu dessen Qualität bei?

4. Auf welche drei Arten läßt sich ein Qualitätsmerkmal beurteilen?

5. Die Fehlerarten eines Erzeugnisses werden gewöhnlich in drei Klassen eingeteilt. Wie heißen diese Klassen und wodurch sind sie charakterisiert?

7. Nennen Sie die vier wichtigsten Einflußgrößen auf die Erzeugnisqualität.

8. Was verstehen Sie in engerem Sinne unter Qualitätskosten; in welche drei Gruppen können sie unterteilt werden?

9. Nennen Sie die fünf Schritte im Ablaufplan für die Qualitätssicherung in einem Unternehmen.

10. Grenzen Sie Vollprüfung, 100 %-Prüfung und Stichprobenprüfung gegeneinander ab.

11. Welche Funktion hat ein Qualitätsinformationssystem?

12. Für welche Aufgaben im Bereich der Qualitätssicherung werden Bildverarbeitungssysteme eingesetzt?

13. Aus welchen Komponenten setzt sich ein industrielles Bildverarbeitungssystem zusammen?

14. Welche Aufgaben besitzt ein Sensor?

15. Nennen Sie die Komponenten eines Sensors?

16. Was versteht man unter einem integrierten Sensor?

7.8 Literaturhinweise

7.1 King, Bob: Better Designs In Half the Time. GOAL/QPC. Methuen Ma USA 1987.

7.2 Bossert, James L.: Quality Function Deployment - A Practition's Approach ASQC Quality Press, Milwaukee USA, 1991.

7.3 Verband der Automobilindustrie e.V. (VDA), Sicherung der Qualität vor Serieneinsatz, Zweite grundlegend überarbeitete Auflage, Eigenverlag FMEA, Frankfurt/Main, 1986, S. 29-40.

7.4 Leitfaden zur Konstruktions-FMEA, Ausgabe EU162b, Qualitätssicherung Ford Werke AG, Köln 1984.

7.5 Leitfaden zur Prozeß-FMEA, Ausgabe EU162, Qualitätssicherung Ford Werke AG, Köln 1984.

7.6 Schloske, A.: Fehlermöglichkeits- und -einflußanalyse (FMEA). in: J. R. Kring: Rechnerintegrierte Qualitätssicherung (CAQ) - Systeme, Methoden und Anwendungen. Technische Akademie Wuppertal, 1991.

7.7 Ford: Weltweite Qualitätssystem-Richtlinie Q-101. Corporate Quality Office, Ford Motor Company 1990.

7.8 Bernecker, K.: DGQ 16-33: SPC 3 - Anleitung zur Statistischen Prozeßlenkung (SPC), Beuth Verlag, Berlin 1990.

7.9 Rinne, H.; Mittag, H.-J.: Statistische Methoden der Qualitätssicherung, Carl Hanser Verlag, München, Wien 1989.

7.10 Peters, O., Meyna, A., Handbuch der Sicherheitstechnik, Hanser Verlag, München Wien, Band 1 1985, Band 2 1986

7.11 DIN 25 424, Fehlerbaumanalyse

7.12 DIN 25 419, Ereignisablaufanalyse

7.13 VDI/VDE/DGQ-2618, Richtlinie zur Prüfmittelüberwachung

7.14 AQAP 6, NATO-Forderung an die meßtechnischen Einrichtungen in der Industrie

7.15 Masing, W. (Herausgeber), Handbuch der Qualitätssicherung, Hanser Verlag, München Wien 1988

7.16 Warnecke, H.-J., Melchior, K.W., Ahlers, R.-J., Kring, J.R.: Handbuch Qualitätstechnik, Verlag Moderne Industrie mi, Landsberg, 1989.

7.17 Ahlers R.J., Warnecke, H.J.: Industrielle Bildverarbeitung. Addison Wesley, 1991.

7.18 Castleman, K.R.: Digital Image Processing. Prentice-Hall, 1979.

7.19 VDI/VDE 2600 (November 1973) Blatt 3: Metrologie (Meßtechnik) Gerätetechnische Begriffe.

7.20 Juckenack, D.: Handbuch der Sensortechnik - Messen mechanischer Größen. Landsberg/Lech: Moderne Industrie 1989.

8 Instandhaltung

8.1 Grundlagen

8.1.1 Begriffliche Abgrenzungen

8.1.1.1 Instandhaltung

Der Begriff *Instandhaltung* wird umgangssprachlich zur Abgrenzung von *Maßnahmen*, zur Bezeichnung einer Unternehmensfunktion oder einer aufbauorganisatorischen betrieblichen *Struktureinheit* verwendet. In der DIN 31 051 steht das Wort "Instandhaltung" als Oberbegriff für die zugeordneten Begriffe "Wartung", "Inspektion" und "Instandsetzung". Die letztgenannten Begriffen sollen hier kurz erklärt werden:

- *Wartung:*
  Maßnahmen zur Bewahrung des Sollzustandes von technischen Mitteln eines Systems,

- *Inspektion:*
  Maßnahmen zur Feststellung und Beurteilung des Istzustandes von technischen Mitteln eines Systems,

- *Instandsetzung:*
  Maßnahmen zur Wiederherstellung des Sollzustandes von technischen Mitteln eines Systems

stellen inhaltlich die vollständige Beschreibung des Oberbegriffes "Instandhaltung" dar.

Der zu erkennende Maßnahmenaspekt wird durch den Beurteilungsrahmen - *Sollzustand/ Istzustand* einer *technischen Einrichtung* (Sachanlage) - hinsichtlich des Anstoßes zur Maßnahmenergreifung ergänzt.

Diese Abgrenzung in *Betrachtungseinheiten*, so genannt in der *DIN 31 051*, ist jeweils vom Betrachter vorzunehmen. Im allgemeinen werden die Betrachtungseinheiten nach ihrer Größe und/oder Funktion als Anlage, Teilanlage, Baugruppe oder Bauelement bezeichnet (vgl. DIN 40 150).

Der Sollzustand charakterisiert die für den jeweiligen Fall festzulegende Gesamtheit der Merkmalswerte (DIN 31 051) der einzelnen Betrachtungseinheiten.

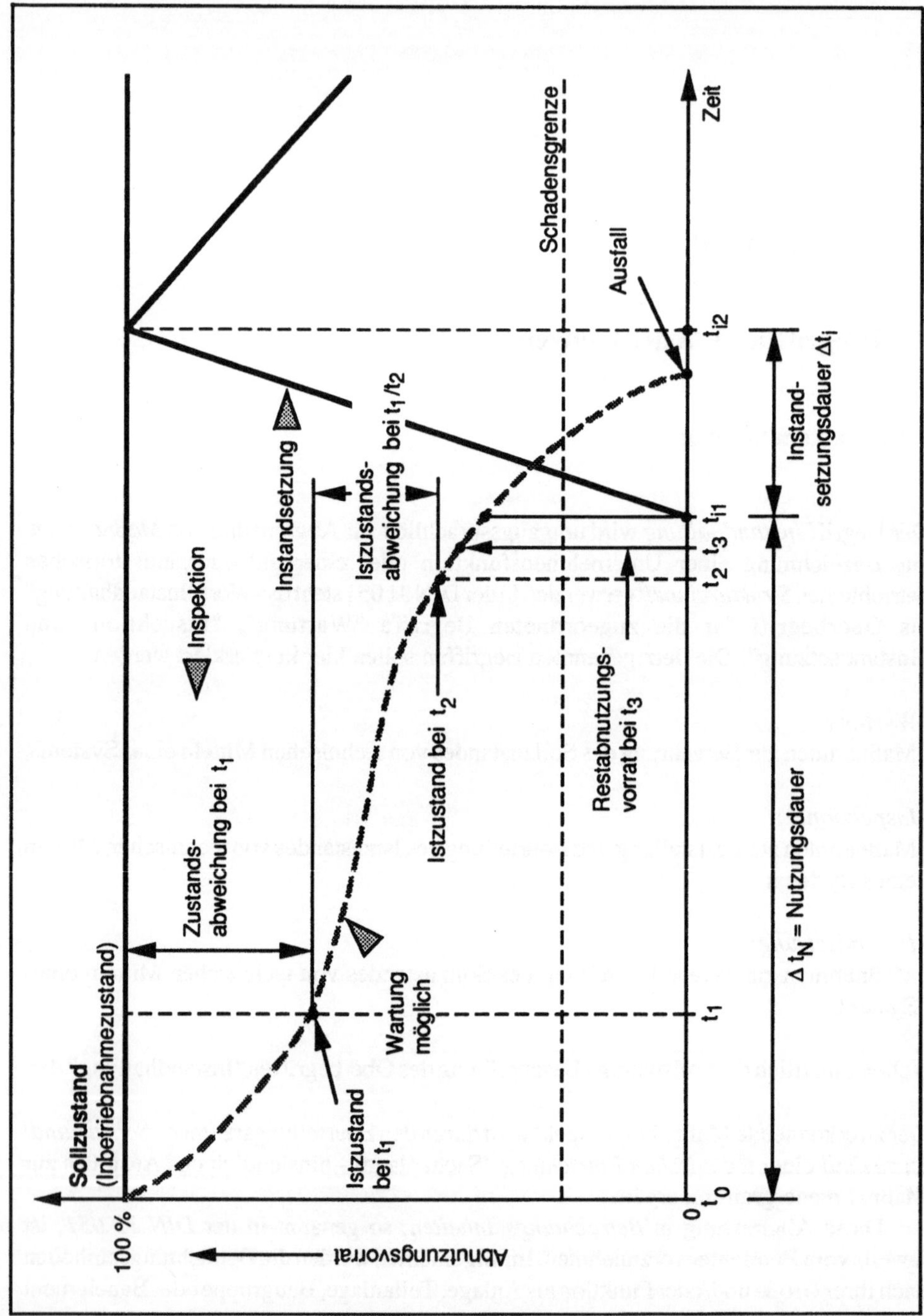

Bild 8.1 Verlauf der Abbaukurve [nach DIN 31 051]

Da sich die Betrachtungseinheiten in Abhängigkeit von der Häufigkeit und Intensität der Nutzung, den Bedienungsfehlern, der Intensität der Wartung, den Umgebungseinflüssen usw. abnutzen, kann der vorgegebene Sollzustand dieser Einheiten nicht ständig bewahrt werden.

Als Ursachen der *Abnutzung* werden hier im wesentlichen verstanden: Reibung (Verschleiß - DIN 50 320); Schwingungen, Wechselbeanspruchungen (Ermüdung); Korrosion; elektro-chemische Veränderungen sowie Überbeanspruchung.

Der *Abnutzungsvorrat* ist der Vorrat der möglichen Funktionserfüllungen unter festgelegten Bedingungen, der einer Betrachtungseinheit aufgrund der Herstellung oder aufgrund der Wiederherstellung durch eine Instandsetzungsmaßnahme innewohnt (vgl. DIN 31 051). Bei der Inbetriebnahme einer Anlage ist von einem Abnutzungsvorrat von 100 % auszugehen, der sich im Laufe der Betriebszeit verringert, wodurch sich die Sollzustandsabweichung vergrößert. Die Sollzustandsabweichung kennzeichnet das Nichtübereinstimmen zwischen dem Istzustand und dem Sollzustand einer Betrachtungseinheit zu einem gegebenen Zeitpunkt.

Den Istzustand einer Betrachtungseinheit, oder vielmehr die Menge des Abnutzungsvorrates zu erfassen, erfolgt im Rahmen der *Inspektion*. Die Bewahrung des Sollzustandes, d. h. die Verzögerung des Abbaus des Abnutzungsvorrates, erfolgt durch die *Wartung* und das Produzieren eines neuen Abnutzungsvorrates, möglichst vor dem Überschreiten der Schadensgrenze. Die Wiederherstellung des Sollzustandes erfolgt durch die *Instandsetzung*. Die angeführten Begriffe werden in der Bild 8.1 in ihren Abhängigkeiten wiedergegeben.

8.1.1.2 Wartung

Die *Wartungsmaßnahmen* sind in folgende Teilmaßnahmen zu gliedern:

- *Reinigen*
  Enfernen von Fremd- und Hilfsstoffen

- *Konservieren*
  Durchführen von Schutzmaßnahmen gegen Fremdeinflüsse zum Zwecke des Haltbarmachens einer Betrachtungseinheit

- *Schmieren*
  Zuführen von Schmierstoffen zur Schmierstelle und/oder zur Reibstelle zwecks Erhaltung der Gleitfähigkeit

- *Ergänzen*
  Nach- und Auffüllen von Hilfsstoffen

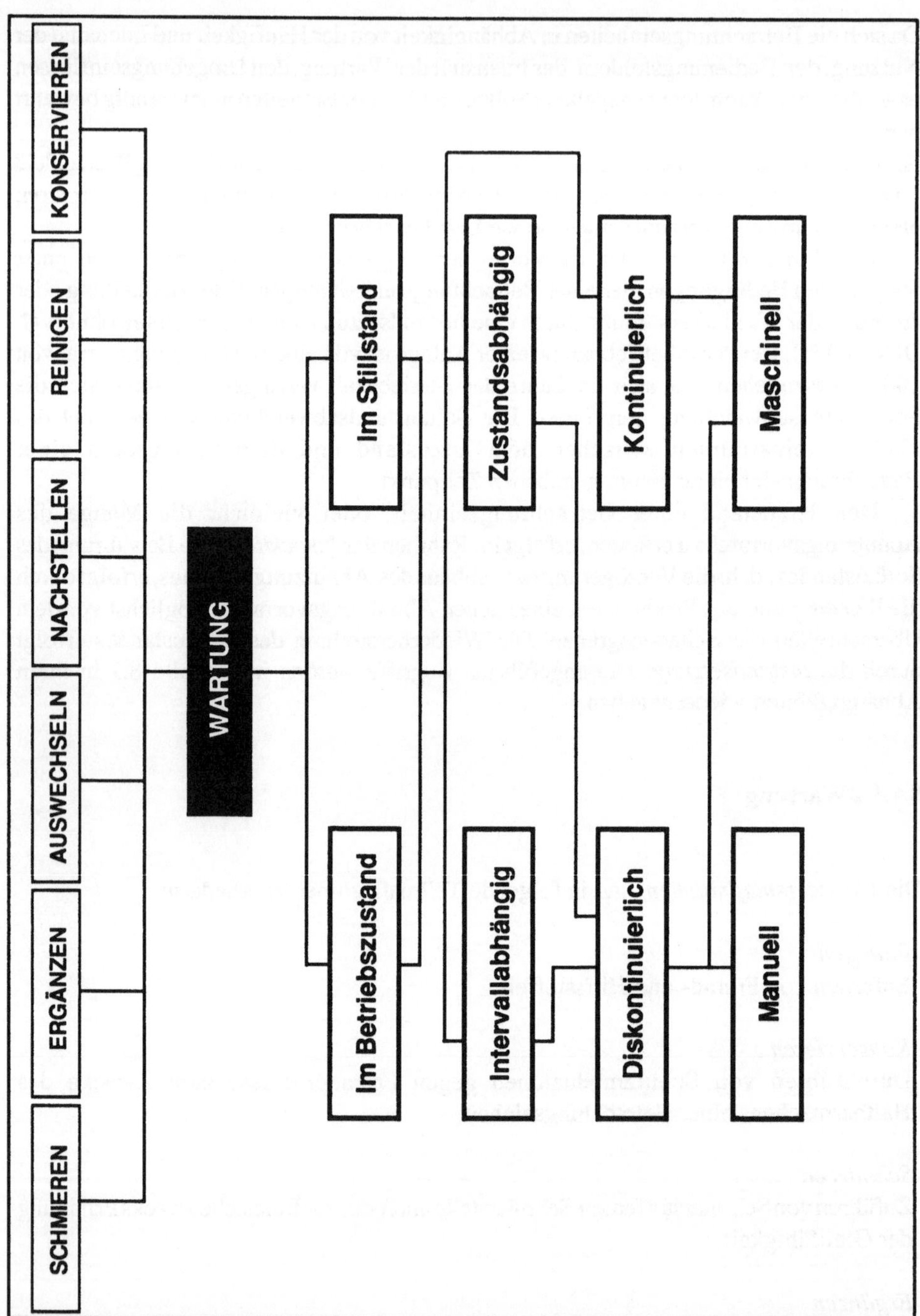

Bild 8.2 Teilmaßnahmen der Wartung und Durchführungsmodi

- *Auswechseln*
  Ersetzen von Hilfsstoffen und Kleinteilen (kurzfristige Tätigkeiten mit einfachen Werkzeugen oder Vorrichtungen)

- *Nachstellen*
  Beseitigung einer Abweichung mit Hilfe dafür vorgesehener Einrichtungen.

Mit der Schmierung (vgl. Tribologie) ist in der Betriebspraxis in der Regel das Ergänzen, Auswechseln und Nachstellen verbunden.

Zur Ergänzung der Normungs- und Richtlinienarbeit hat das Deutsche Komitee Instandhaltung (DKIN) seit 1977 zu besonderen Instandhaltungsthemen Empfehlungen herausgegeben. In der Empfehlung Nr. 2 "Gliederung der Instandhaltungsmaßnahmen" werden die drei Arten von Instandhaltungsmaßnahmen nach den Gesichtspunkten

- Betrachtungseinheit ist im *Betriebszustand,*
- Betrachtungseinheit befindet sich im *Stillstand*

strukturiert (Bild 8.2).

Ausgehend von der Bewahrung des Sollzustandes von technischen Einrichtungen sollen die Wartungsmaßnahmen letztendlich dazu führen, die Abnutzungsgeschwindigkeit zu verringern und damit die Lebensdauer der Betrachtungseinheiten zu verlängern sowie die Arbeitssicherheit an diesen Einheiten zu gewährleisten.

8.1.1.3 Inspektion

Inspektionen sind grundsätzlich an allen Betrachtungseinheiten möglich [8.1], d. h. vom Feststellen bestimmter Parameter zur Bestimmung des Istzustandes einzelner Bauelemente bis zur Erfassung des Istzustandes komplexer Anlagenteile oder gesamter Anlagen.

Der Istzustand sollte stets unter konstanten Betriebs- und Umweltbedingungen festgestellt und unter Beibehaltung von Maßstäben und Toleranzen in denselben Dimensionen wie der Sollzustand angegeben werden. Andernfalls ist kein direkter Soll-/Istvergleich möglich, d. h., es kann nur bedingt eine Sollzustandsabweichung ermittelt werden. Erzwungene Änderungen der Bedingungen sind notfalls zu berücksichtigen [8.1].

Die *Inspektionsmaßnahmen* lassen sich im Sinne der Instandhaltung ebenfalls in Teilmaßnahmen gliedern (Bild 8.3):

- Istzustand von technischen Einrichtungen feststellen
- Auswerten der Istzustandsinformation:
    - Vergleichen,
    - Abweichungen ermitteln
- Beurteilen des Istzustandes

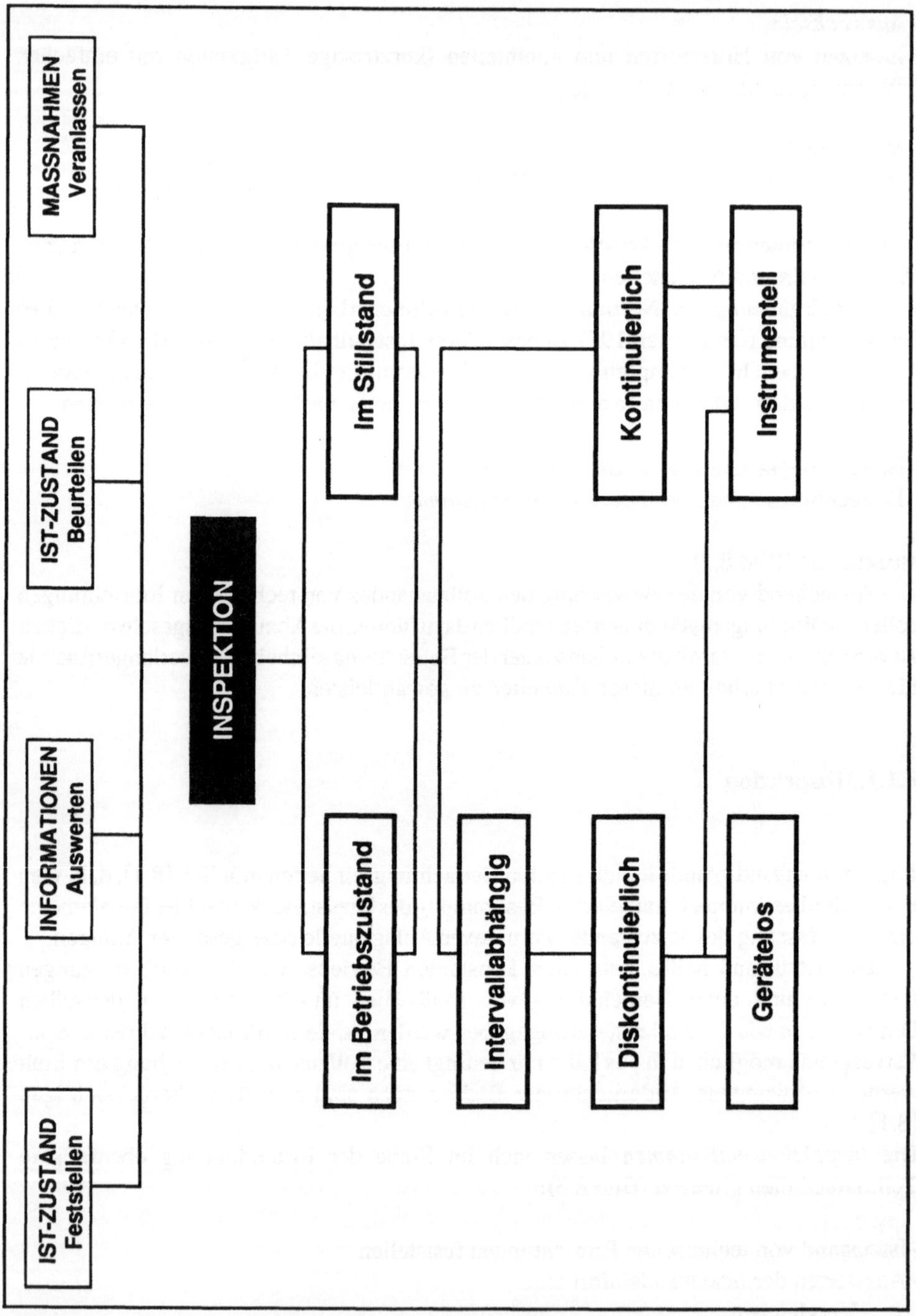

INSPEKTION

IST-ZUSTAND Feststellen
INFORMATIONEN Auswerten
IST-ZUSTAND Beurteilen
MASSNAHMEN Veranlassen

Im Betriebszustand
Im Stillstand

Intervallabhängig
Diskontinuierlich
Kontinuierlich

Gerätelos
Instrumentell

Bild 8.3 Teilmaßnahmen der Inspektion und Durchführungsmodi

- Die aufgrund des beurteilten Istzustandes erforderlichen weiteren Maßnahmen, insbesondere Instandhaltungsmaßnahmen, veranlassen.

Um den Istzustand feststellen und beurteilen zu können, ist u. a. ein "Messen" und "Prüfen" erforderlich. Diese Begriffe werden in der DIN 1319 Teil 1 definiert.

Nicht zur Inspektion zu zählen sind Aktivitäten, die durch Gesetze oder Vorschriften ausgelöst werden und nur einen bestimmten Zustand bestätigen (Abnahme durch den TÜV usw.), und Maßnahmen, die bei Instandsetzungen zur Befundaufnahme dienen [8.1]. Begrifflich noch nicht eindeutig festgelegt sind die Abgrenzungen zwischen Inspektion, Überwachung und technischer Diagnose.

STURM/FÖRSTER [8.2] gliedern die Anlagenüberwachung in technologische Prozeßführung, Wirkungsgradüberwachung, Beanspruchungsüberwachung, Abnutzungsüberwachung und Schadensüberwachung. Die jeweils erzielten Überwachungsergebnisse sollen für die Technische Diagnostik genutzt werden.
BRAND/DIETRICH [8.3] beschreiben die Abgrenzung von Überwachung und Diagnose in der in Bild 8.4 angeführten Weise.
SCHNEIDER-FRESENIUS [8.4] strukturiert die Maschinenüberwachung in die Funktionen

- Störungsüberwachung,
- Fehlerdiagnose und
- Fehlerfrühdiagnose,

wobei insbesondere die beiden zuletzt genannten Begriffe im Zusammenhang mit dem Einsatz von wissensbasierten Systemen als Hilfsmittel zur Erreichung der Zielsetzungen, *instandhaltungsbedingte Unterbrechungszeiten zu reduzieren oder gar nicht erst eintreten zu lassen*, in Zukunft eine immer größere Bedeutung erhalten werden.
Nach SCHWAGER [8.5] umfaßt die Fehlerdiagnose die Maßnahmen zur

- Fehlererkennung mit Hilfe der Maschinenüberwachung,
- Fehlerlokalisierung, d. h. das Auffinden der genauen Fehlerursache,
- Fehleranzeige, d. h. Anzeige der Fehlerursache.

8.1.1.4 Instandsetzung

Die *Instandsetzung* (ehemals Reparatur) wird in der DIN 31 051 Teil 10 in die Teilmaßnahmen *Ausbessern* und *Austauschen* gegliedert. Darüber hinaus berücksichtigt die DKIN-Empfehlung Nr. 2 den Zeitpunkt und die Planbarkeit der Instandsetzung. Denn oftmals wird die Wiederherstellung des Sollzustandes nur schrittweise erreicht, indem beispielsweise vor einer endgültigen Instandsetzung zunächst eine vorläufige durchgeführt wird. Die Verbindung der Teilmaßnahmen mit der Strukturierung der Empfehlung zeigt Bild 8.5.

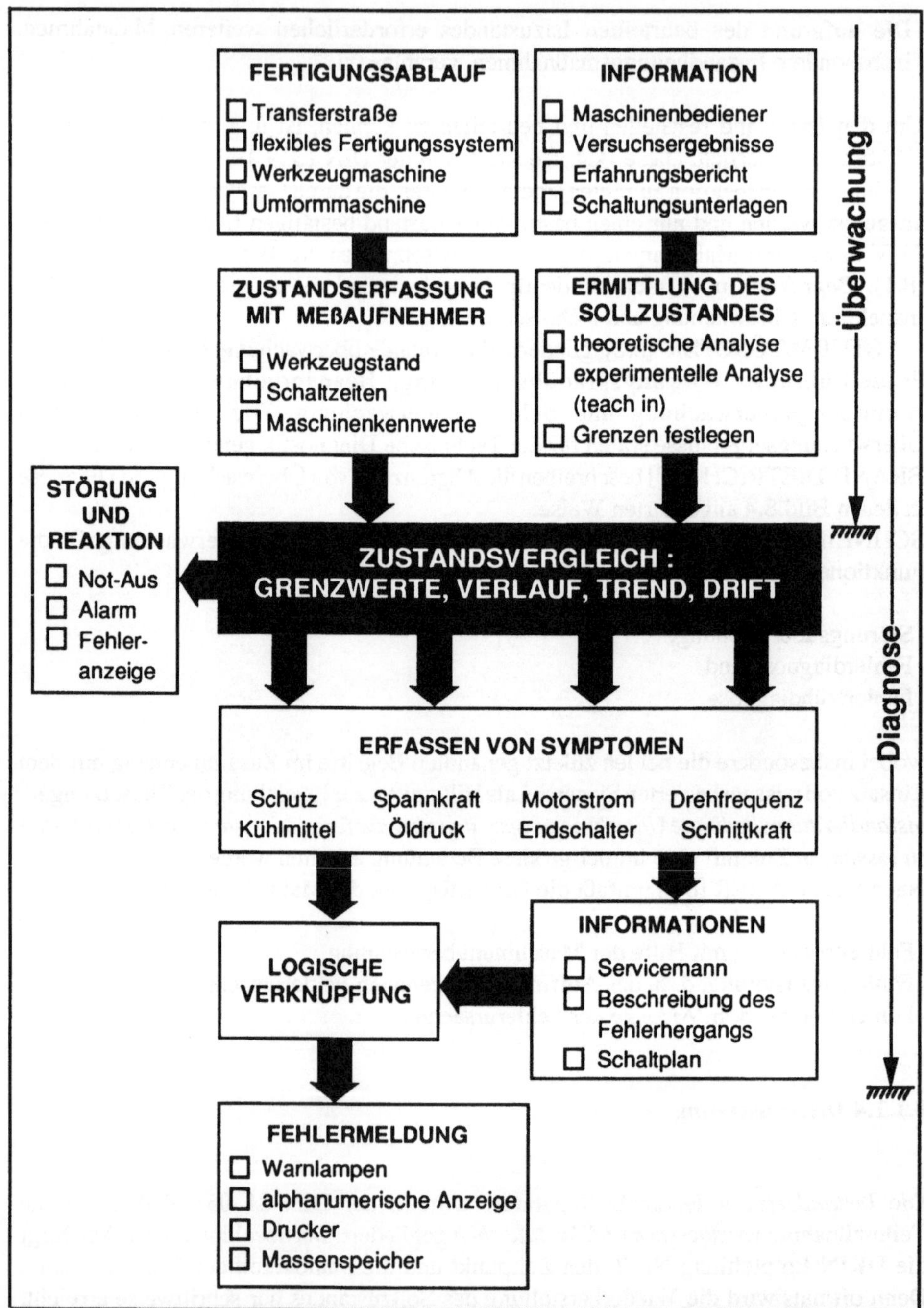

Bild 8.4 Maschinenüberwachung und Fehlerdiagnose in der Fertigungstechnik [nach 8.3]

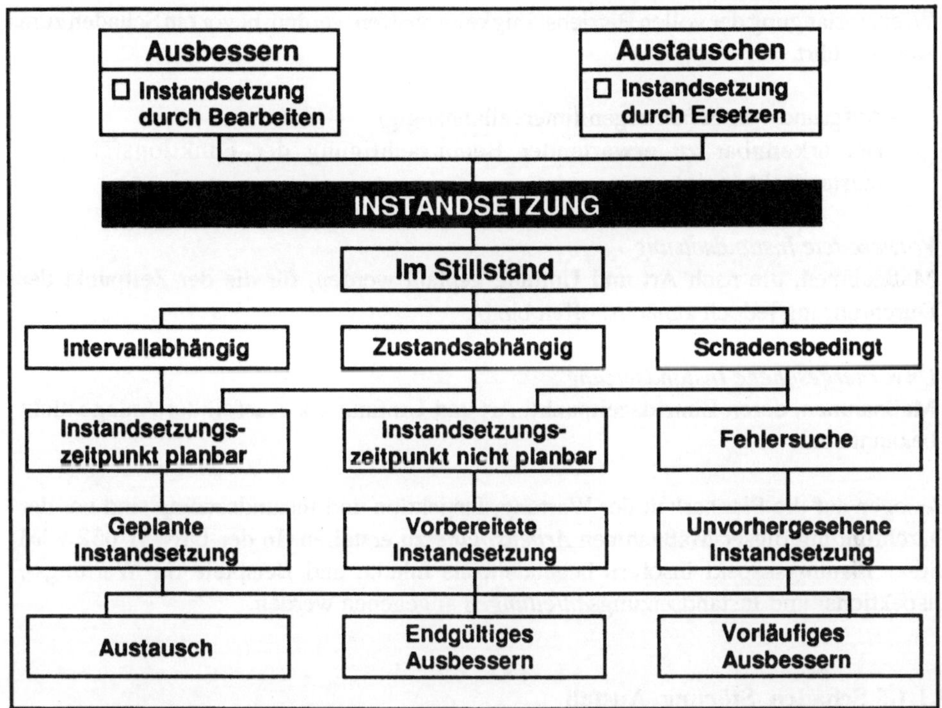

Bild 8.5 Teilmaßnahmen der Instandsetzung und Durchführungsmodi

Im einzelnen läßt sich die Strukturierung wie folgt begründen [8.6]:

- *Intervallabhängig*
  Die Einleitung von Maßnahmen erfolgt in Abhängigkeit von der Zeit, Betriebszeit, Stückzahl oder ähnlichen Parametern, wenn diese ein vorgegebenes Intervall überschreiten.

- *Zustandsabhängigkeit*
  Die Einleitung von Maßnahmen wird aufgrund des bei der Inspektion festgestellten Istzustandes durchgeführt. Der Zeitpunkt kann aus dem jeweiligen Istzustand oder seinem wahrscheinlichen Verlauf in der nächsten Zukunft (Trend) bestimmt werden.

- *Schadensbedingt*
  Die Maßnahme wird erst bei Eintritt des Schadens durchgeführt, kann aber durchaus nach Art und Umfang vorgeplant sein.

- *Geplante Instandsetzung*
  Maßnahmen, die nach Zeitpunkt, Art und Umfang geplant werden und zur

Wiedererlangung der vollen Betriebsfähigkeit ergriffen werden, bevor ein Schaden zum Ausfall führt.

- Aufgrund von Erfahrungen (intervallabhängig).
- Bei erkennbar zu erwartender Beeinträchtigung der Funktionsfähigkeit (zustandsabhängig).

- *Vorbereitete Instandsetzung*
Maßnahmen, die nach Art und Umfang geplant werden, für die der Zeitpunkt der Durchführung jedoch zunächst offen bleibt.

- *Unvorhergesehene Instandsetzung*
Maßnahmen, deren Eintrittszeitpunkt, Art und Umfang vor Ausfall der Anlage nicht bekannt sind.

Bezogen auf die Planbarkeit der Wartung, Inspektion und Instandsetzung sind vor der Durchführung dieser Maßnahmen *Arbeitspläne* zu erstellen. In der DIN 31 052 wird dieser Planungsaspekt insofern behandelt, als Inhalte und Beispiele für Wartungs-, Inspektions- und Instandsetzungs*anleitungen* angegeben werden.

8.1.1.5 Schaden, Störung, Ausfall

Angestoßen werden die ablauforganisatorischen Maßnahmen zum einen aufgrund der Planungsausführungen, zum anderen durch technische Störungs-, Ausfall- oder Schadensmeldungen. Ein *Schaden* ist im Sinne der Instandhaltung der Zustand einer Betrachtungseinheit nach dem Unterschreiten eines bestimmten (festzulegenden) Grenzwertes des Abnutzungsvorrates, der eine im Hinblick auf die Verwendung unzulässige Beeinträchtigung der Funktionsfähigkeit bedingt (DIN 31 051).

Wenn eine Schadensstelle oder schadensverdächtige Stelle mit technisch möglichen und wirtschaftlich vertretbaren Mitteln so verändert werden kann, daß die Schadenshäufigkeit und/oder der Schadensumfang sich verringern, dann bezeichnet man diese Stelle als *Schwachstelle.*
Eine Schwachstellenermittlung ist auszulösen, wenn

- die Anlagenverfügbarkeit geringer ist als gefordert,
- die Instandhaltungskosten und/oder die Ausfallkosten deutlich ungünstiger sind als bei vergleichbaren Anlagen,
- ein hoher Ersatzteilverbrauch vorliegt,
- die Produktqualität häufig nicht gemäß der Spezifikation ist,
- überproportionale Inspektions- und Wartungsaktivitäten notwendig sind,
- die Funktionen häufig nicht entsprechend den Forderungen erfüllt werden,
- die Schäden an gleichen Stellen unerwartet häufig vorkommen,

- Schadensbilder mit außergewöhnlichen Entscheidungsformen auftreten,
- insbesondere in und nach der Anfahrzeit immer wieder "etwas passiert",
- die Forderungen an die Sicherheit für das Personal und die Umgebung nicht erfüllt werden [8. 7].

Mit dem Begriff *Schaden* wird ein technischer Zustand beschrieben, der sich beispielsweise bei den mechanischen Elementen durch Grenzwertüberschreitungen beim Werkstoff, bei der Oberfläche oder bei den geometrischen Abmessungen einstellt. Im Gegensatz dazu stellen die Begriffe Störung und Ausfall zunächst Zeitbeziehungen dar. Die technische *Störung* ist eine unbeabsichtigte Unterbrechung (oder auch bereits ein Beeinträchtigen) der Funktionserfüllung einer Betrachtungseinheit (vgl. DIN 31 051, 40 042). Hierbei ist die instandhaltungsbedingte Unterbrechungszeit festzuhalten. Anzumerken ist darüber hinaus, daß durch den Begriff Störung weder etwas über ihre Wertung in einer Zuverlässigkeitsbetrachtung, noch über die Zulässigkeit ihrer Ursache ausgesagt wird.

Der Begriff *Ausfall* steht für ein unbeabsichtigtes Unterbrechen (*Ausfallzeit* und *Häufigkeit*) der Funktionsfähigkeit einer Betrachtungseinheit (vgl. DIN 31 051, 40 041/42). Zu ergänzen ist, daß bei [8.8] die Begriffe *Fehler* und *Ausfall* synonym angewendet werden, ebenso wie die Begriffe *Schaden* und *Defekt*.

Das Einbetten der *Funktion Instandhaltung* in die betriebliche Organistion führt zur Unterscheidung von Aufbau- und Ablauforganisation. Als wesentliche Komponenten einer Instandhaltungsablauforganisation können das Personal, die Ersatzteile/Spezialwerkzeuge sowie der Auftrag bezeichnet werden, wobei das Sachanlagevermögen die Zieladresse des organisatorischen Handelns darstellt. Das Handeln selbst ist verbunden mit einer Kostenentstehung und einem Nutzengewinn.

8.1.1.6 Instandhaltung als ablauforganisatorisches System

Die Ablauforganisation der aufbauorganisatorischen Struktureinheit "Instandhaltung" wird überwiegend durch die Planung, Steuerung und Überwachung der durchzuführenden Maßnahmen charakterisiert. Diese organisatorischen Funktionen beziehen sich auf die Komponenten *Instandhaltungspersonal* (Eigen- und Fremdpersonal), *Ersatzteile, Spezialwerkzeuge/Hilfsmittel* sowie den *Auftrag*. Zusammengeführt werden diese Komponenten bei den jeweils eintreffenden Ereignissen, die im weitesten Sinne den betrieblichen Lebenslauf der Sachanlage bestimmen. In Bild 8.6 ist der Gesamtzusammenhang der Komponentenabhängigkeit zu erkennen.
Beispielsweise können als Planungskomponente bezeichnet werden

- die Sachanlagen selbst in der Entscheidungssituation: weiterhin instandhalten oder neu investieren
- Anlagenauslastung
- Technische Verfügbarkeit
- das Instandhaltungsbudget

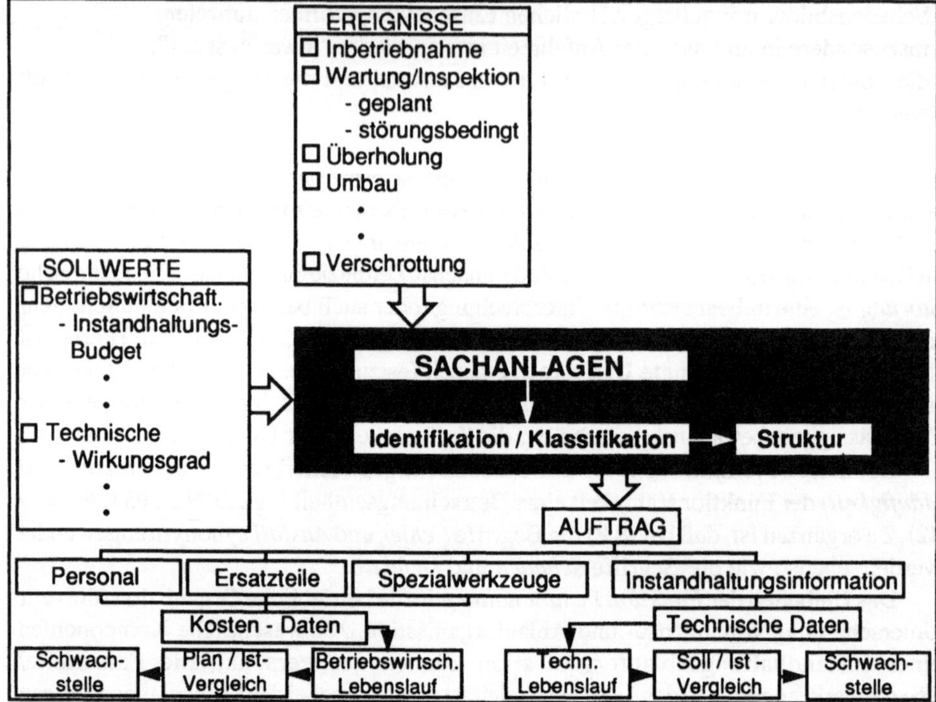

Bild 8.6 Allgemeiner Zusammenhang des Systems "Instandhaltung"

- das Instandhaltungspersonal
- die Ersatzteile
- Spezialwerkzeuge
- die Informationen (EDV-Programme, wissensbasierte Systeme, usw.)
- die Maßnahmen (Ereignisarten)
  - lang- und mittelfristig: Instandhaltungsprogramme-/projekte
  - mittel- und kurzfristig: Instandhaltungsauftrag.

Für diese Planungen kommen in Abhängigkeit von der betriebstypologischen Ausrichtung des Unternehmens (Klein-/Großunternehmen, Branche, Fertigungsprinzip usw.) unterschiedliche Methoden - in einigen Literaturstellen als Strategien vorgestellt- und Instrumente objektbezogen zum Einsatz. Budgetplanungsmethoden, Personalbeschaffungs-, -einsatz- und -ausbildungsmethoden, Ersatzteilbedarfs- und -beschaffungsplanung sowie die Planung der Instandhaltungsmaßnahmen und die Steuerung der Aufträge sind hier als Beispiele zu nennen.

8.1.2 Identifizierung eines instandhaltungsorientierten Zielsystems

Die betriebliche *Funktion Instandhaltung* bezieht sich in der Regel nicht nur auf die Produktionsanlagen, sondern auf das gesamte Sachanlagevermögen des Unternehmens. Der *Fachbereich Instandhaltung* erfüllt somit weniger eine *Hilfsfunktion*, sondern vielmehr eine für das Unternehmen allgemein notwendige *Erhaltungsfunktion*.
Zu gliedern ist dieses Sachanlagevermögen in

- Immobilien
  - Bebaute und unbebaute Grundstücke
  - Gebäude und gebäudeähnliche Einrichtungen.
- Mobilien
  - Maschinen, maschinelle Anlagen und Apparaturen
  - Transportsysteme, Fördereinrichtungen
  - Lagereinrichtungen
  - Werkzeuge und Vorrichtungen
  - Meß- und Prüfgeräte
  - Muster, Modelle
  - Betriebs- und Geschäftsausstattung.

Im betrieblich funktionalen Verständnis gilt für den Instandhaltungsbereich grundsätzlich das *Sachziel* ("Mittel"):

FUNKTIONSFÄHIGKEIT DER TECHNISCHEN EINRICHTUNGEN DURCH INSTANDHALTEN GEWÄHRLEISTEN.

Das bedeutet beispielsweise Türen, Tore, Krane, Heizungen, Beleuchtungen, Verkehrswege, Lager-, Transport- und Produktionseinrichtungen funktionsfähig zu halten. Beeinträchtigt wird die Funktionsfähigkeit im wesentlichen durch Abnutzungsprozesse oder unkorrekte Beanspruchung.

Wenn eine Produktionsanlage "außer Einsatz" ist, lassen sich die Ursachen aus der Sicht der Produktionsabteilung in der Regel auf organisatorische bzw. informatorische, personelle oder technische Störungen zurückführen. Zuständig für das Beheben der technischen Störungen und/oder Ausfälle an den Anlagen ist die *Organisationseinheit Instandhaltung*. Von dieser Zuordnung läßt sich unternehmensbezogen die erste quantifizierbare Zielsetzung für diesen Fachbereich ableiten:

Betrachtung spezifischer anlagenbezogener Zeitspannen (Zeitdauer) und Häufigkeiten (Anzahl/Menge) mit den Zielen

- technische Störungs- und/oder Ausfallzeitspannen in Abhängigkeit vom zeitlichen Anlagenkapazitätsbestand gering zu halten,
- Anzahl der technischen Störungen und/oder Ausfälle zu minimieren.

Diese Grundbeurteilungsgrößen sind im Zusammenhang mit den geplanten Einsatzzeiten der Anlage der übergeordneten Bewertungsgröße *Verfügbarkeit* zuzuordnen. Mit dem Begriff *Verfügbarkeit* (V) wird im wesentlichen die Beziehung zwischen der Summe aller Ausfallzeiten und der gesamten theoretisch nutzbaren Einsatzzeit zum Ausdruck gebracht. Bekannt ist diese Relation in der Form

$$(1) \qquad V = \frac{MTBF}{MTBF + MTTR}$$

Darin sind:

MTBF = durchschnittliche Zeitdauer des störungsfreien Einsatzes (meantime between failures)
MTTR = durchschnittliche Ausfallzeit oder "Instandsetzungsdauer/Reparaturdauer" (meantime to repair).

Die Gleichung (1) gilt unter der Voraussetzung, daß die Zeiten MTTR und MTBF statistisch gesicherte Mittelwerte sind. Ein nach dieser Gleichung vereinbarter Zielwert kennzeichnet einen Prozeß, der sich über ausreichend lange Zeit in einem Gleichgewichtszustand zwischen Verschlechterung (infolge von Ausfällen) und Verbesserung (infolge von Instandsetzung) befindet. Das ist jedoch theoretisch nur möglich, wenn während dieser Zeit mit einer konstanten *Ausfallrate* λ und mit einer konstanten *Instandsetzungsrate* μ gerechnet werden kann (vgl. auch Kap. 8.2.1.1.) [8.6]. Dann gilt:

$$(2) \qquad MTBF = \frac{1}{\lambda}$$

$$(3) \qquad MTTR = \frac{1}{\mu}$$

Während bei der technischen Zuverlässigkeit nur die Tatsache eines Ausfalls registriert wird, berücksichtigt die Verfügbarkeit außerdem die Zeitspanne, die die Beseitigung des Ausfalles in Anspruch nimmt, soweit diese Zeit in die mögliche Nutzungsdauer fällt [8.10]. In realen Systemen sind die Ausfallraten und Instandsetzungsraten nicht konstant, damit ändert sich der Zahlenwert der Verfügbarkeit über längere Zeiträume. Die MTBF und MTTR dürfen somit nicht als feste Werte über sehr lange Zeiträume aufgefaßt werden. Die Berechnung der Verfügbarkeit und damit Anwendung als Zielgröße nach der Gleichung (1) kann demnach nur eine Zeit-Verfügbarkeit für eine Periode sein, in der einigermaßen gleichbleibende Bedingungen (λ = konst. usw.) herrschen.
Die *Verfügbarkeit* einer Anlage hängt, wie bereits durch die Ausfallratendiskussion angedeutet, von der *Zuverlässigkeit* der Betrachtungseinheiten, von ihrer *instandhaltungs-*

freundlichen, konstruktiven Gestaltung, von der Betriebsweise, von verschiedenen organisatorischen Bedingungen sowie von der Durchführung entsprechender Instandhaltungsmaßnahmen ab. Demnach lassen sich quantitativ unterschiedliche *Verfügbarkeiten* angeben, die auf der gleichen Definition beruhen und nach der Gleichung (1) berechnet werden. Dabei sind im Zusammenhang mit diesen *Verfügbarkeiten* verschiedene Zuständigkeiten zu erkennen:

- Zulieferer/Hersteller (Zuverlässigkeit/Instandhaltbarkeit),
- Betreiber/"Produktionsbereich" (Betriebsweise, organisatorische Bedingungen) sowie
- Betreiber/"Instandhaltungsbereich" (organisatorische Bedingungen, Instandhaltungsmaßnahmen).

In Bild 8.7 werden diese Zuständigkeiten in bezug auf den Nutzungsgrad der Produktionseinheit verdeutlicht.

Die betriebliche Organisationseinheit *Instandhaltung* ist somit verantwortlich

- in der Ausfallsituation für möglichst kurze Instandsetzungszeiten (Instandsetzungszeit: Bestandteil der Ausfallzeit -Ausfallkostenaspekt überwiegt),

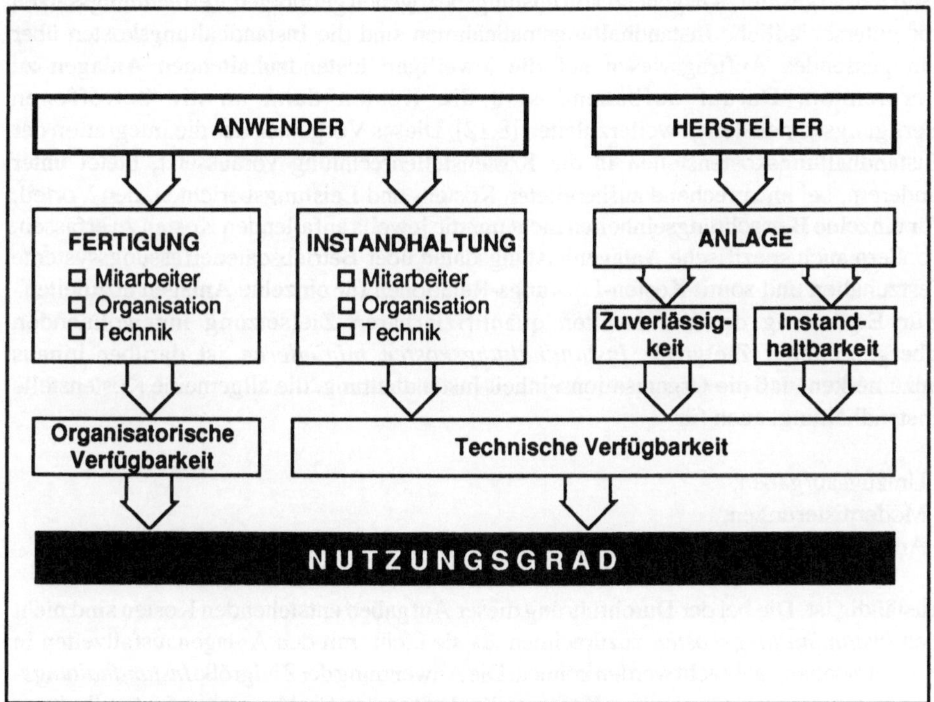

Bild 8.7 Gliederung von Nutzungsgradabhängigkeiten, nach [8.11].

- vor der technischen Störung, dem Ausfall für kurze Instandhaltungszeiten (Instandhaltungszeit: Präventiv-Situation -Instandhaltungskostenaspekt überwiegt).

Die letztere Verantwortungszuordnung führt zur zweiten quantifizierbaren Zielsetzung: Betrachtung *funktionsbezogener* Zeitspannen, Häufigkeiten und Mengen (Material, Ersatzteile) mit dem Ziel,

- die *Instandhaltungsauftragszeiten*[1] und in Abstimmung damit den Instandhaltungspersonalkapzitätsbestand (Eigen- und/oder Fremdpersonal) gering zu halten,
- die *Anzahl* der Auftragsdurchführungen zu minimieren,
- den *Material-*[2] und *Ersatzteilbestand* sowie die Ersatzteilkosten, Kosten für Spezialwerkzeuge, Vorrichtungen und sonstige Hilfsmittel (Gerüste, Meß- und Prüfmittel usw.) gering zu halten.

Die Verrechnung des Personalkapazitätsbestandes über die Auftragszeiten mit Hilfe entsprechender Verrechnungssätze führt zu den Instandhaltungspersonalkosten, deren Anteil an den Instandhaltungskosten in der verarbeitenden Industrie in der Regel 60 bis 80% beträgt. Der (theoretische und reale)Personalkapazitätsbestand der *Organisationseinheit Instandhaltung* ist dabei mit dem Instandhaltungsauftragsbestand abzustimmen, der nach der Maßnahmendurchführung als *Kostenposition Instandhaltung* festzuhalten ist. Wie eine Abrechnung von Instandhaltungsaufträgen konzipiert werden kann, wird in Bild 8.8 dargestellt. Ausgehend von leistungsbezogenen gebildeten Verrechnungssätzen für unterschiedliche Instandhaltungsmaßnahmen sind die Instandhaltungskosten über ein passendes Auftragswesen auf die jeweiligen instandzuhaltenden Anlagen zu verrechnen. Darauf aufbauend sind die Kosten dann an die betroffenen Fertigungskostenstellen weiterzuleiten [8.12]. Dieses Vorgehen, das die Integration der Instandhaltungskostenstellen in die Kostenstellenrechnung voraussetzt, bietet unter anderem, bei entsprechend aufbereiteten Kosten- und Leistungsberichten, den Vorteil, für einzelne Betrachtungseinheiten nicht nur die jeweils anfallenden Kosten zu erfassen, sondern auch spezifische Anlagenleistungsdaten über Betriebsdatenerfassungssysteme festzuhalten und somit Kosten-Leistungs-Relationen für einzelne Anlagen abzuleiten. Zur Ergänzung der der zweiten quantifizierbaren Zielsetzung innewohnenden übergeordneten Zielgröße *Instandhaltungskosten minimieren* ist darüber hinaus anzumerken, daß die Organisationseinheit Instandhaltung, die allgemeine Kostenstelle Instandhaltung, auch für

- Umzugsaufgaben,
- Modernisierungen,
- Arbeitssicherheitsaufgaben usw.

zuständig ist. Die bei der Durchführung dieser Aufgaben entstehenden Kosten sind nicht den *Instandhaltungskosten* zuzurechnen, da sie nicht mit den Anlagenausfallzeiten in Zusammenhang gebracht werden können. Die Anwendung der Zielgröße *Instandhaltungskosten minimieren* als gesamte Kostenstellenkosten des Fachbereiches *Instandhaltung*

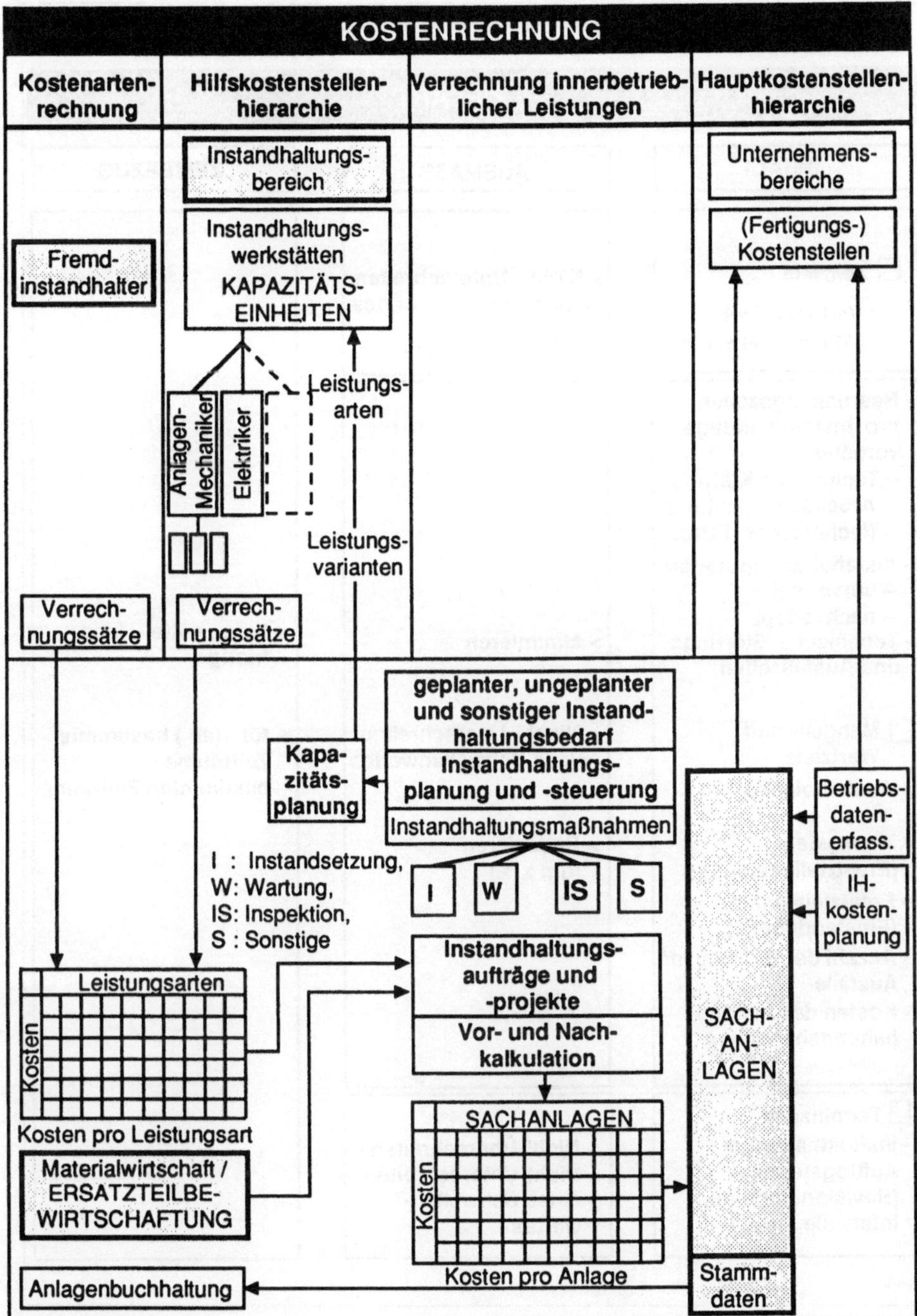

Bild 8.8 Kostenableitung und -zuordnung auf der Grundlage von Auftragszeiten, Mengen und Preisen, nach [8.12]

ZIELART

INHALT	AUSMASS	ZEITBEZUG
☐ Zeitziele - Verfügbarkeit (Anlage / Maschine)	> Nicht - Unterschreiten eines Schwellenwertes > Erhöhen (um x %)	> kurz-, mittel-, langfristig > für (ab) bestimmte Zeiträume / bestimmten Zeitraum
- Bearbeitungszeiten pro Instandhaltungsvorgang – Technische Klärung / Arbeitsvorbereitung (technisches Büro) - Instandhaltungszeiten – vorverlegt – nachverlegt - Technische Störungs- und Ausfallzeiten ☐ Mengen- und Wertziele - Ausfallfolgekosten - Zinskosten (Ersatzteilbestand) - Ersatzteilkosten (Einstandspreis) - Anzahl der Störungen/ Ausfälle - Kosten des Instandhaltungsbereiches	> Minimieren > Nicht - Überschreiten eines Schwellenwertes > Reduzieren (um x %)	
☐ Terminziele - Instandhaltungs-Auftragstermine (Revisionstermine, Intervalle, usw.)	> Nicht-Überschreiten / Nicht-Unterschreiten eines Schwellenwertes	

Bild 8.9 Zielübersicht für den Instandhaltungsbereich

bedarf deshalb vorher einer Analyse des Maßnahmenspektrums und der Auftragsklassifizierung.

Eine zusammenfassende Darstellung entsprechend der anfangs ausgelösten Zieldiskussion zeigt Bild 8.9. Bei der Darstellung wird deutlich, daß einzelne Teilziele in unterschiedlichen Zielbeziehungen zueinander stehen. Die Zielart *Minimierung der technischen Störungszeiten und Ausfallzeiten* verhält sich komplementär zur *Minimierung der Ausfall(folge)kosten* sowie zur *Maximierung der Anlagenverfügbarkeit*.
Partielle Komplementarität und Konkurrenz besteht zwischen den Zielarten *Minimierung der vorverlegten*[3] Instandhaltungszeit (Auftragszeit) und Maximierung der Anlagenverfügbarkeit.

Einerseits erbringt eine Minimierung der vorverlegten Instandhaltungszeit einen Gewinn an Anlagenverfügbarkeit dadurch, daß eben nicht präventiv instandgehalten wird und damit zu planende Stillstände in Kauf genommen werden. Andererseits wird diese Maßnahmenreduzierung zu vermehrten Anlagenausfällen führen (überwiegend bei verschleißbeanspruchten Bauteilen) und damit einen geringeren Verfügbarkeitsgrad erbringen [8.10].
Bild 8.10 zeigt die Beziehungsmatrix der Formalziele eines Instandhaltungsbereiches.

Die Zielkonflikte lassen sich grundsätzlich durch ständig anzupassende Prioritätsfestlegungen beilegen. Als Prioritätsarten kommen beispielsweise in Frage: die

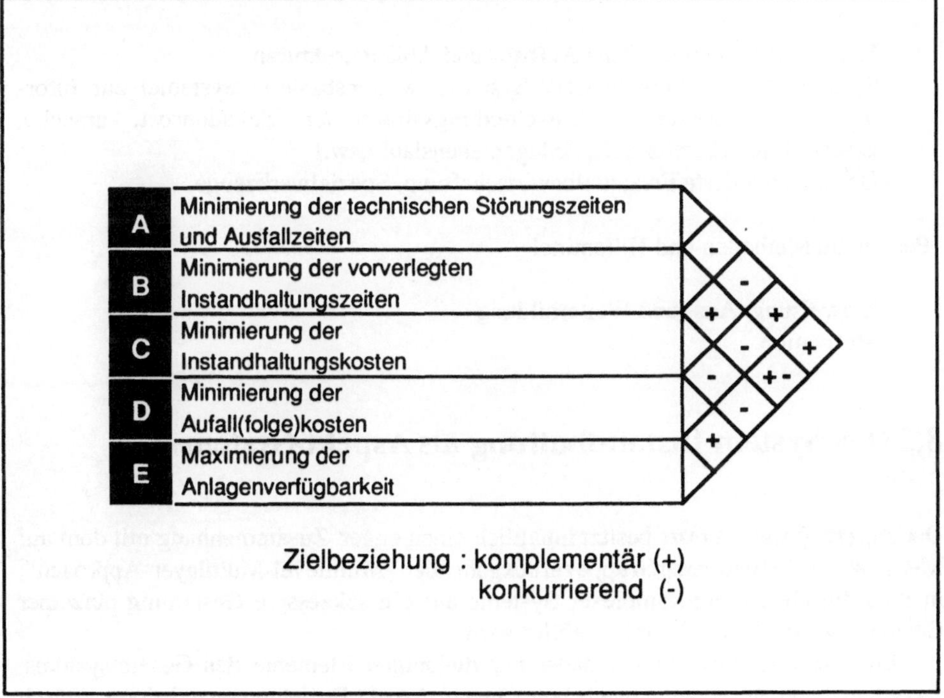

Bild 8.10 Beziehungsmatrix der Formalziele, nach [8.10]

Arbeitssicherheit, die Wichtigkeit des Produktionsauftrages, die Werterhaltung der Sachanlage. Im Rahmen des Entscheidungsprozesses *Prioritätsfestlegung* läuft eine *Risikoabschätzung* ab. Risiko bedeutet die Gefahr einer Fehlentscheidung. Eine Hauptursache des Risikos, die unvollkommene Information des Entscheidungsträgers hinsichtlich der zukunftsorientierten Entscheidungssituation, ist die allgemein im Leben auftretende Ungewißheit [8.14]. Aus der Unsicherheit über den Zeitpunkt, die Art, das Ausmaß und die Dauer des Anlagenausfalls resultiert das Anlagenausfallrisiko mit seinen Verlustgefahren. Die Folgen eines Anlagenausfalls und damit die Realisierung des Risikos werden in Bild 8.11 beispielhaft angegeben.

Um letztlich das Anlagenausfallrisiko beherrschen zu können und somit die erste qualifizierbare Zielsetzung zu erreichen, sind beispielsweise folgende Methoden und Hilfsmittel anzuwenden:

- Technische Methoden und Hilfsmittel

  - Einrichtungen zur Inspektion (Fehlerfrühdiagnose, Fehlerdiagnose, Maschinendiagnose usw.)
  - Überwachungseinrichtungen
  - Redundanz als Konstruktionsprinzip, instandhaltungsgerechtes Konstruieren
  - Tribotechnische Einrichtungen.

- Organisatorische Methoden und Hilfsmittel

  - Kapazitätsengpaßbezogene Aufbau- und Ablaufstrukturen
  - Systeme (konventionelle EDV-Systeme, wissensbasierte Systeme) zur Informationsbereitstellung in Entscheidungssituationen (Schadensort, -ursache, Ersatzteillieferbereitschaft, Anlagenlebenslauf usw.)
  - Bedarfsorientierte Ersatzteilbewirtschaftung, Spezialwerkzeuge.

- Personelle Methoden und Hilfsmittel

  - Einweisung, Aus- und Weiterbildung
  - Motivation.

8.2 Das System Instandhaltung als Aspekt-System

Der *Aspekt-System-Ansatz* besitzt inhaltlich einen engen Zusammenhang mit dem auf Mesarovic [8.15] und seine Gruppe zurückgehenden "Multilevel-Multilayer-Approach", in dem die Gestaltung komplexer Systeme auf die sukzessive Gestaltung einzelner Ebenen (Levels, Layers) zurückgeführt wird.

Ein *Aspekt-System* enthält dabei nur diejenigen Elemente des Gesamtsystems, zwischen denen unter dem jeweils betrachteten Aspekt Beziehungen existieren. Durch

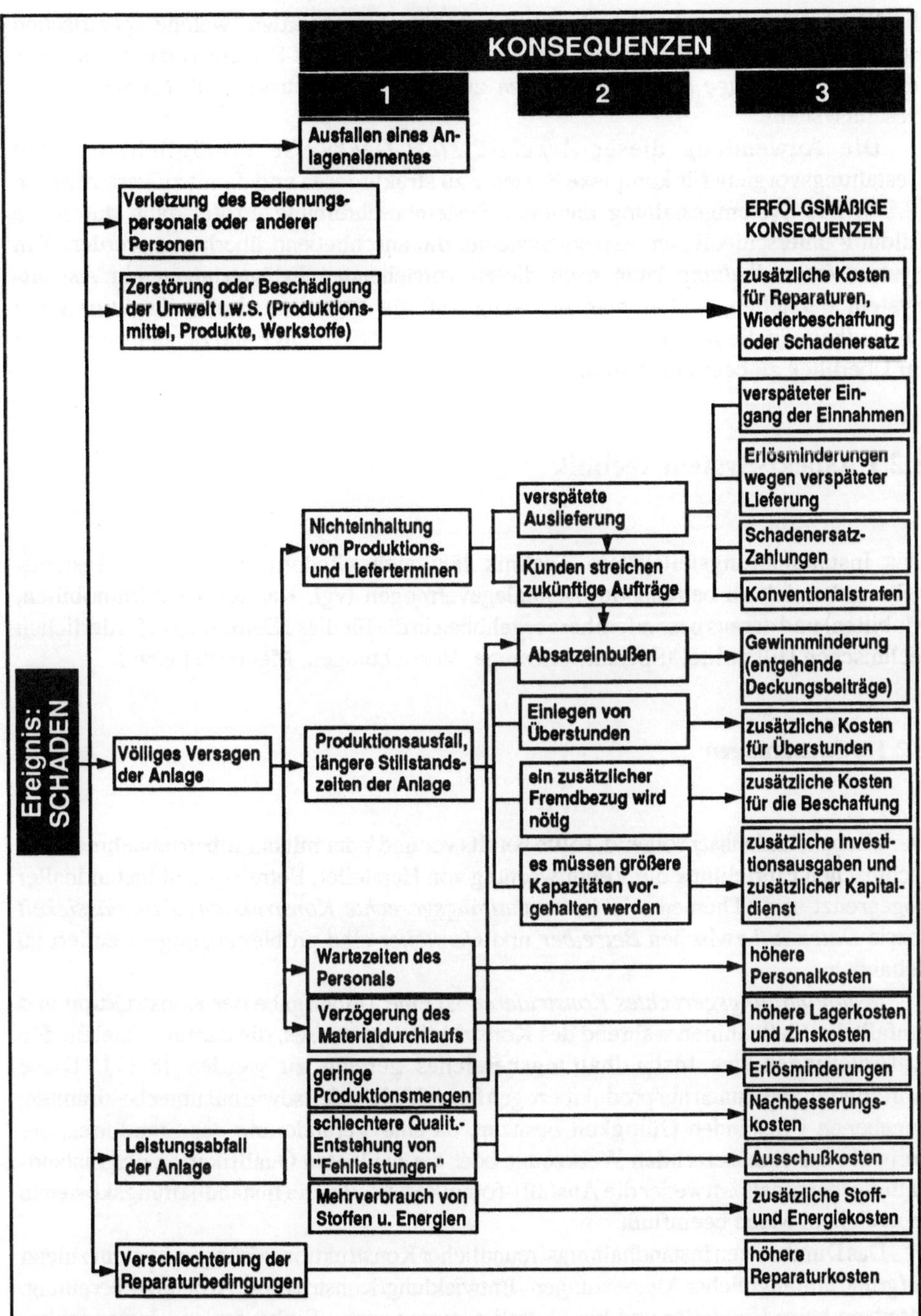

Bild 8.11 Überblick über die möglicherweise aus Anlagenausfällen resultierenden wirtschaftlichen Nachteile [8.12]

die Wahl des entsprechenden Aspekts kann festgelegt werden, welche spezifischen Beziehungen das Aspekt-System enthalten soll. Ein Aspekt-System verfügt somit nur über eine *Teilmenge aller Beziehungen* zwischen den "betroffenen" Elementen des Gesamtsystems.

Die Anwendung dieser *Aspekt-System-Denkweise* ermöglicht es, den Gestaltungsvorgang für komplexe Systeme zu strukturieren und damit zu vereinfachen [8.16]. Die Systemgestaltung und/oder Systembeschreibung erfolgt dann durch die Bildung unterschiedlicher Aspekt-Systeme, die anschließend überlagert werden. Ein System *Instandhaltung* kann nach diesen vorstehenden Erläuterungen ein Aspekt-System darstellen, wobei hier in bezug auf die organisatorische Struktureinheit *Instandhaltung* die Aspekte *Technik, Organisation, Mitarbeiter* und *Betriebswirtschaft* im Überblick zu betrachten sind.

8.2.1 Aspekt-System Technik

Das Instandhaltungsteilsystem Technik läßt sich gliedern in das vom Instandhaltungsbereich zu betreuende Sachanlagevermögen (vgl. Kapitel 8.1.2 Immobilien, Mobilien) und daraus besonders hervorgehoben in die für diese Betreuung erforderlichen technischen Hilfsmittel (Spezialwerkzeuge, Vorrichtungen, Meßmittel usw.).

8.2.1.1 Sachanlagen

Dem Lebenslaufansatz folgend, sollte bereits vor und/oder mit der Inbetriebnahme einer technischen Einrichtung die Verantwortung von Hersteller, Betreiber und Instandhalter abgegrenzt sein. Themen wie *instandhaltungsgerechte Konstruktion, Zuverlässigkeit* sowie *Datenfluß* zwischen *Betreiber* und *Hersteller* sind problemlösungsorientiert zu behandeln.

Instandhaltungsgerechtes Konstruieren ist eine Teilaufgabe der Konstruktion und umfaßt die Maßnahmen während des Konstruktionsprozesses, die darauf abzielen, den Anforderungen des Instandhaltungsbereiches gerecht zu werden [8.17]. Diese Anforderungen können nur produktbezogen festgelegt werden sowie nur unter bestimmten, gegebenen Umständen Gültigkeit besitzen, da eine Veränderung des Standortes, der Umwelt, der einzusetzenden Werkzeuge oder der geplanten Qualifikation des Instandhaltungspersonals entweder die Ausfall(-folge)kosten oder die Instandhaltungskosten in erheblichem Maße beeinflußt.

Das Durchsetzen instandhaltungsfreundlicher Konstruktionslösungen ist nicht zuletzt aufgrund umfangreicher Abgrenzungen - Entwicklung/Konstruktion, Arbeitsvorbereitung, Montage beim Hersteller und bei Unterlieferanten sowie Einkäufer und Instandhalter beim Anwender - ein schwieriger Prozeß. Wie ein instandhaltungsorientiertes Phasenschema einer Produktentwicklung aussehen kann, zeigt Bild 8.12.

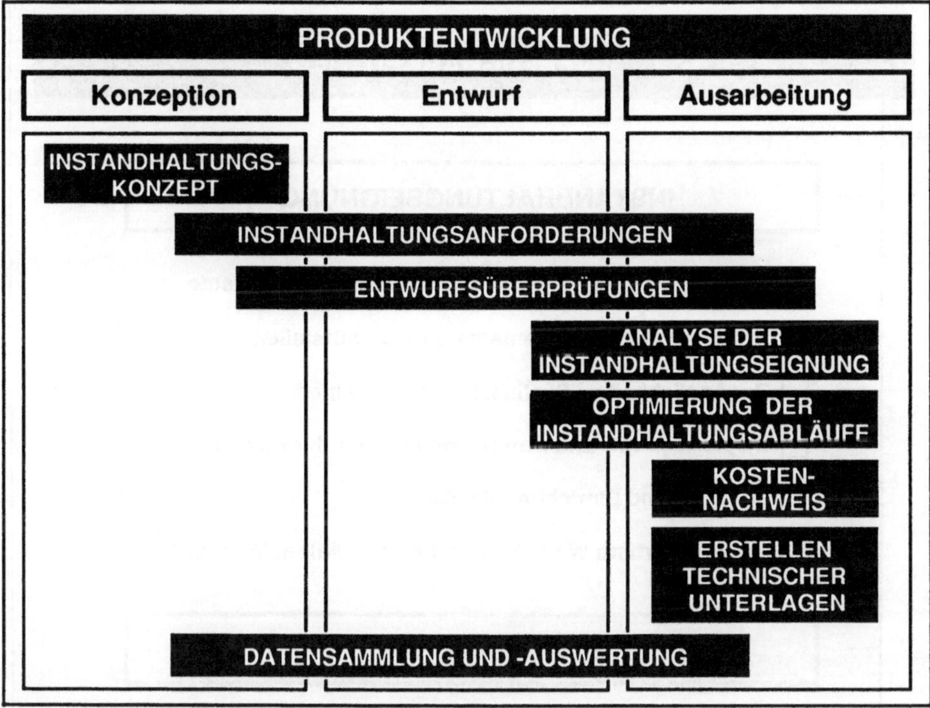

Bild 8.12 Maßnahmen während der Produktentwicklung

Aus der Vielzahl der Anforderungen und Kriterien, die bei einer instandhaltungsgerechten Konstruktion der Sachanlagen zu berücksichtigen sind, lassen sich einige allgemeingültige Kriterien bestimmen. Für die jeweiligen Mobilien/Immobilien, für die unterschiedlichen Hersteller sowie Branchen müssen diese allgemeinen Kriterien entsprechend den spezifischen Erfordernissen modifiziert werden. Darüber hinaus ist eine Gewichtung dieser Kriterien vorzunehmen. Die Widerspruchsfreiheit in den produktbezogenen Anforderungen ist ebenso zu überprüfen. Die in Bild 8.13 aufgeführten allgemeinen Kriterien des instandhaltungsgerechten Konstruierens sind dementsprechend als Anhaltspunkte für den Konstrukteur zu betrachten und dienen als Rahmen für daraus abzuleitende spezifische, aufgabenangepaßte Kriterien.

Die *Zuverlässigkeit* ist nach DIN 40 041 "die Fähigkeit einer Betrachtungseinheit (System), innerhalb der vorgegebenen Grenzen denjenigen durch den Verwendungszweck bedingten Anforderungen zu genügen, die an das Verhalten ihrer Eigenschaften während einer vorgegebenen Zeitdauer gestellt sind". Daraus geht hervor, daß Zuverlässigkeitsangaben nur dann Aussagekraft besitzen, wenn gleichzeitig vermerkt wird, in welchen Grenzen Merkmalsausprägungen der Zuverlässigkeit sich bewegen dürfen, unter welchen Einsatzbedingungen dies zulässig ist und für welchen Zeitraum die Zuverlässigkeitsangabe gelten soll. Die Zuverlässigkeit selbst ist eine Wahrscheinlichkeitsgröße.

VERFÜGBARKEIT

INSTANDHALTUNGSEIGNUNG

- ☐ Austauschbarkeit verschleißgefährdeter Bauelemente
- ☐ Standardisierte Bauelemente und Schnittstellen
- ☐ Zugänglichkeit zu Systemen und Elementen
- ☐ Inspizier-, Prüf- und Kontrollmöglichkeit der Elemente
- ☐ Justage- und Einrichtmöglichkeiten
- ☐ Instandsetzbare Werkstoff- und Konstruktionslösungen

ZUVERLÄSSIGKEIT

- ☐ Gebrauchs- und Lebensdauer der Elemente
- ☐ Einsatz- und Umgebungsbedingungen während des Betriebs
- ☐ Systemstruktur nach Zuverlässigkeitskriterien
- ☐ Qualität und Toleranzen der Elemente

DURCHFÜHRUNG DER INSTANDHALTUNG

- ☐ Ersatzteilbevorratung und -lieferbereitschaft
- ☐ Unterstützung der Instandhaltung durch den Hersteller
- ☐ Personalkapazität, -qualifikation und -ausbildungsstand
- ☐ Ausrüstung der Instandhaltung mit Werkzeugen, Vorrichtungen, Inspektionsgeräten und Hilfsmitteln

Bild 8.13 Allgemeine Kriterien des instandhaltungsgerechten Konstruierens in Bezug auf die Anlagenverfügbarkeit [8.17]

Zur Ableitung und Verdeutlichung der stetigen Zuverlässigkeitskenngrößen dienen die Begriffe Lebensdauerfunktion F(t), Überlebenswahrscheinlichkeit R(t), Ausfalldichte f(t) und Ausfallrate z(t).
Die Funktion

$$(4) \quad F(t) = P\,(T \leq t)$$

ist die Wahrscheinlichkeit, daß der Ausfallzeitpunkt T vor dem Betrachtungszeitpunkt liegt. Die Ausfalldichte f(t) als Wahrscheinlichkeit für einen Ausfall im Zeitraum dt ergibt sich zu

$$(5) \quad f(t) = \frac{dF(t)}{dt}$$

Die Überlebenswahrscheinlichkeit R(t) oder Zuverlässigkeit als Komplement zur Lebensdauerverteilung errechnet sich aus

$$(6) \quad R(t) = 1 - F(t),$$

während die Ausfallrate $\lambda(t)$ ermittelt wird aus

$$(7) \quad \lambda(t) = -\frac{dR(t)/dt}{R(t)}$$

Die Ausfallrate $\lambda(t)$ ist die bedingte Wahrscheinlichkeit für den Ausfall im "nächsten Augenblick", wobei als Bedingung gilt, daß zum Betrachtungszeitpunkt das betrachtete Kollektiv nur noch die Überlebenswahrscheinlichkeit R(t) besitzt.
Die definierten Kenngrößen sind mathematisch gleichartig (siehe Bild 8.14).

Vorwiegend wird die Ausfallrate herangezogen, weil aus dem Verlauf der Ausfallrate $\lambda(t)$ Schlüsse für die Optimierung der technischen Zuverlässigkeit und für die Auswahl von Instandhaltungsmaßnahmen abgeleitet werden können. Dabei sind drei Fälle zu unterscheiden (Bild 8.15).

- *Sinkende Ausfallrate:*
Sie kennzeichnet Frühausfälle ("Kinderkrankheiten"), vielfach wird auch von der Einbrennphase gesprochen. Diese Ausfälle können häufig auf Konstruktions-, Werkstoff- oder Montagefehler o. ä. zurückgeführt werden.

-*Konstante Ausfallrate*:
Sie charakterisiert Zufallsausfälle, wobei die "Zufälligkeit" darin zu sehen ist, daß Ausfälle durch das Zusammenwirken vieler statistisch voneinander unabhängiger Faktoren zustande kommen (Typische Beispiele: Einfahren des Werkzeuges in der Spannvorrichtung, Ausfall elektronischer Bauelemente). Die Phase einer konstanten Ausfallrate wird vielfach als "Nutzungsphase" bezeichnet.

gesucht / gegeben	f(t)	F(t)	G(t)	z(t)
f(t)	—	$\int_0^t f(\tau)d\tau$	$\int_t^\infty f(\tau)d\tau$	$\frac{f(t)}{\int_t^\infty f(\tau)d\tau}$
F(t)	$F'(t)$	—	$1-F(t)$	$\frac{F'(t)}{1-F(t)}$
R(t)	$-R'(t)$	$1-R(t)$	—	$\frac{-R'(t)}{R(t)}$
(λ)	$\lambda(t) \exp[-\int_0^t \lambda(\tau)d\tau]$	$1-\exp[-\int_0^t \lambda(\tau)d\tau]$	$\exp[-\int_0^t \lambda(\tau)d\tau]$	—

Bild 8.14 Äquivalenz der Zuverlässigkeitskenngrößen [8.18]

- *Steigende Ausfallrate:*
  Sie beschreibt im wesentlichen Verschleiß- und Alterungsausfälle (Beispiele: Materialermüdung, Korrosion, Strukturänderung des Werkstoffes o. ä.). Diese Phase wird als "Abnutzungsphase" (Verschleiß, Korrosion usw.) bezeichnet.

Zum Erfassen der Zuverlässigkeitskenngrößen sind unterschiedliche Verteilungstypen anwendbar: Exponentialverteilung, Normalverteilung, log-Normalverteilung und "Weibull-Verteilung".

Mathematische Untersuchungen und die Analyse experimenteller Arbeiten haben gezeigt, daß sich die Normalverteilung und die log-Normalverteilung als Sonderfälle der Weibull-Verteilung ergeben. Das weite Spektrum, das mit dieser Verteilung erfaßt wird, macht sie geeignet, die verschiedenartigen Ausfallvorgänge zu beschreiben [8.19]
Die Weibull-Verteilungsfunktion lautet

$$(8) \quad F(t) = 1 - e^{-(t/T)^b}$$

$$0 \leq F(t) \leq 1.$$

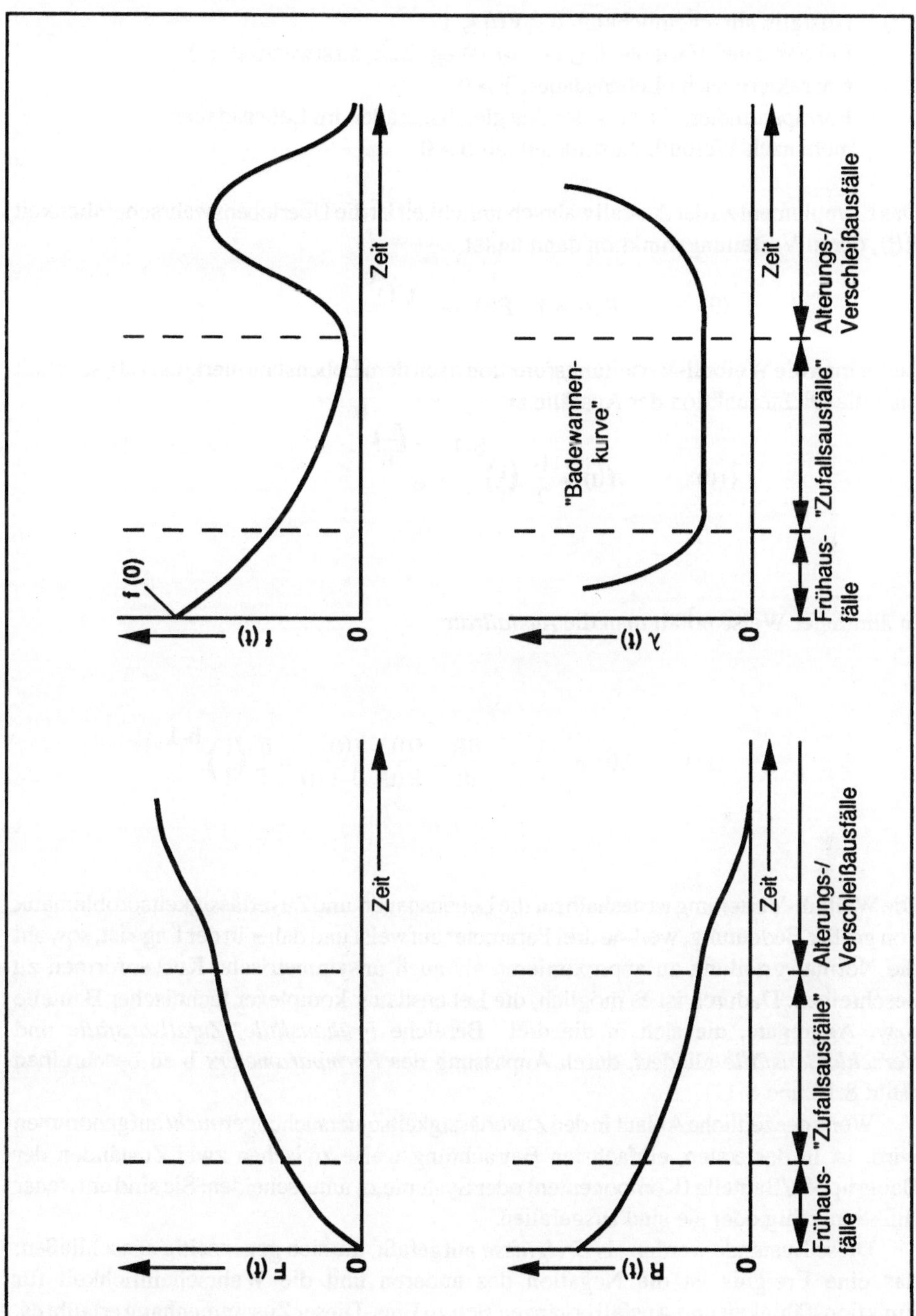

Bild 8.15 Typische Verläufe der Zuverlässigkeitskenngrößen

F(t) : Ausfallwahrscheinlichkeit, $0 \leq F(t) \leq 1$
t : Lebensdauer-Variable, $0 \leq t < \infty$ (Weg, Zeit, Lastwechsel, ...)
T : Charakteristische Lebensdauer, $T > 0$
b : Formparameter; Anstieg der Ausgleichsgeraden im Lebensdauernetz nach Weibull. Ausfallsteilheit $b > 0$.

Das Komplement zu der Ausfallwahrscheinlichkeit ist die Überlebenswahrscheinlichkeit R(t), deren Verteilungsfunktion dann lautet

$$(9) \qquad R(t) = 1 - F(t) = e^{-(t/T)^b}$$

Leitet man die Weibull-Verteilungsfunktion nach dem Lebenslaufmerkmal t ab, so erhält man die Dichtefunktion der Ausfälle zu

$$(10) \qquad f(t) = \frac{b}{T} \left(\frac{t}{T}\right)^{b-1} \cdot e^{-\left(\frac{t}{T}\right)^b}$$

In ähnlicher Weise erhält man die *Ausfallrate*

$$(11) \qquad \lambda(t) = -\frac{1}{R} \cdot \frac{dR}{dt} = \frac{f(t)}{R(t)} = \frac{f(t)}{1-F(t)} = \frac{b}{T} \left(\frac{t}{T}\right)^{b-1}$$

Die Weibull-Verteilung ist deshalb für die Lebensdauer- und Zuverlässigkeitsproblematik von großer Bedeutung, weil sie drei Parameter aufweist und daher in der Lage ist, sowohl die Normalverteilung zu approximieren als auch unsymmetrische Kurvenformen zu beschreiben. Dadurch ist es möglich, die Lebensdauer komplexer technischer Bauteile bzw. Aggregate, die sich in die drei Bereiche *Frühausfälle*, *Zufallsausfälle* und *Verschleißausfälle* gliedert, durch Anpassung des *Formparameters* b zu beschreiben (Bild 8.16 und 8.17).

Wenn der zeitliche Ablauf in den Zuverlässigkeitsuntersuchungen *nicht* aufgenommen wird, ist in der ersten, einfachsten Betrachtungsweise zwischen zwei Zuständen der Baugruppen/Bauteile (Komponenten) oder Systeme zu unterscheiden: Sie sind entweder funktionsfähig oder sie sind ausgefallen.

Diese Zustände werden als *Ereignisse* aufgefaßt, die sich gegenseitig ausschließen; das eine Ereignis ist die Negation des anderen und die Wahrscheinlichkeit für Funktionsfähigkeit und Ausfall ergänzen sich zu Eins. Dieser Zusammenhang erlaubt es, die *Zuverlässigkeit* zum einen unmittelbar als Wahrscheinlichkeit des *arbeitsfähigen Zustandes* zu berechnen, zum anderen, wie bereits oben beschrieben, über die

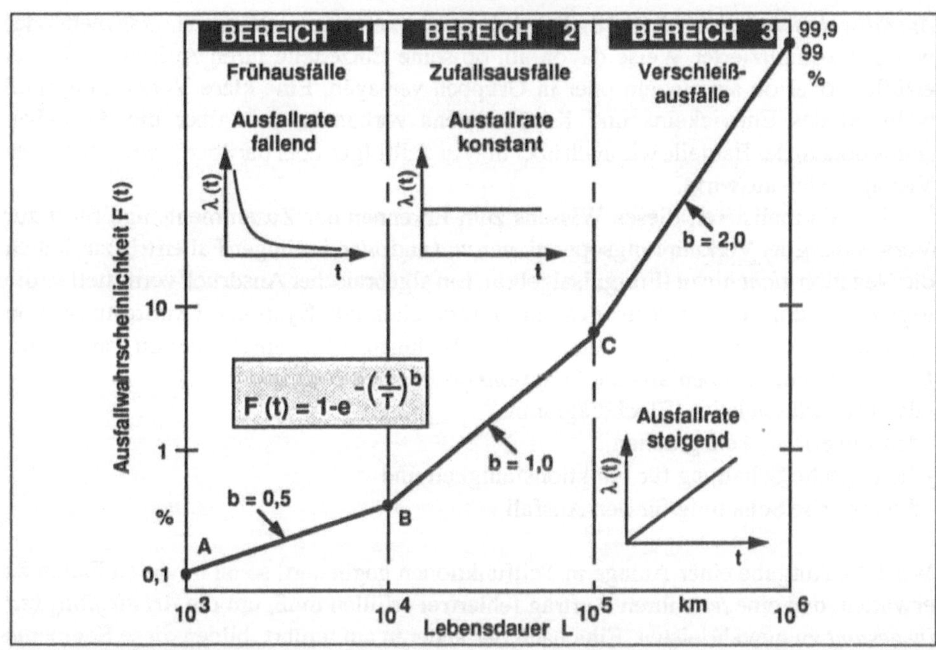

Bild 8.16 Zeitliche Verteilung der Ausfallrate [8.19] b = Ausfallsteilheit; Anstieg der Ausgleichsgeraden im Weibull-Lebensdauernetz (b > 0).

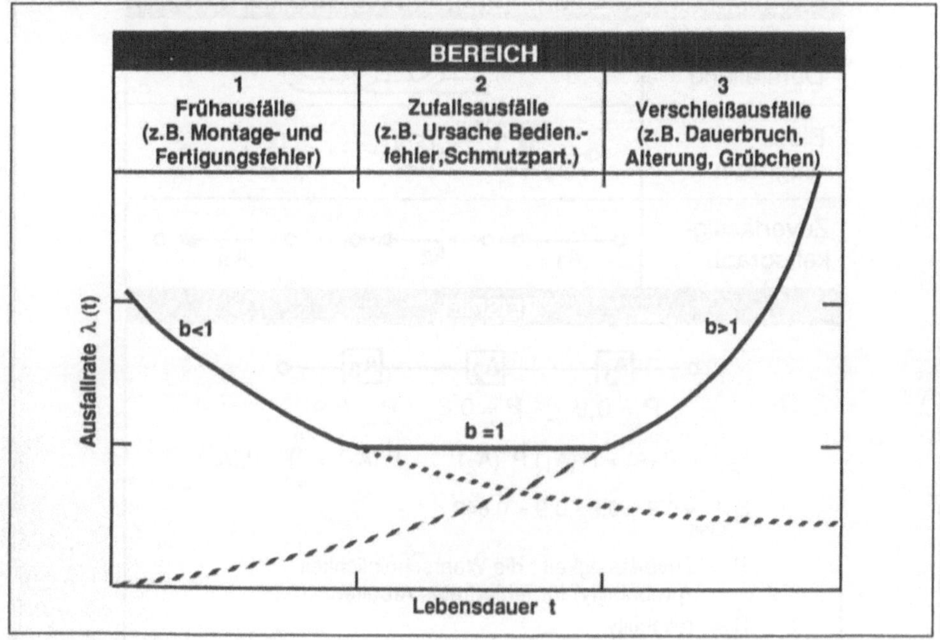

Bild 8.17 Zeitliche Verteilung der Ausfallwahrscheinlichkeit [8.19]

Ausfallwahrscheinlichkeit [8.18]. Die *Arbeitsfähigkeit* eines Systems hängt in mehr oder weniger komplizierter Weise davon ab, ob seine Einzelteile ihren Auftrag fehlerfrei erfüllen, oder ob sie einzeln oder in Gruppen versagen. Eine klare Vorstellung muß während des Entwickelns und Konstruierens vorhanden sein über die Aufgaben (Funktionen) der Bauteile wie auch über die Ausfallfolgen oder darüber, wie mehrfaches Versagen sich auswirkt.

Das Formalisieren dieses Wissens zum Erkennen der Zusammenhänge führt zur Verwendung der Verknüpfungsoperationen *und* und *oder*, in einigen Fällen tritt zusätzlich die Negation *nicht* hinzu (Ereignisalgebra). Ein algebraischer Ausdruck vermittelt so die logische Funktionsstruktur des zu untersuchenden Systems (Anordnung von Teilfunktionen, Baugruppen, Bauteilen). Darüber hinaus gibt es eine Reihe von graphischen Darstellungen, die ebenfalls die Funktionsstruktur wiedergeben [8.18]:
- das (Zuverlässigkeits-)Blockdiagramm,
- den Zuverlässigkeitsgraphen,
- die logische Schaltung für Funktionsfähigkeit und
- die logische Schaltung für den Ausfall.

Wird die Aufgabe einer Anlage in Teilfunktionen gegliedert, so ist in vielen Fällen zu erwarten, daß eine *jede* ihren Auftrag fehlerfrei erfüllen muß, um die *Arbeitsfähigkeit insgesamt* zu gewährleisten. Eine nach der anderen aufgeführt, bilden diese Segmente

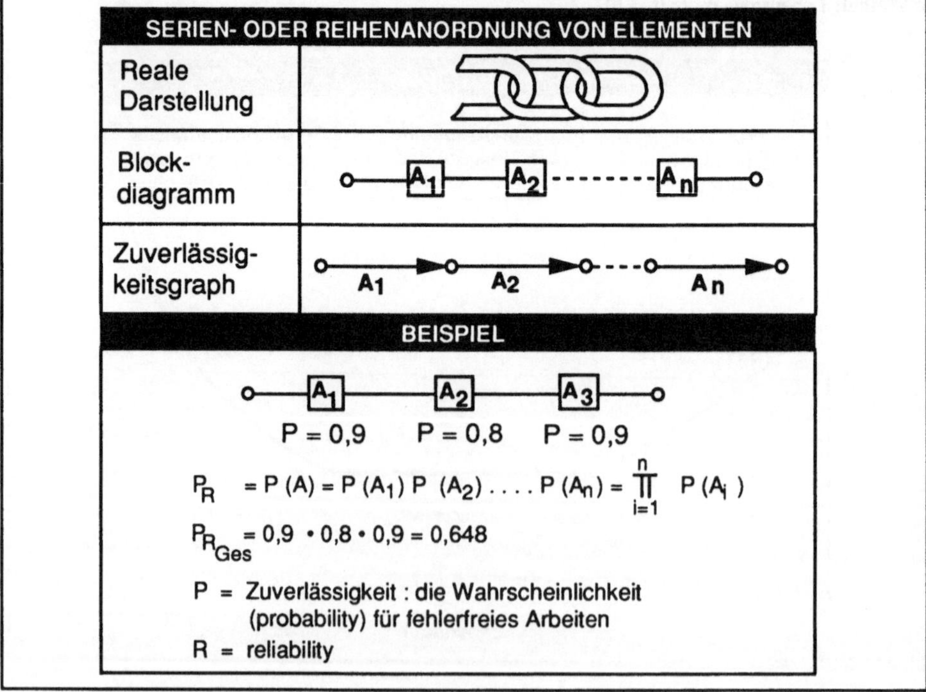

Bild 8.18 Darstellung der Reihenanordnung [8.18]

eine *Reihenanordnung*. Derartiges Verhalten hat zur Redeweise geführt: Eine Kette ist allenfalls so stark wie ihr schwächstes Glied (Bild 8.18).
Die Reihenanordnung erfüllt dann ihre Aufgaben (A), wenn die Komponenten A_1 'und' A_2 'und' ... 'und' A_n fehlerfrei arbeiten. Die *Zuverlässigkeit*, also die Wahrscheinlichkeit für fehlerfreies Arbeiten bei dieser Anordnung ist:

$$P_R = P(A) = P(A_1\, A_2, \ldots, A_n) = P\left(\prod_{i=1}^{n} A_i\right)^{4)}$$

P : probability
R: reliability.

Um die Arbeitsfähigkeit der Anordnung sicherzustellen, können von vornherein ein oder mehrere *zusätzliche* Bauteile gegenüber dem einen erforderlichen Bauteil für dic Erfüllung der Aufgabe eingesetzt werden:
Parallelanordnung - Solange keinerlei Ausfall eintritt, sind alle Bauteile bis auf eines für die beabsichtigte Funktion überflüssig. Treibt man derart einen für den Idealfall nicht unbedingt notwendigen Aufwand, um sich gegen zufällige Pannen abzusichern, dann wird diese zusätzliche Ausstattung als *Redundanz* bezeichnet. Die gebräuchlichen Darstellungen für Parallelanordnungen zeigt Bild 8.19.

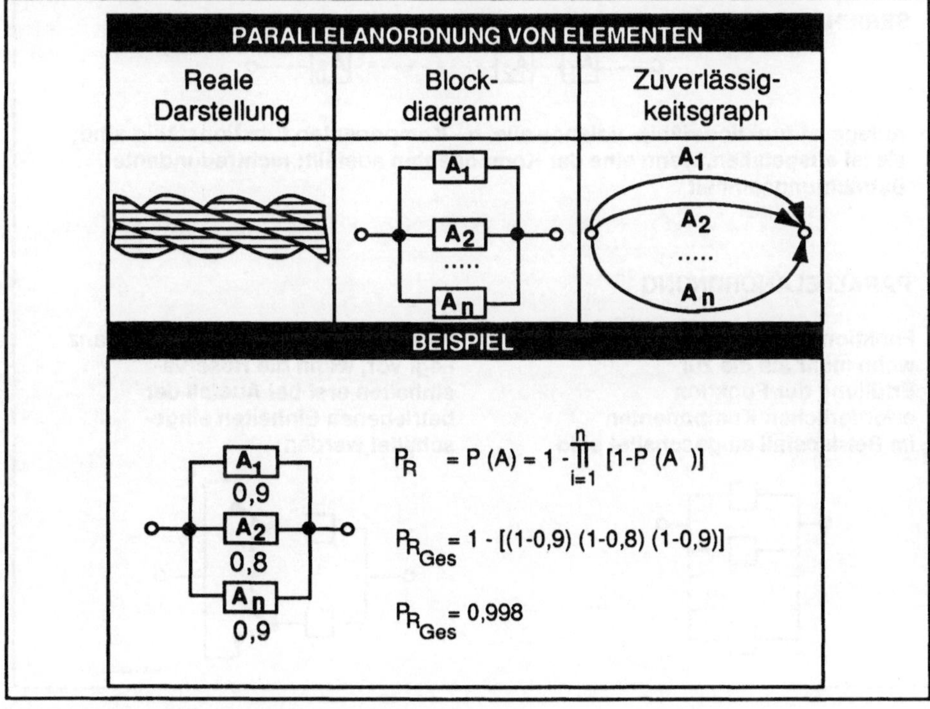

Bild 8.19 Darstellung der Parallelanordnung

Die Parallelanordnung erfüllt dann ihren Auftrag (A), wenn ihre Bauteile A_1 'oder' A_2 'oder', ..., 'oder' A_n es tun. Die Zuverlässigkeit, also die Wahrscheinlichkeit für fehlerfreies Arbeiten der Anordnung ist:

$$P_R = P(A) = P(A_1 + A_2 + ... + A_n) = P(\sum_{i=1}^{n} A_i).$$

Die Grundprinzipien, insbesondere unter den Gesichtspunkten nichtredundanter und redundanter Betrachtungseinheiten werden in den Bildern 8.20 und 8.21 dargestellt.

Die Frage, ob im Entscheidungsfall die funktionsbeteiligte oder die nichtfunktionsbeteiligte Redundanz vorzuziehen ist, hängt von der gegebenen Systemkonfiguration und der Komponenten- und Bauteilezuverlässigkeit ab. Ein Vorteil der funktionsbeteiligten Redundanz ist, daß sie ohne zusätzliche Umschalter auskommt. Ihr Nachteil ist, daß die mitbetriebenen Reserveeinheiten meistens eine höhere Ausfallrate zeigen als die ruhenden [8.19].

SERIENANORDNUNG

Anlage ist funktionsfähig, solange alle n - Komponenten funktionsfähig sind; sie ist ausgefallen, wenn eine der Komponenten ausfällt; nichtredundante Betrachtungseinheit

PARALLELANORDNUNG

Funktionsbeteiligte Redundanz, wenn mehr als die zur Erfüllung der Funktion erforderlichen Komponenten im Betriebsfall eingeschaltet sind

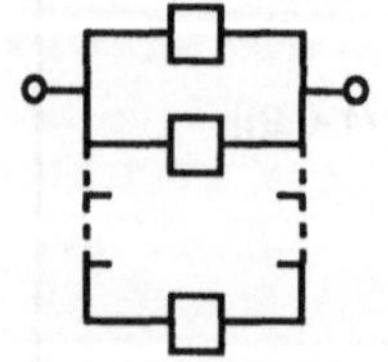

Nichtfunktionsbeteiligte Redundanz liegt vor, wenn die Reserveeinheiten erst bei Ausfall der betriebenen Einheiten eingeschaltet werden:

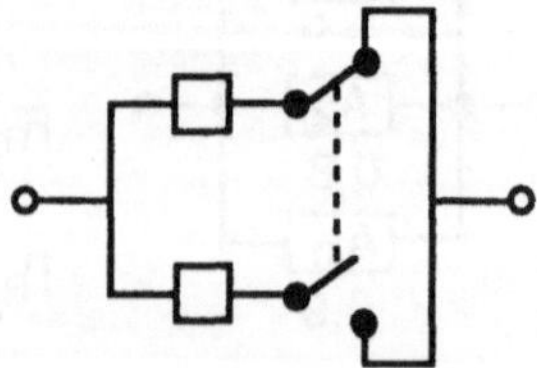

Bild 8.20 Konstruktionsprinzipien "Serien- und Parallelanordnung" [nach 8.19]

Im Falle a) in Bild 8.21 wird eher eines der drei Reservesysteme ausfallen. Während seiner Instandsetzung kann aber mit mindestens einem funktionsfähigen anderen System gerechnet werden.

Im Fall c) dagegen wird der Systemausfall zwar extrem selten sein, wenn er aber eintritt, dann ist das System als Ganzes nicht verfügbar. Für die Anwendung zeichnet sich zunächst bei Gleichheit der Reserveeinheiten - seien es das System, Baugruppen oder die Bauelemente - ab, daß bei einer guten Instandhaltungsmöglichkeit die Anordnung a) vorzuziehen ist. Dagegen wird sich bei Fehlen einer Instandsetzungsmöglichkeit, wie z. B. bei im Weltraum befindlichen unbemannten Satelliten, die Anordnung c) empfehlen.

Diese Anordnungsmöglichkeiten zu kennen, sei es durch Wissenstransfer vom Hersteller zum Instandhalter oder durch Eigenbestimmung, setzt die Verantwortlichen erst in die Lage, das Instandhalten zu verbessern. Voraussetzung sowohl für diesen Ansatz zur Verbesserung als auch zur Beherrschung der Störung/des Ausfalles (Ausfallwahrscheinlichkeit) ist eine anlagenfunktionsspezifische Strukturierung mit entsprechender Identifikation des Systems, der Baugruppen und Bauteile. Welche Gesichtspunkte grundsätzlich bei einer Identifikation/Klassifikation zu beachten sind, soll die Darstellung in Bild 8.22 zeigen.

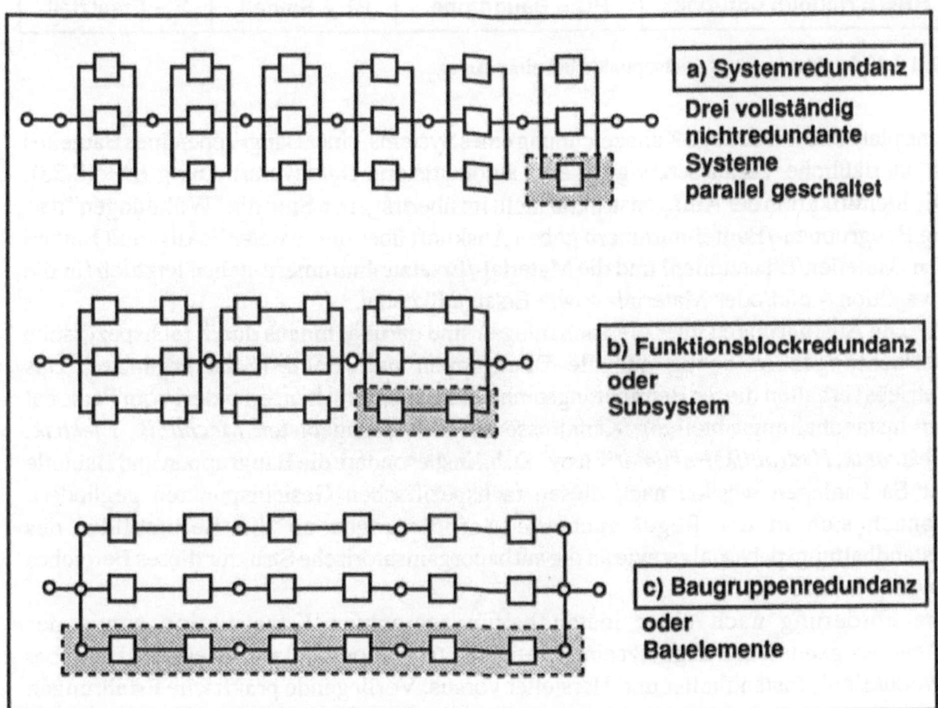

Bild 8.21 Ausprägungsformen der Redundanz

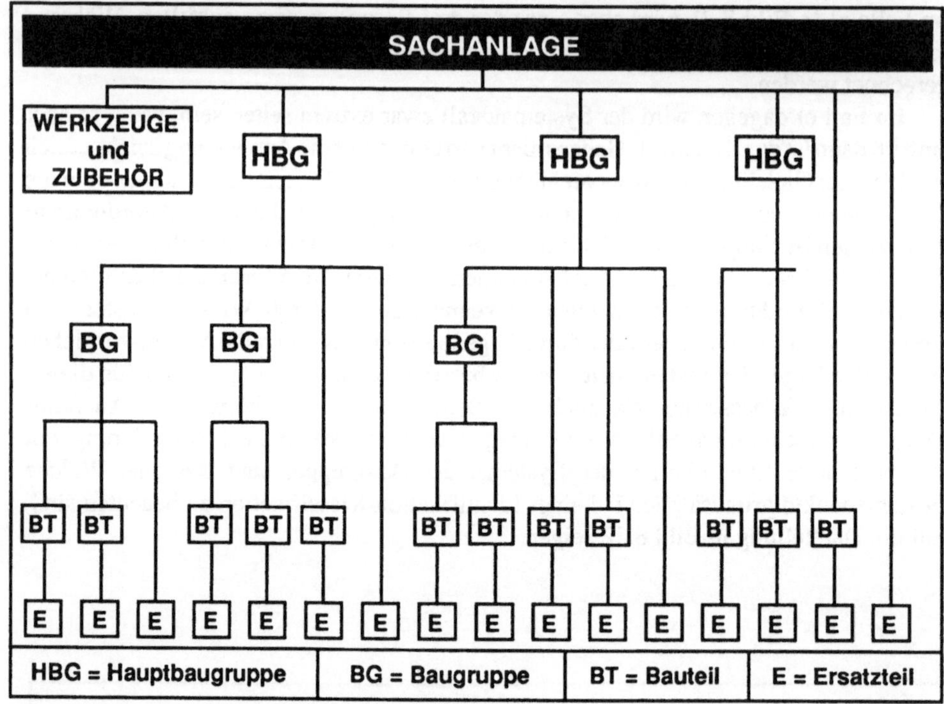

Bild 8.22 Strukturierungsgesichtspunkte bei einer Anlage

Eine plausible, eindeutige Kennzeichnung eines Systems, einer Baugruppe/eines Bauteiles ist unerläßliche Voraussetzung für eine automatisierte Datenverarbeitung (Bild 8.23). Die Identifikation der Anlagenstruktur stellt im übertragenen Sinn die "Wohnungen" dar, die Baugruppen-/Bauteilnummern geben Auskunft über die "Mieter" (Aus- und Einbau von Bauteilen/Ersatzteilen) und die Material-/Ersatzteilnummern stehen letztlich für die Investitions- und/oder Material- sowie Ersatzteilkosten.

Die Ausführungen über die Sachanlagen sind darüber hinaus durch fachspezifische Betrachtungen in bezug auf die Baugruppen und Bauteile zu ergänzen. Das Betriebsverhalten dieser Betrachtungseinheiten zu beherrschen, erfordert vom Personal der Instandhaltungsabteilung Kenntnisse auf den Fachgebieten *Mechanik*, *Elektrik*, *Elektronik*, *Hydraulik*, *Pneumatik* usw.. D. h., insbesondere die Baugruppen und Bauteile der Sachanlagen werden nach diesen fachspezifischen Gesichtspunkten gegliedert, wonach sich in der Regel auch die Anforderungen an die Berufsbilder des Instandhaltungspersonals sowie an die aufbauorganisatorische Struktur dieses Bereiches ableiten lassen.

Die Forderung nach einer instandhaltungsgerechten Konstruktion sowie der Zuverlässigkeitssicherung setzt einen stetigen Informationsfluß zwischen dem Betreiber (Produktion), Instandhalter und Hersteller voraus. Vorliegende praktische Erfahrungen lassen drei wesentliche Lebenslaufabschnitte bei einer Anlage erkennen:

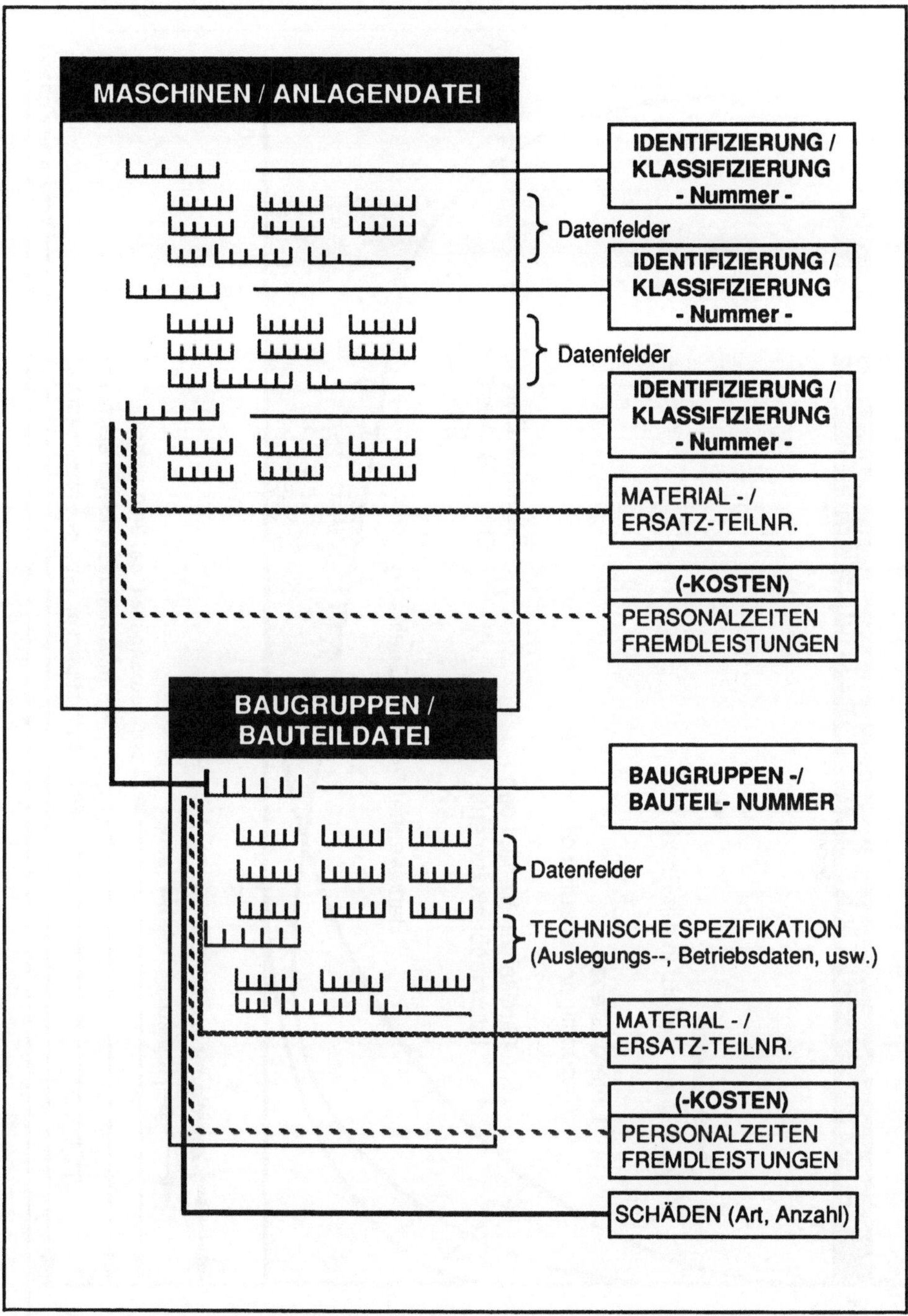

Bild 8.23 Zusammenhang "Anlagenstruktur" - "Bauteile" - "Ersatzteile" - "Baugruppen /Bauteile"

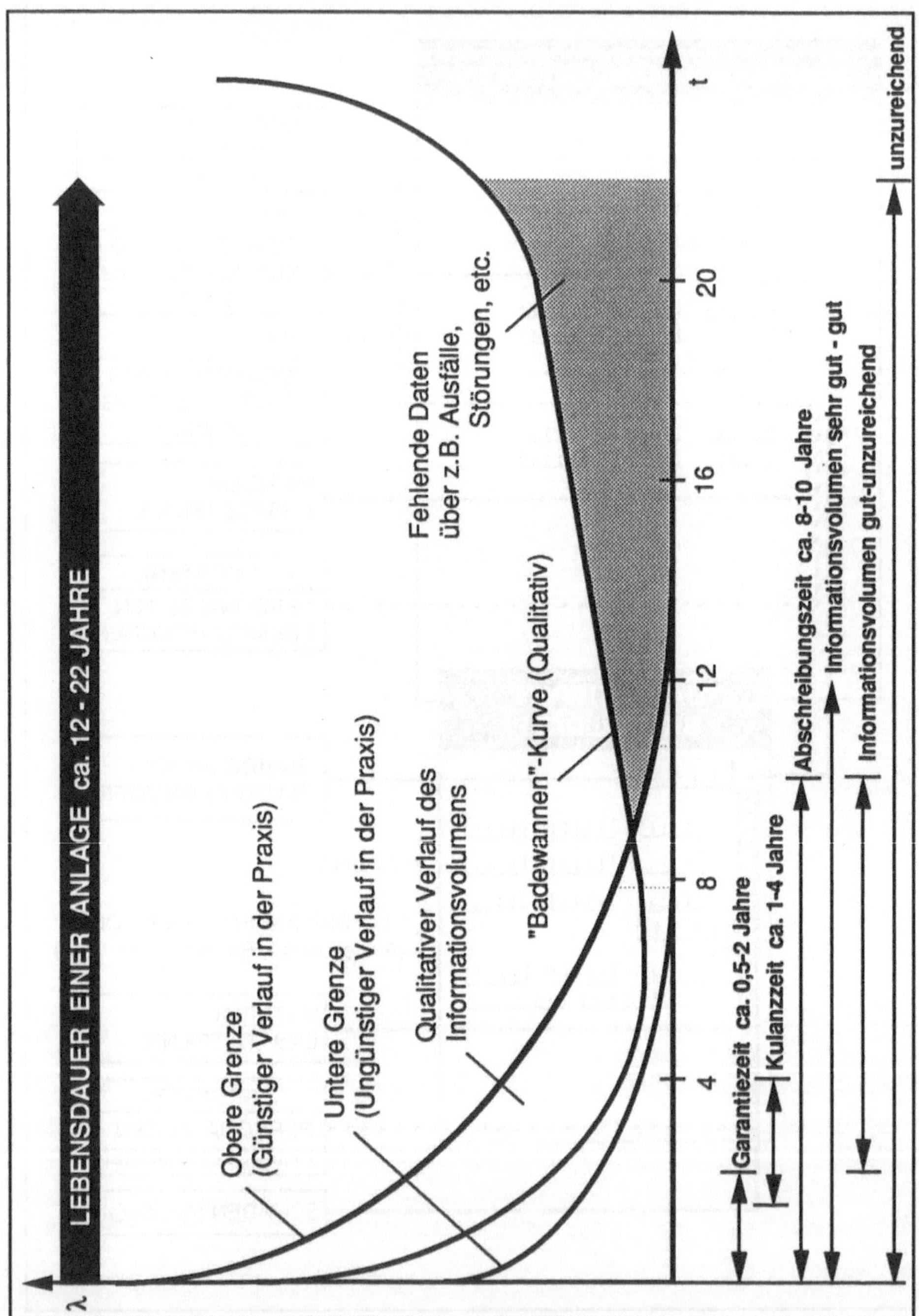

Bild 8.24 Vergleich des Volumens eines Informationsflusses mit der Ausfallkurve (qualitativ) einer Anlage [8.20]

- In der Garantiezeit ist der Informationsfluß am umfangreichsten (Garantiefälle, Serviceverträge usw.). Diese Zeit dauert in der Regel 6 Monate bis 2 Jahre.

- In der Kulanzzeit nimmt die Stärke des Informationsflusses ab. Er beschränkt sich weitgehend auf die Erfassung von größeren Störungen/Ausfällen.

- Nach zwei bis drei Lebensjahren baut sich der Informationsfluß weiter ab [8.20].

Vor allem in der Zeit des einsetzenden Alterungsprozesses (vgl. "Badewannenkurve") nimmt der Informationsfluß rapide ab. Die Tatsache, daß nach etwa 8 bis 10 Jahren eine Anlage steuerlich abgeschrieben wird, verstärkt oft diese Tendenz (Bild 8.24).

Es besteht somit die Wunschvorstellung, durch gemeinsames Vorgehen von Betreiber, Instandhalter und Hersteller, insbesondere mit Hilfe von Kommunikations- und Informationssystemen das Erreichen der bereits oben genannten wesentlichen Instandhaltungszielsetzungen abzusichern. Wie dabei die Verantwortlichkeiten strukturiert werden können, wird inBild 8.25 gezeigt.

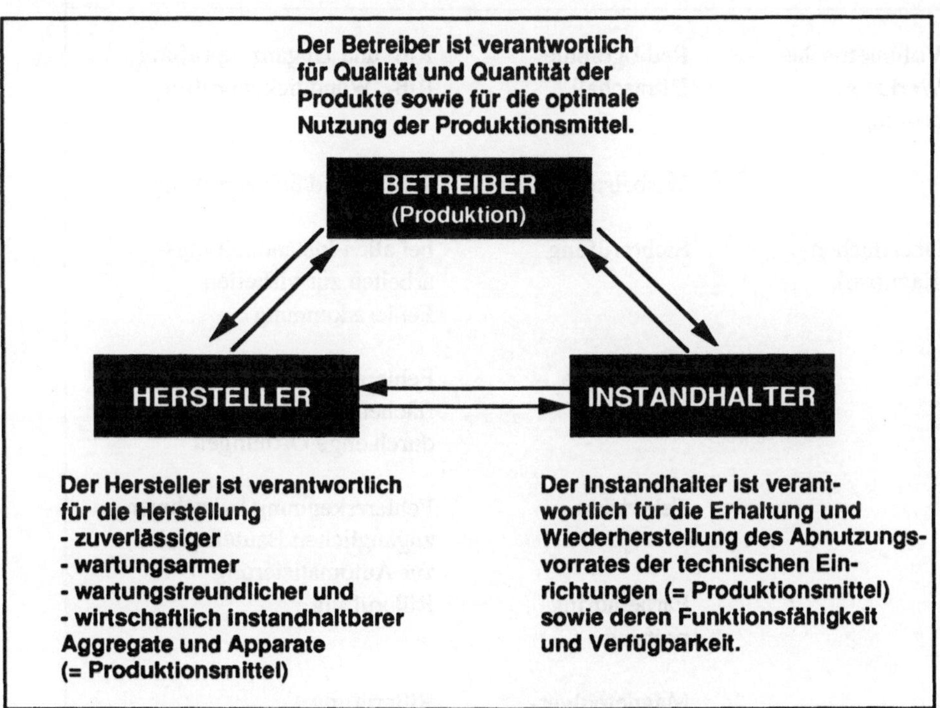

Bild 8.25 Beziehungen zwischen Betreiber, Hersteller und Instandhalter [8.21]

8.2.1.2 Arbeitsmittel (Instrumente/Werkzeuge)

Nach dem Instandhaltungsverständnis sollen die *Arbeitsmittel* dazu dienen, die Durchführung von Instandhaltungsmaßnahmen sowie deren Planung, Steuerung und Überwachung zu unterstützen. Ausgehend vom *Maßnahmenaspekt* können demnach diese Arbeitsmittel

- der *Wartung*
  - Reinigungsanlagen
  - Konservierungseinrichtungen
  - Tribotechnische Methoden/Instrumente (Schmierungsgeräte, Zentralschmierung usw.)
  - Korrosionsschutzprüfungsverfahren usw.

- der *Inspektion*
  Verfahren der Technischen Diagnostik [8.2]:

Methode	Verfahren	Anwendung
Volumetrische Werkstoff-prüfung	Radiographie	Riß- und Ungänzenprüfung
	Ultraschall	Riß-, Wanddickenprüfung
	Wirbelstrom	Riß-, Wanddickenprüfung
Oberflächen-diagnostik	Sichtprüfung	bei allen Instandhaltungs-arbeiten zur visuellen Fehlererkennung
	Endoskopie	Fehlererkennung bei Ober-flächen von Hohlräumen durch enge Öffnungen
	Television	Fehlererkennung bei schwer zugänglichen Bauteilen und zur Automatisierung
	Farbeindring-prüfung	Rißprüfung
	Magnetpulver-prüfung	Rißprüfung

Methode	Verfahren	Anwendung
	Potentialsondenverfahren	Rißprüfung
	Rauheitsmessung	Oberflächenkontrolle bei Verschleiß und Korrosion
	Holographische Interferometrie	Rißprüfung, Verformungsüberwachung
	Oberflächendiagnostik mit mehreren Verfahren	Automatisierung und Kombination mehrerer Verfahren
Thermische Diagnosemethoden	berührende Temperaturmessungen	Lagerüberwachung, Reibungskontrolle
	berührungsfreie Temperaturmessungen	Flammendiagnostik, Überhitzungen, elektrische Kontakt- und Montagestellenüberwachung, Oberflächentemperaturverteilung
Schwingungsdiagnostik	Wellen, Schwingungen	Laufverhalten großer rotierender Maschinen, Lagerkontrolle
	Effektivwert	Wälzlagerkontrolle
	Kurtosis	Wälzlagerkontrolle
	Frequenzspektrum	Maschinen- und Anlagenüberwachung
	Phasenwinkel	Maschinendiagnostik
	Druckschwingungen	Systemdiagnostik hydraulischer und pneumatischer Kreisläufe

Methode	Verfahren	Anwendung
Schall-emissions-analyse	Rißdetektion	Integrale Rißprüfung an Behältern und Rohleitungen
	Leckortung	Leckkontrolle von Behältern und Rohrleitungen
	Gleitlager-diagnose	Reibungs- und Abnutzungs-kontrolle von Gleitlagern
	Wälzlager-diagnose	Tiefendiagnostik von Wälzlagern
	Dieselmotoren-diagnose	Periodische Betriebsvorgänge-diagnose
	Spike Energy	Wälzlagerdiagnose
Prozeßpara-meter-diagnostik	Leistungspara-meter	Verbrennungsmotoren, Pumpen
	Übergangs-prozesse	Abgasturbolader, Turbinen
	Verbrauchs-parameter	Verbrennungsmotoren
	Wirkungsgrad-überwachung	Maschinen und Anlagen
Partikel- und Betriebsme-diendiagnostik	Magnetdetek-tion	Abnutzungsmessung ferritischer Werkstoffe
	Ferrographie	Abnutzungsmessung ferritischer Werkstoffe

Methode	Verfahren	Anwendung
	Spektroskopie	Abnutzungsmessung aller Werkstoffe
	Radioaktive Spurenanalyse	Abnutzungskontrolle markierter Materialien
	Betriebsme-diendiagnose	Überwachung von Korrosionsvorgängen, Isolationsüberwachung, Emissionsüberwachung
	Leckdetektion	Dichtheitskontrolle von Systemen

- der *Instandsetzung*
    - Hubwerkzeuge, Krane
    - Vorrichtungen
    - Schweiß- und Löteinrichtungen
    - Pressen usw.

zugeordnet werden. Einen Schwerpunkt werden in Zukunft dabei die *tribosystem*-orientierten Arbeitsmittel, wie

- Meßschieber, Feinmeßschraube, Meßuhr, Meßmikroskop (Messung von linearem, planimetrischen, volumetrischen und massenmäßigem Verschleiß) [8.22]

- optische Emissionsspektroskopie, Röntgenfluoreszenzanalyse, Atomabsorptionsspektroskopie, Ferrographie (Sammlung und Analyse von Verschleißpartikeln, insbesondere in Ölproben)

- Indirekte Verschleiß-Meßmethoden
    - Schallmessungen (Anzeigen von Grübchenbildung usw.)
    - Temperaturmessungen (Heißlaufen von einem Lager usw.)
    - Energieaufnahme oder -abgabe

und die *wissensbasierten Diagnose-Systeme* (Expertensystem-Anwendung) bilden.

Bei der Entwicklung und späteren Nutzung eines Expertensystems werden unterschiedliche Personen und deren Wissen einbezogen. Erforderlich ist der Fachexperte,

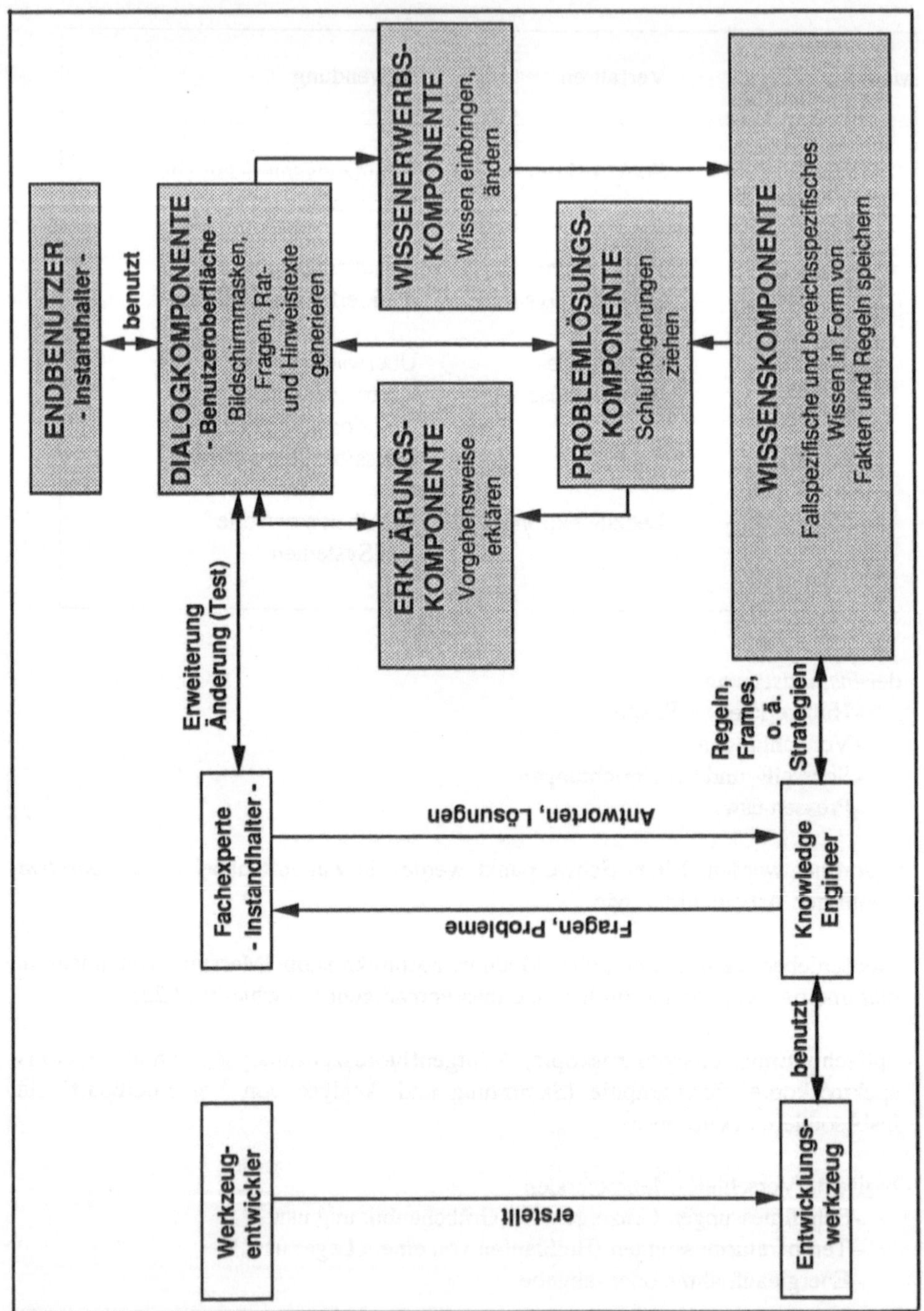

Bild 8.26 Zusammenwirken von "Rollen" und Expertensystemkomponenten [8.29]

der Wissensingenieur, der Werkzeugentwickler sowie der Endbenutzer (Bild 8.26). In der Theorie wird davon ausgegangen, daß die einzelne "Rolle" von unterschiedlichen Personen wahrgenommen wird.

In der Realität ist die "Rollenverteilung" nicht immer zu erkennen. Inbesondere kann ein Endbenutzer und ein Fachexperte durch dieselbe Person repräsentiert werden. Unter anderem hängt dies von der jeweiligen Entwicklungs- und Realisierungsphase des Expertensystems ab.

Für den Experten sind dabei im wesentlichen folgende Fragen zu beantworten (Beispiel: MAINTEX-Methode):

- Welches Wissen ermöglicht das Instandsetzen, Einrichten und Umrüsten einer Anlage?
    - Konstruktiver Aufbau, Funktionen,
    - mögliche Störungen und Störungsursachen,
    - Montagearbeiten, Reparaturen, Justierungen usw.

- Wie soll dieses Wissen dargestellt werden?
    - Festlegen von Diagnose-Struktur,
    - Festlegen von Störungshypothesen,
    - Festlegen von Vorgehensschritten.

- Wie wird dieses Wissen beim Auftreten einer Störung verwendet?

Der systeminterne logische Mechanismus zieht Schlüsse aus der Gegenüberstellung von Störungshypothesen und den aus der Anlage stammenden Informationen. In dem Schlußfolgerungsmechanismus ist die für MAINTEX spezifische Strategie für Daten-Auswertung und -Bearbeitung zur technischen Diagnose niedergelegt.

Die Abbildung der Analyse der Anlage und ihrer Funktionsstörungen erfolgt auf drei vordefinierten Modellebenen: Struktur, Funktionsstörungen, Interaktionen (Bild 8.27).

Wie grundsätzlich der Einstieg für den Dialog mit einem wissensbasierten System in bezug auf die Kompetenzstufe "Werker" gestaltet werden kann, zeigt eine zeitliche prototypische Anwendung in Bild 8.28. Die Funktionen des dort angegebenen Hauptmenüs lassen sich im Überblick wie folgt beschreiben [8.30]:

- *Allgemeine Diagnose:*
Zur Durchführung einer Diagnose ohne Einschränkung der Wissensbasis.

- *Baugruppenorientierte Diagnose:*
Zur Durchführung einer Diagnose, bei der die Wissensbasis auf die zuvor gewählten Baugruppen eingeschränkt ist.

- *Prozeßorientierte Diagnose:*
Zur Durchführung einer Diagnose, bei der die Wissensbasis auf die zuvor gewählten Prozeßschritte eingeschränkt ist.

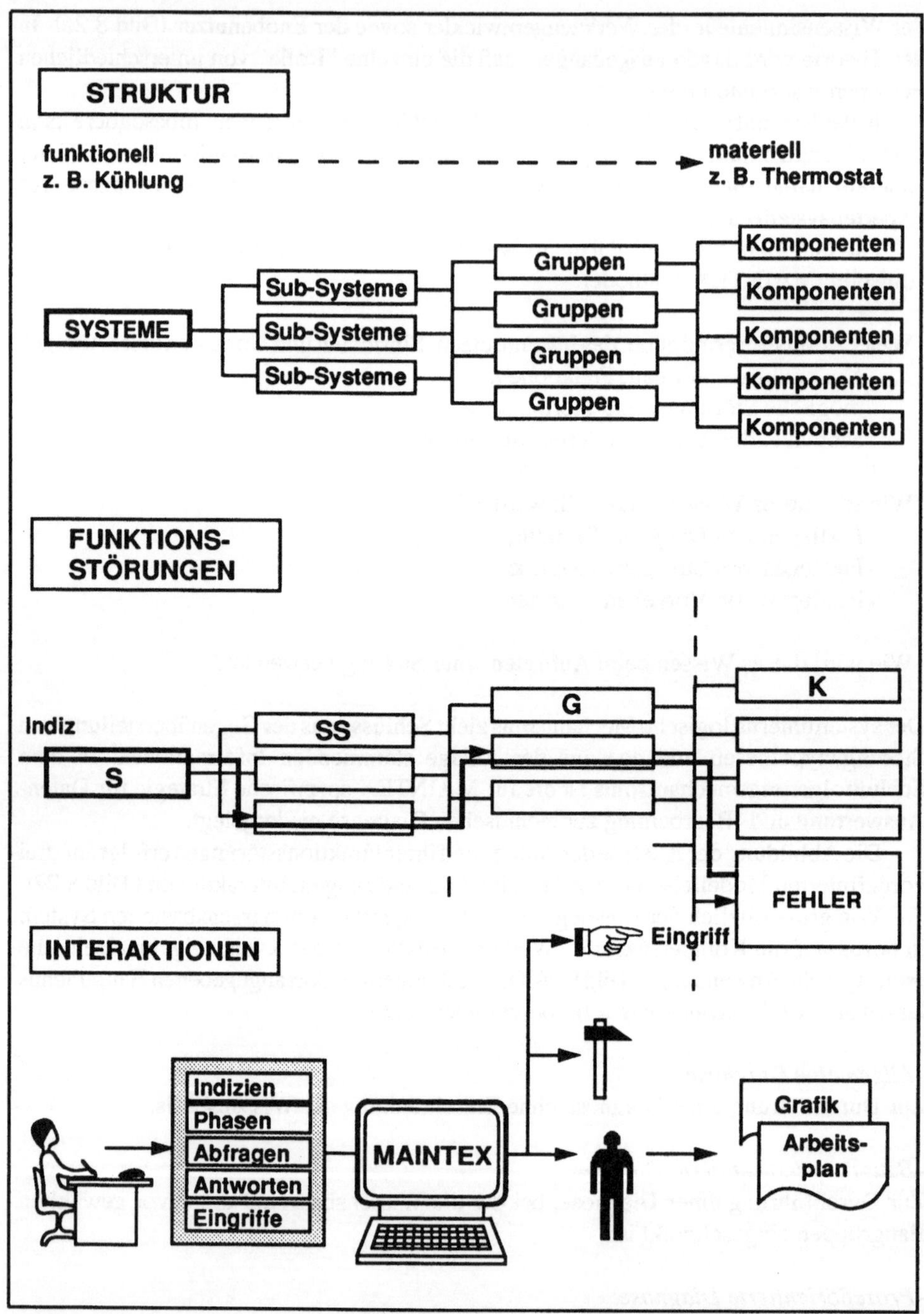

Bild 8.27 Die drei Ebenen des Diagnosemodells [8.29]

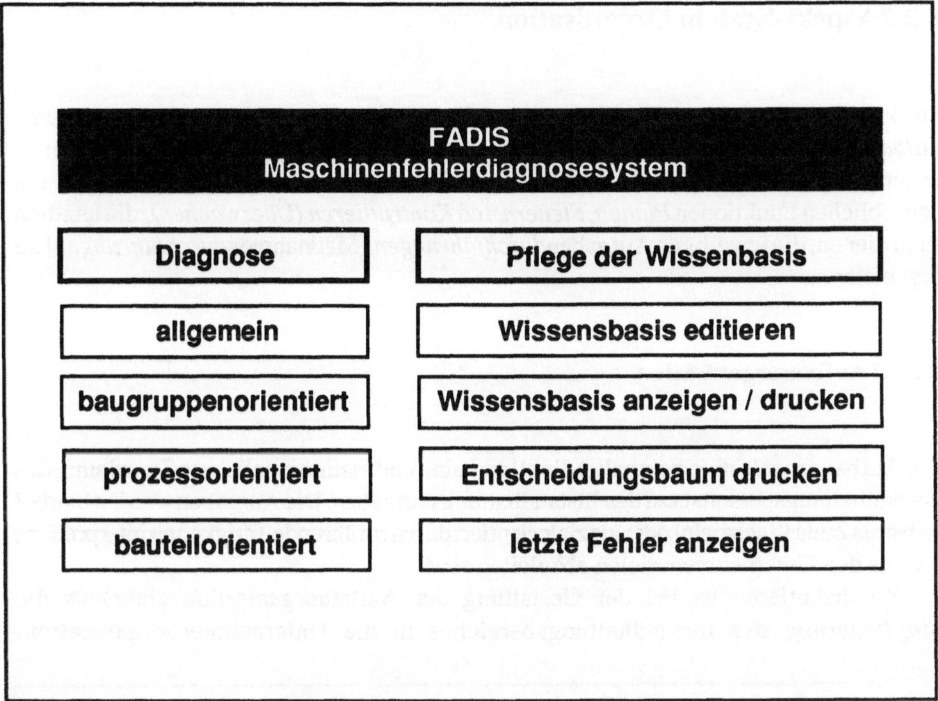

Bild 8.28 Hauptmenü für die Kompetenzstufe "Werker" desMaschinenfehlerdiagnosesystems FADIS [8.30]

- Bauteilorientierte Diagnose:
Zur Durchführung einer Diagnose, bei der die Wissensbasis auf die zuvor gewählten bauteilabhängigen Symptome eingeschränkt ist.

- Wissensbasis editieren:
Aufruf des Wissensbasis-Editors.

- Wissensbasis anzeigen/drucken:
Aufruf des Bildschirms zur Anzeige der Wissensbasis mit Druckfunktion.

- Entscheidungsbaum drucken:
Ausdrucken des Einscheidungsbaums auf einem postscriptfähigen Drucker.

- Letzte Fehler anzeigen:
Zusammenfassende Anzeige der zehn zuletzt bestätigten Diagnosen.

Als technische Arbeitsmittel zur *Planung*, *Steuerung* und *Überwachung* der Maßnahmen sind insbesondere zu nennen: Karteien, Mikrofilmgeräte, Dokumentations-Archive, Betriebsdatenverarbeitungseinrichtungen, Rechner (+ Zubehör) usw.

8.2.2 Aspekt-System Organisation

Strukturell und funktionell läßt sich die Organisation eines Unternehmens in eine *Aufbau-* und *Ablauforganisation* gliedern, wobei die beiden Organisationsformen in enger Wechselbeziehung zueinander stehen. Dieser Gliederung zuzuordnen sind die betrieblichen Funktionen *Planen*, *Steuern* und *Kontrollieren (Überwachen)*, die letztlich dazu dienen, die jeweiligen Aufgaben*durchführungen* (Maßnahmen*durchführungen*) zu organisieren.

8.2.2.1 Aufbauorganisation

Die Aufbauorganisation beinhaltet die allgemeine und institutionalisierte Zuordnung des Instandhaltungspersonals zu den Instandhaltungsaufgaben. Die Aufgaben werden hierbei selbst als Ziele (Sachziele) oder als zielorientiert durchzuführende Tätigkeiten interpretiert, die aus den Unternehmenszielen abzuleiten sind.

Zu diskutieren ist bei der Gestaltung der Aufbauorganisation einerseits die *Eingliederung* des Instandhaltungsbereiches in die Unternehmensorganisation,

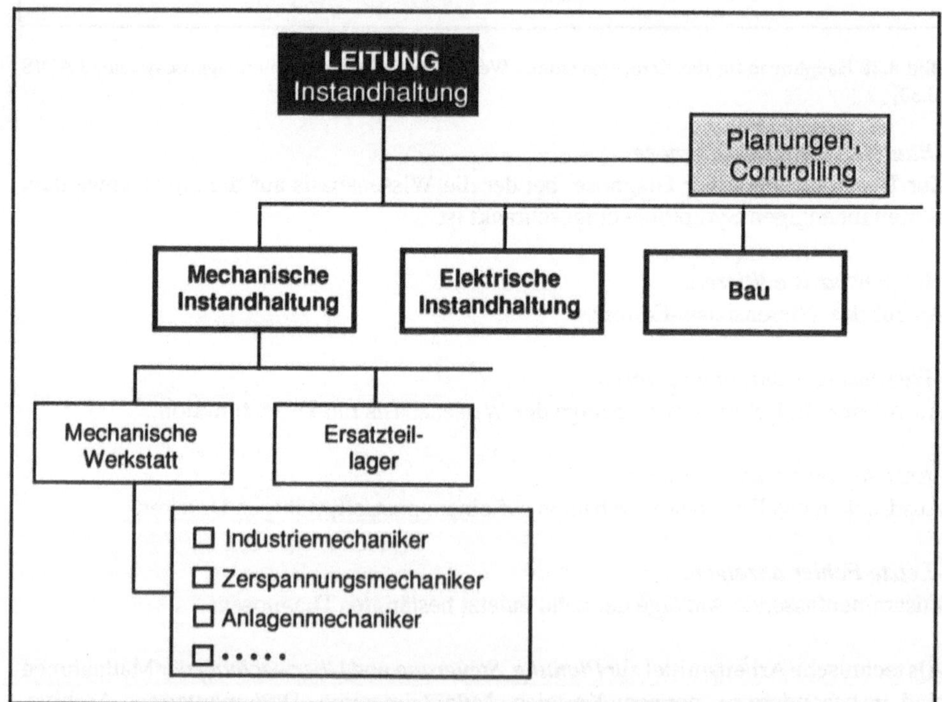

Bild 8.29 Vereinfachtes Organigramm einer funktionsorientierten Stab-Linien-Organisation

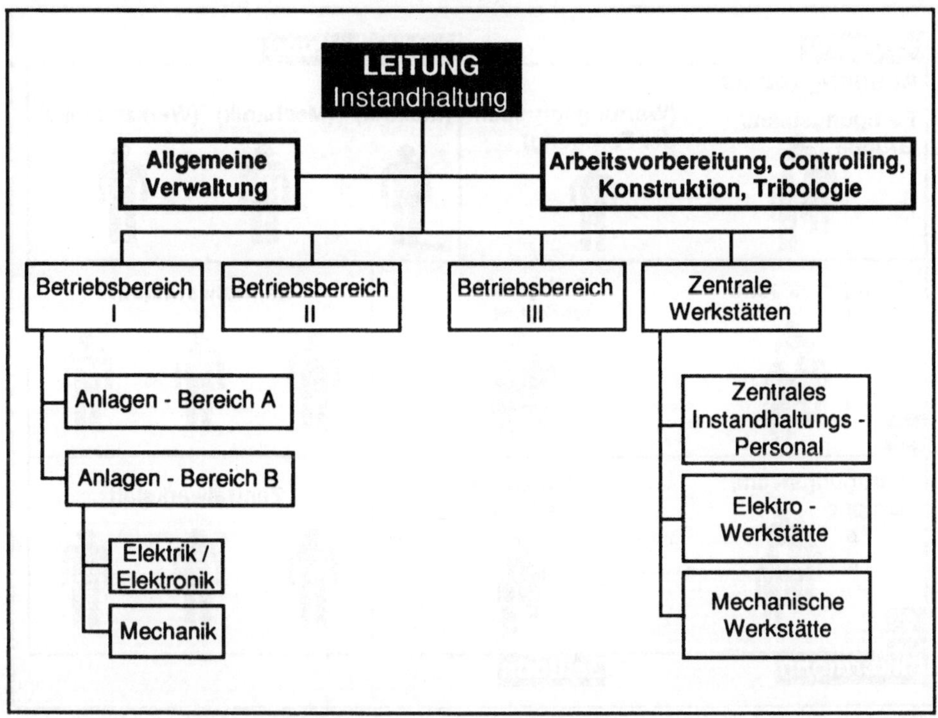

Bild 8.30 Vereinfachtes Organigramm einer anlagenorientierten Stab-Linien-Organisation

andererseits die *Strukturierung* des *Bereiches* selbst. Die Eingliederung in die Unternehmenshierarchie ist sowohl für die Formulierung als auch für die Durchsetzung der Instandhaltungsziele gegenüber den weiteren internen sowie externen Stellen von Bedeutung. Grundsätzlich kann die Eingliederung nach den bekannten Prinzipien Linien-, Stab-Linien- und Matrix-System erfolgen. Beim *Einliniensystem* erhält jeder nachgeordnete Entscheidungsträger nur von einer übergeordneten Instanz Weisungen. Im *Stab-Linien-System* werden den einzelnen Instanzen Spezialisten (Stäbe) zur Entscheidungsvorbereitung und Kontrolle zugeordnet.

Bei der *Matrixorganisation* wird eine nach Funktionen vertikal gegliederte Organisation von einer objektorientierten, horizontalen Organisation überlagert.
Als Leitlinien für die Strukturierung des Unternehmensbereiches *Instandhaltung* haben sich neben den oben genannten Systemen das *Verrichtungsprinzip* und das *Objektprinzip* herauskristallisiert. Werden die organisatorischen Einheiten nach dem Verrichtungsprinzip gebildet, so erfolgt eine Spezialisierung der Mitarbeiter auf bestimmte Tätigkeiten (mechanische, elektrische Instandsetzung, Bau, Wartung, Inspektion); es entstehen *Funktionsbereiche*, d. h., es liegt eine *funktionale* Organisationsstruktur vor [8.13].

Bei der Anwendung des Objektprinzips wird hingegen eine Spezialisierung auf *Objekte* (Sachanlagen, Anlagenbereiche, Betrachtungseinheiten) vorgenommen. Das Verrichtungs- und Objektprinzip wird darüber hinaus auch kombiniert angewendet. In den Bildern 8.29 und 8.30 werden vereinfachte Organigramme der funktionsorientierten

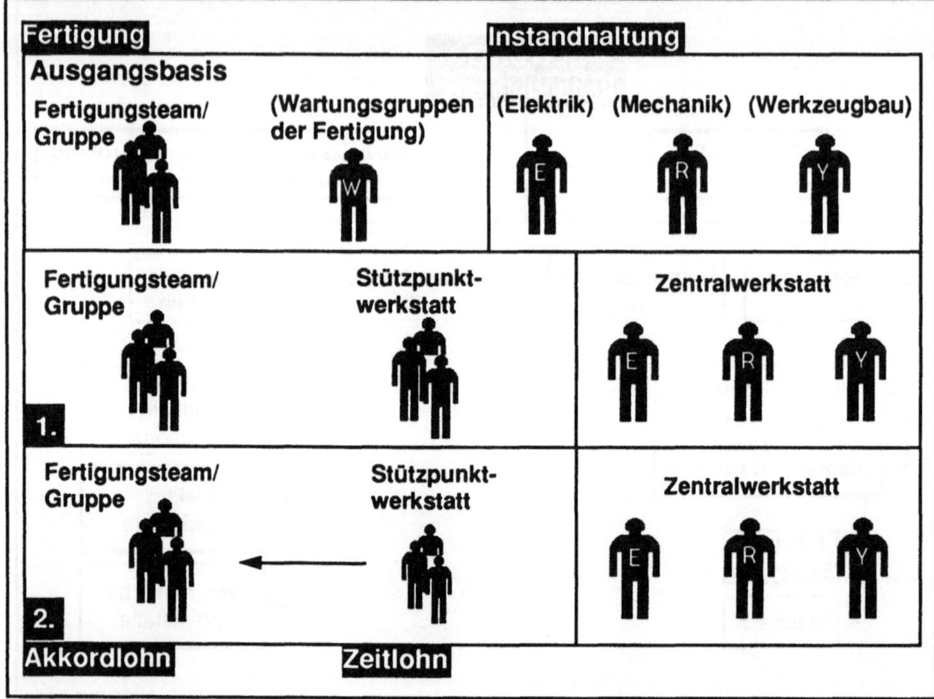

Bild 8.31 Stufen der Neustrukturierung "Instandhaltung-Fertigung" bei der Fa. AUDI AG [8.23]

sowie anlagenorientierten Stab-Linien-Organisation wiedergegeben. Die jeweiligen Vor- und Nachteile der unterschiedlichen Organisationsform werden bei [8.13] ausführlich diskutiert.

Die zunehmende Automatisierung und Flexibilität der Fertigungsanlagen, insbesondere in der Automobilindustrie, stellen grundsätzlich die traditionelle Abgrenzung der Bereiche *Fertigung, Qualitätssicherung* und *Instandhaltung* in der Durchführungsebene in Frage. Um sowohl die geplante *Anlagenverfügbarkeit* zu sichern, wurden unter dem Gesichtspunkt der Integration von Instandhaltungsleistungen neue Organisationsformen und Abläufe konzipiert und realisiert.
Die Ausgangsbasis sowie die weiteren Entwicklungsstufen einer derart konzipierten integrierten Instandhaltung werden in Bild 8.31 dargestellt.

8.2.2.2 Ablauforganisation

Die zielgerichtete Aktionsstruktur - soweit sie auf Dauer angelegt ist - bildet die sogenannte Ablauforganisation der Unternehmung. Spezifischen Zielen und/oder Aufgaben werden zu ihrer Erfüllung zeitliche und räumliche Aktionen bestimmter

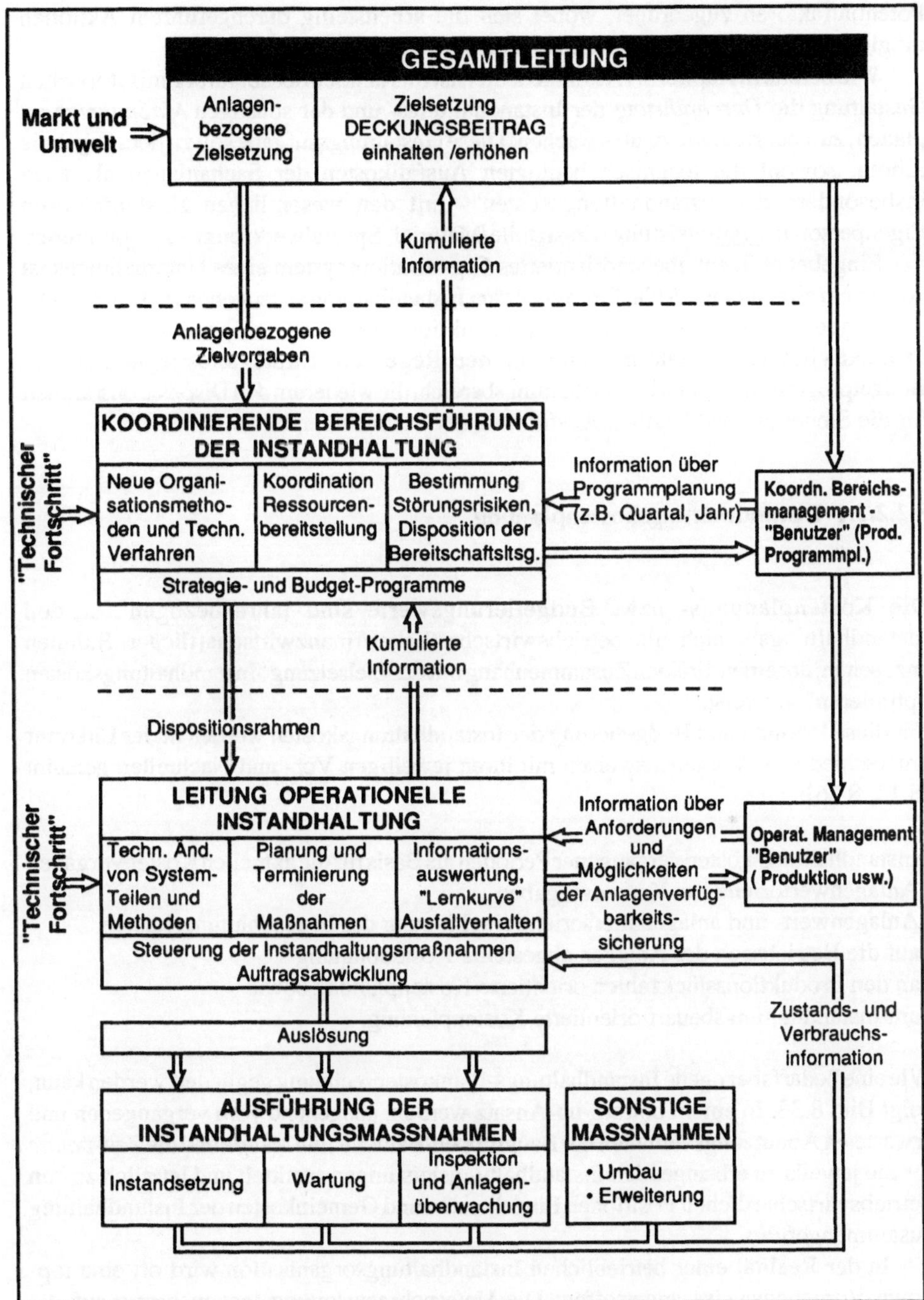

Bild 8.32 Das Subsystem Instandhaltung in der Ebenendarstellung, nach [8.25]

Potentialfaktoren zugeordnet, wobei sich die arbeitsteilig durchgeführten Aktionen möglicherweise zyklisch wiederholen können [8.24].

Wie bereits in Kapitel 8.1.1.6 angedeutet, ist im Rahmen der ablauforganisatorischen Gestaltung die *Durchführung* der Instandhaltungs- und der sonstigen *Maßnahmen* zu planen, zu steuern sowie zu überwachen. Diese Gestaltungsaufgabe soll zu dem Ergebnis führen, sowohl die technisch bedingten Ausfallkosten der Sachanlagen als auch insbesondere die Instandhaltungskosten - mit den wesentlichen Kostenfaktoren Eigenpersonal, Fremdleistung, Ersatzteile/Material, Spezialwerkzeuge - zu optimieren.

Eingebettet in ein ebenenorientiertes Organisationssystem eines Unternehmens ist von einem allgemeinen Ablauf im *Subsystem* Instandhaltung auszugehen (Bild 8.32). Die anlagenbezogenen Zielsetzungen (Produktionsverfahren, Kapazitätsauslastung, Produktivität usw.) determinieren in der Regel die Strategiefestlegungen und Budgetprogramme für den Instandhaltungsbereich, die wiederum den Dispositionsrahmen für die Steuerung und letztlich Ausführung der Maßnahmen bilden.

8.2.2.2.1 Instandhaltungskostenplanung

Die Kostenplanungs- bzw. Budgetierungswerte sind jahresbezogen für den Instandhaltungsbereich als betriebswirtschaftlicher/finanzwirtschaftlicher Rahmen anzusehen, der einen direkten Zusammenhang mit der Zielsetzung "Instandhaltungskosten optimieren" aufweist.

Für diese Planung und Budgetierung der Instandhaltungskosten werden in der Literatur unterschiedliche Vorgehensweisen mit ihren jeweiligen Vor- und Nachteilen genannt [8.13, 8.26]:

- Instandhaltungskosten vergangener Perioden als Basis für die aktuellen Kostenvorgaben
- Anlagenwertorientierte Kostenvorgaben
- Anlagenwert- und anlagenaltersorientierte Planung der Instandhaltungskosten
- auf die Betriebszeit der Anlagen abgestellte Kostenplanung
- an den Produktionsstückzahlen orientierte Kostenplanung sowie
- am Instandhaltungsbedarf orientierte Kostenplanung.

Wie eine bedarfsbezogene Instandhaltungs-Plankostenrechnung gegliedert werden kann, zeigt Bild 8.33. In einem bottom-up-Ansatz werden, ausgehend vom vergangenen und erwarteten Abnutzungsverhalten der Baugruppen/Bauteile, die *Menge* und die *Zeitspanne* für die jeweils zu erbringenden Instandhaltungsleistungen ermittelt und letztlich zu den betriebswirtschaftlichen Positionen Einzelkosten und Gemeinkosten der Instandhaltung zusammengeführt.

In der Realität einer betrieblichen Instandhaltungsorganisation wird oft eine top-down-Vorgehensweise angetroffen. Die Unternehmensleitung legt in bezug auf die Ergebniserwartung für das folgende Jahr einen Budgetierungsbetrag X für die Funktion *Instandhaltung* fest. Aufgabe der Instandhaltungsverantwortlichen ist es dann,

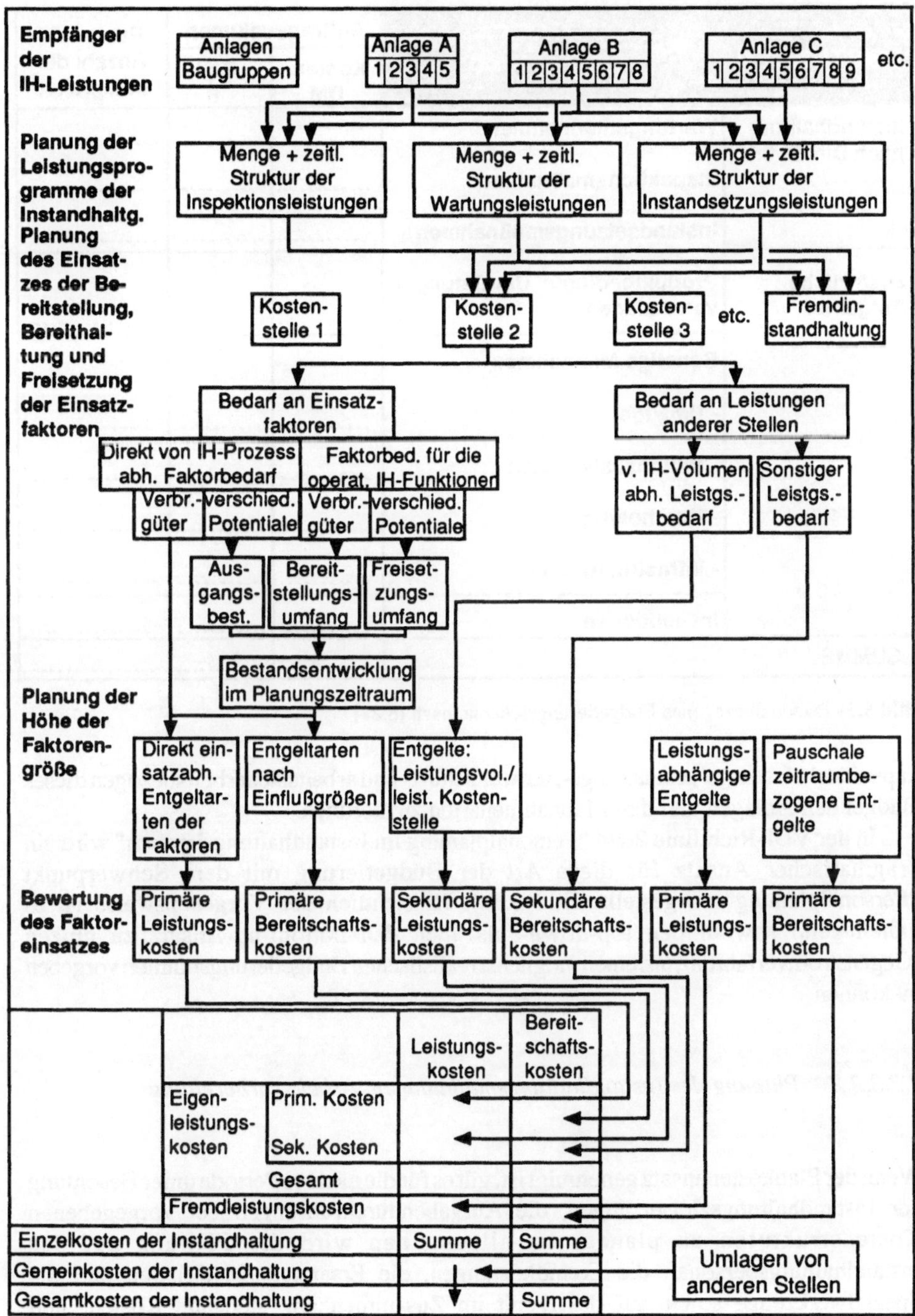

Bild 8.33 Stufen der Instandhaltungs-Plankostenrechnung [8.26]

LEISTUNGEN		Auftragsvolumen Kosten DM	Auftragsvolumen Zeit h	Personal / Anzahl der Mitarbeiter
Instandhaltung nach DIN 31 051	Wartungsmaßnahmen	....	....	....
	Inspektionsmaßnahmen	....	....	....
	Instandsetzungsmaßnahmen	....	....	....
Zusätzliche Aufgaben	Produktbedingte Umrüstungen von Anlagen	....	....	....
	Sonstige Maßnahmen			
	- Umzüge	....	....	....
	- Rationalisierungen	....	....	....
	- Überholung	....	....	....
	- Infrastruktur usw.	....	....	....
	Investitionen	....	....	....
SUMME		....	....	....

Bild 8.34 Personalbezogenes Budgetierungsschema, nach [8.27]

kapazitätsbelastungs-, abnutzungs-, umweltschutz- und arbeitssicherheitsbezogen dieses Budget den Anlagen und den Maßnahmenarten zuzuordnen.

In der VDI-Richtlinie 2894 "Personalplanung im Instandhaltungsbereich" wird ein pragmatischer Ansatz für diese Art der Budgetierung mit dem Schwerpunkt "Personalplanung" vorgestellt (Bild 8.34). Hinsichtlich der Vorgehensweise ist es naheliegend sowohl den top-down- als auch den bottom-up-Ansatz zu nutzen (Gegenstromverfahren), um einen möglichst realistischen Budgetierungsrahmen vorgeben zu können.

8.2.2.2.2 Planung der Instandhaltungsmaßnahmen, Arbeitsvorbereitung

Wenn der Plankostenansatz genehmigt ist, gilt es für die nächste Periode unter Beachtung der Instandhaltungszielsetzungen, die Aufgabendurchführungen bei vorgegebenen Kostenstrukturen zu planen. Im allgemeinen wird die Planung auf das Instandhaltungspersonal, die Fremdleistungen, die Ersatzteile/Materialien und die Spezialwerkzeuge sowie auf das damit im Zusammenhang stehende Kosten- und Auftragsvolumen bezogen.

Im besonderen sind die Durchführungen bei der Wartung, Inspektion, geplanten Instandsetzung und bei den sonstigen Maßnahmen vorzubereiten, zu beobachten und nachzubereiten. Die letztgenannten Teilfunktionen "Vorbereiten", "Beobachten" und "Nachbereiten" werden der betrieblichen Funktion *Arbeitsvorbereitung* zugeordnet.
Im Rahmen der Teilfunktion "Vorbereiten" ist die Arbeitsvorbereitung zum einen für die Umsetzung der ausgewählten Strategien (ausfallbedingte, präventive und/oder zustandsabhängige Instandhaltung), für die Ermittlung, Beschaffung sowie den Einsatz von Spezialwerkzeugen und Vorrichtungen, für die Werkstättenplanung und Ersatzteil-/Materialplanung sowie für die Personal- und Budgetplanung verantwortlich. Zum anderen ist sie im engeren Sinn für die Instandhaltungsarbeitsplanerstellung und -verwaltung sowie Auftragsplanung zuständig. In Bild 8.35 wird diese Zuständigkeit in einer Ebenenzuordnung verdeutlicht.

Bei den Teilfunktionen "Beobachten" und "Nachbereiten" ist für den Arbeitsvorbereiter die Auftragsabwicklung selbst und die Auswertung der Maßnahmendurchführung als Schwerpunkt seines Tätigkeitsspektrums zu sehen. Im einzelnen lassen sich die Auftragsabwicklungsfunktionen der Arbeitsvorbereitung strukturieren in:

- Auftragsannahme und Prüfung der Auftragsunterlagen
- Klärung der Auftragssituation
- Auftragsplanung / Vorkalkulation
- Angebotskalkulation (fakultativ)
- Auftragskoordinierung
- Auftragsabrechnung, Auftragsauswertung, Nachkalkulation
- Anlaß für Verbesserungen (technisch, organisatorisch, personell)
- Kapazitätsabgleich (Instandhaltungspersonal, Fremdleistung, Auftrag).

Die Arbeitsvorbereitungsfunktionen sind einerseits mit den Aufgaben der Betriebsingenieure, wie beispielsweise Technische Klärung, andererseits mit den Instandhaltungsmeistern abzustimmen.

8.2.2.2.3 Steuerung und Durchführung der Instandhaltungsmaßnahmen, Auftragsabwicklung

Die Ergebnisse der Planung sowie die nicht vorhersehbaren Störungs- und Ausfallmeldungen bilden in der Regel die Eingangsgrößen für die Steuerung der Instandhaltungsmaßnahmen. Im Rahmen der Auftragsabwicklung müssen die Instandhaltungspersonalkapazitäten (Eigen- und Fremdpersonal), die Ersatzteile/Materialien, die Spezialwerkzeuge/Vorrichtungen und entsprechenden Informationen rechtzeitig bei der Auftragserteilung durch den Instandhaltungsmeister/Vorarbeiter und/oder während der Auftragsdurchführung zur Verfügung stehen.

Die Aufträge können nach planbaren und nicht planbaren Maßnahmen unterschieden werden. Zu den planbaren Maßnahmen gehören zyklisch wiederkehrende Maßnahmen,

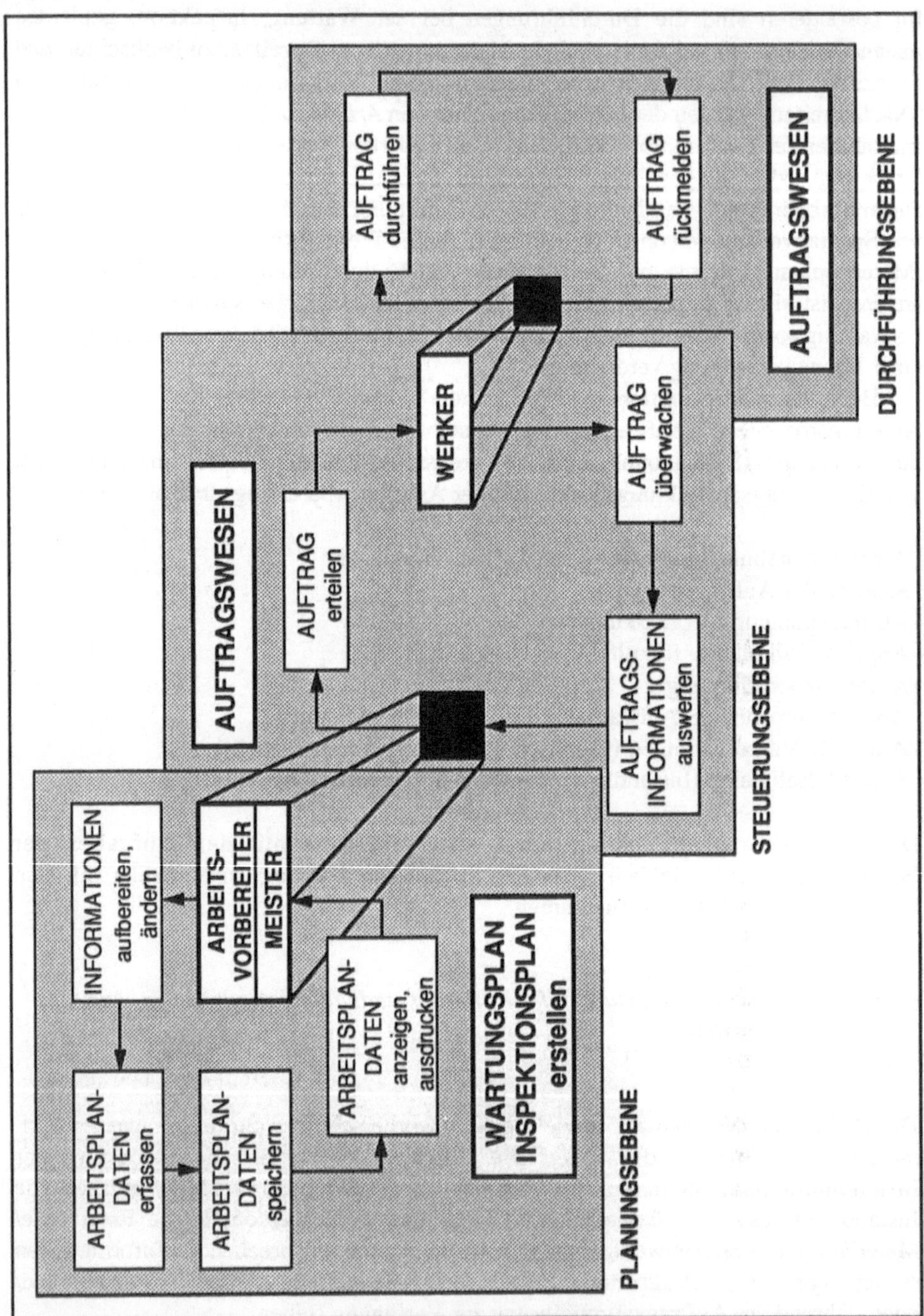

Bild 8.35 Ebenenzuordnung "Arbeitspläne" - "Auftragsabwicklung"

nicht zyklisch geplante Aufträge sowie Projekte. Zu den nicht planbaren Maßnahmen zählt die Störungs-/Ausfallbehebung. Darüber hinaus werden Aufträge nach Einzel-, Sammel- und Daueraufträge, nach Eigen- und Fremdaufträgen und aus abwicklungstechnischen Gründen nach Haupt- und Unteraufträgen strukturiert (Bild 8.36).

Angestoßen wird die Auftragsabwicklung durch eine Störungs-/Ausfallmeldung oder durch einen aktuellen Anfangstermin für planbare Maßnahmen. Dann erfolgt die eigentliche Auftragsgenerierung und -erfassung. Anschließend ist der Auftrag zu "bearbeiten", indem beispielsweise die Ersatzteillieferbereitschaft und der Fremdleistungseinsatz geprüft, eine Vorkalkulation durchgeführt, der Auftrag terminiert und zur Durchführung freigegeben wird.

Eine Auftragsfortschrittskontrolle, bei der der Fertigstellungsgrad, die Termineinhaltung und die Kostenabwicklung zu beobachten ist, sollte die Durchführung begleiten. Mit der Auftragsschlußmeldung verbunden ist zum einen die Fortschreitung der Lebenslaufinformationen über die technische Einrichtung, zum anderen die Berechnung der Ist-Kosten sowie das Erkennen von Verbesserungsmöglichkeiten bei der Anlagentechnik oder in der Organisation. Wie sich die Bearbeitungsphasen eines Instandhaltungsauftrages gestalten lassen, zeigt Bild 8.37.

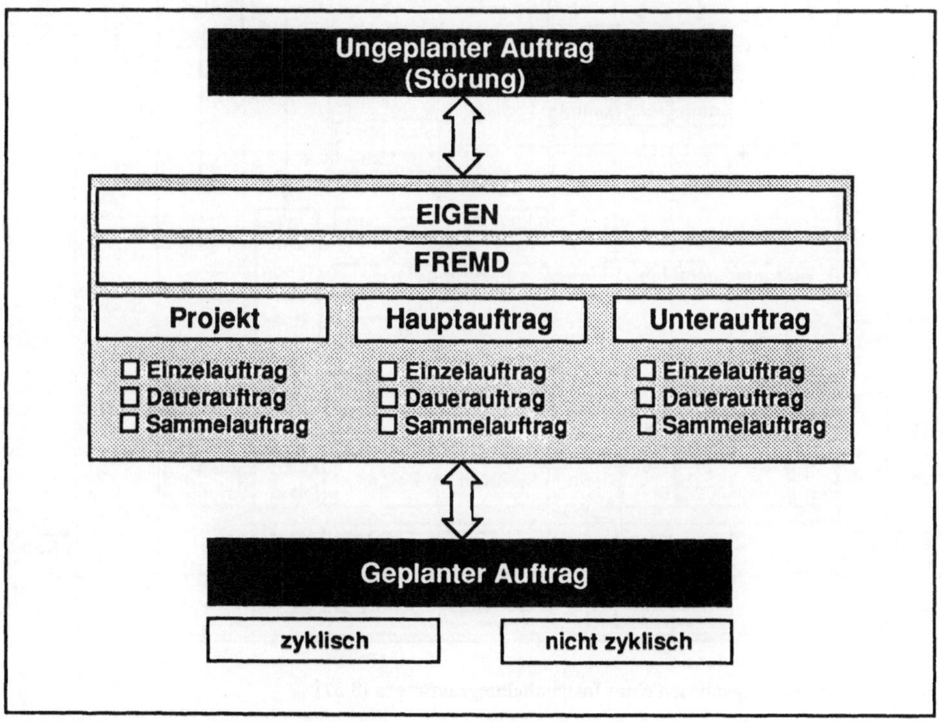

Bild 8.36 Auftragsartengliederung [8.28]

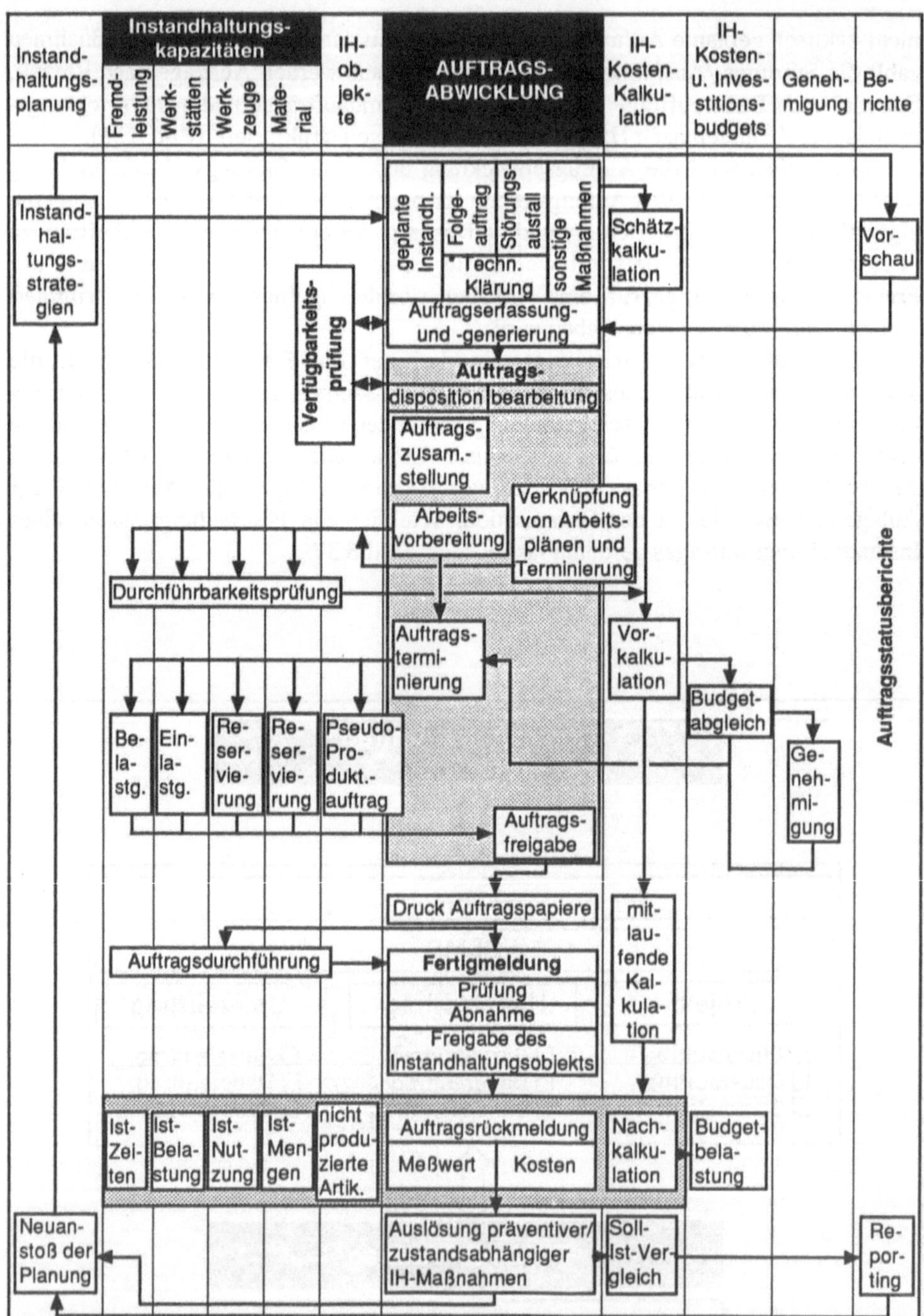

Bild 8.37 Bearbeitungsphasen eines Instandhaltungsauftrages [8.31]

8.2.2.2.4 Ersatzteilplanung und -steuerung

Neben der Maßnahmendurchführung und damit indirekt dem Instandhaltungspersonaleinsatz schlagen die Ersatzteilkosten in der Regel als zweitwichtigste Instandhaltungskostenposition zu Buche. *Ersatzteile* sind Teile, Gruppen oder vollständige Erzeugnisse, die dazu bestimmt sind, geschädigte, verschlissene oder fehlende Teile, Gruppen oder Erzeugnisse zu ersetzen (DIN 24 420).

In der DIN 31 051 werden die Ersatzteilarten unterschieden in Reserveteil, Verbrauchsteil und Kleinteil (Bild 8.38)

Diese aus dem Blickwinkel des Instandhaltungsverantwortlichen notwendige Gliederung wird im Produktionsbetrieb vom Bereich Materialwirtschaft als Ergänzung zu den bekannten Begriffen *Hilfsstoffe* (Lötzinn, Schleifmittel, Isolierstoffe usw.) und *Betriebsmittel* (Schmierfette, Öle usw.) verstanden. Diese ergänzende Einordnung ist erforderlich, um den spezifischen Kriterien der Ersatzteilbewirtschaftung gegenüber der allgemeinen Materialwirtschaft Rechnung tragen zu können:

- sehr großes Ersatzteilspektrum
- verminderte Planbarkeit führt zu erhöhter Risikovorsorge

RESERVETEIL

Ersatzteil (siehe DIN 24 240 Teil 1), das einer oder mehreren Anlagen eindeutig zugeordnet ist, in diesem Sinne nicht selbständig genutzt, zum Zwecke der Instandhaltung disponiert und bereitgehalten wird und in der Regel wirtschaftlich instandgesetzt werden kann.
Anmerkung: Entsprechend der Möglichkeit, Reserveteile einer oder mehreren Anlagen zuzuordnen, können Einort- oder Mehrort-Reserveteile unterschieden werden.

VERBRAUCHSTEIL

Ersatzteil, das einer oder mehreren Anlagen eindeutig zugeordnet ist, in diesem Sinne nicht selbständig genutzt, zum Zwecke der Instandhaltung disponiert und bereitgehalten wird u. dessen Instandsetzung in der Regel nicht wirtschaftlich ist.

KLEINTEIL

Ersatzteil, das allgemein verwendbar, vorwiegend genormt und von geringem Wert ist.

Bild 8.38 Ersatzteilarten nach DIN 31 051

- niedrige Bedarfsmengen
- geringe Umschlaghäufigkeit
- fehlendes zukünftiges Ersatzteilangebot sowie eines auf die Reserveteile und Verbrauchsteile bezogenen möglichen Zyklus, nach [8.32]:

Austauschen eines schadhaften Bauteiles infolge einer Instandsetzung (Teil X); Ersatz dieses Teiles durch ein Ersatzteil (Teil Y); Ausbessern des ausgebauten Bauteiles (Teil X); Bevorratung des Teiles X als Ersatzteil; Austauschen des schadhaften Teiles Y; Ersatz dieses Bauteiles (Teil Y) durch das Ersatzteil (Teil X) usw.

Im Rahmen der Ersatzteilplanung sind zunächst entscheidungsrelevante Nutzen- und Kosteninformationen hinsichtlich einer Bestandsfestlegung bereitzustellen. Auf der Kostenseite liegen in der Regel die Informationen vor, Nutzeninformationen fehlen fast völlig. Um zumindest näherungsweise den jeweiligen Nutzen grob abschätzen zu können, schlägt Hug [8.32] vor, anlagen- und baugruppen-/bauteilbezogene Nutzwerte zu ermitteln. *Anlagenbezogen* fallen für die Nutzenermittlung folgende Bestimmungsfaktoren besonders ins Gewicht:

- Bedeutung und Stellung der Anlage im Betrieb,
- Fertigungsprozeßtyp eines Anlagenkomplexes (Art der Verkettung, Automatisierungsgrad),
- technischer Zustand der Anlage,
- Marktstellung der auf der Anlage gefertigten Produkte,
- anlagenbezogene Kosten- und Erlösinformationen,
- Beschäftigungssituation der Anlage und
- Kompensationsmöglichkeiten eines Produktionsausfalls.

Baugruppen-/bauteilbezogene Nutzen ergeben sich aus einer Bewertung von nutzenbestimmenden Einflußgrößen wie:

- Anlagenkonstruktion,
- produktionsprozeßbezogene Nutzenstiftung der Anlagenteile,
- Beeinflussung der Betriebssicherheit,
- Informationen über den technischen Zustand/den Abnutzungsverlauf von Bauteilen,
- Möglichkeiten der Abnutzungshemmung und -beseitigung und
- Möglichkeiten der Ersatzteilebereitstellung.

Im Zusammenhang mit den Bereitstellungs- und Bevorratungsentscheidungen zeigen Ergebnisse aus der Betriebspraxis, daß die Dispositionsmethoden entsprechend der ersatzteilwirtschaftlich relevanten Problemtypen ausgewählt werden sollten. Als Problemtypen sind beispielsweise zu nennen [8.32]:

- Bereitstellung und Bevorratung von Ersatzteilen mit einem vergleichsweise geringen Wert und tendenziell regelmäßigem hohen Periodenbedarf,

- Bereitstellung und Bevorratung von Ersatzteilen mit einem vergleichsweise hohen Wert unter Zugrundelegung eines bauteiltypischen Ausfallverhaltens
  - bei vornehmlich zufallsabhängig ausfallenden Bauteilen und
  - bei vornehmlich altersbedingt ausfallenden Bauteilen,

- Gemeinsame Bereitstellung einer Anlage und dazugehöriger Ersatzteile (Sonderfall Erstausstattung einer Anlage mit Ersatzteilen) und

- Ersatzteilbereitstellung und -bevorratung bei zeitweise fehlenden Bereitstellungsmöglichkeiten (fehlendes zukünftiges Ersatzteilangebot - Problemfall elektronische Bauteile).

In der betrieblichen Situation wird bei der Planung von *Reserveteilen* nicht nach der Lagermenge und -zeit gefragt, sondern danach, ob überhaupt ein Reserveteil gelagert werden soll oder nicht. Dementsprechend lautet die Frage: Soll ein Reserveteil bei der Anschaffung der Sachanlage gekauft und gelagert werden, um es bei Nichtbedarf am Lebensende der Anlage/Maschine zu verschrotten, oder soll das Teil erst nach Eintreten eines Schadens gekauft werden, wobei dann während der Bestell- und Lieferzeit die auftretenden Folgekosten (Fehlmengenkosten) zu tragen sind [8.33].

Verbrauchsteile haben voraussichtlich eine kürzere Lebensdauer als die Sachanlage selbst oder deren Komponenten. Das zu lösende Problem bei der Planung liegt darin, diese "voraussichtlich kürzere Lebensdauer" zu bestimmen (bauteiltypisches Ausfallverhalten). Den Unwägbarkeiten bei der Bestimmung dieser Bestände und der wirtschaftlichen Bestellmengen wird in der Praxis durch vertragliche Bindungen mit den Lieferanten Rechnung getragen. Rahmenverträge legen die Bedingungen für Lieferantenbeziehungen fest, sie spezifizieren das Ersatzteil und legen Bezugskonditionen fest, umfassen aber keine Bezugsmengenangaben. Abrufverträge legen zusätzlich die in einem bestimmten Zeitraum abzunehmenden Mengen fest.

Bei der *Kleinteile*-Planung stellt sich die Optimierungsfrage [8.33]:

Wie groß muß die Bestellmenge am Anfang der Bestellperiode sein und wie oft soll innerhalb des betrachteten Intervalls bestellt werden und/oder wie groß ist die Bestellperiode zu wählen, damit die Gesamtkosten innerhalb des Intervalls minimal werden?

D. h., gesucht wird das Kostenminimum je Sorte und für das gesamte Sortiment. In der Regel übernimmt der Bereich "Materialwirtschaft" die Durchführung und Überwachung dieser verbrauchsgesteuerten Kleinteilebereitstellung.

Bezogen auf die Bedarfsprognose ist zusammenfassend festzuhalten: es besteht grundsätzlich die Möglichkeit einer verbrauchs- oder programmgesteuerten Ersatzteilbereitstellung. Bei Teilen, die sich relativ häufig umschlagen, empfiehlt es sich, eine am tatsächlichen Verbrauch der Vergangenheit orientierte stochastische Ersatzteilbedarfsprognose mittels statistisch-mathematischer Methoden vorzunehmen. Für höherwertige, nur sporadisch benötigte Anlagenteile sollte man sich bemühen, die Bedarfsprognose zuverlässigkeitstheoretisch zu fundieren [8.32].

Beide Ansätze einer Bedarfsprognose weisen eine hohe Affinität zu einer vornehmlich *ausfallbedingten* Instandhaltung auf, die tendenziell *hohe Ersatzteilbestände* erforderlich macht. Bei einer mehr *planmäßig-inspektionsorientierten* Instandhaltungspolitik bietet sich die Möglichkeit einer sich an den Instandhaltungsterminen orientierten Ersatzteilbereitstellung.

Die einzelne Bereitstellungs- und Bevorratungsmaßnahme muß im Zusammenhang mit einem bereichsbezogen erstellten Ersatzteilbereitstellungsbudget (Panungskomponente) einerseits und einem aussagefähigen Kennzahlensystem (Kontrollkomponente) andererseits gesehen werden. Als Kennzahlen sind zu nennen:

- Ersatzteilbestandswert [Geldeinheit, GE]

- Relativer Ersatzteilbestandswert [%]:

$$\frac{\text{Ersatzteilbestand}}{\text{indiz. Anschaffungswert der Anlagen}}$$

- Wertmäßiger Ersatzteilverbrauch

- Ersatzteilkostenanteil:

$$\frac{\text{Ersatzteilkosten}}{\text{Summe der Instandhaltungskosten}} \quad [\%]$$

- Lieferbereitschaftsgrad [%]:

$$\frac{\text{Anzahl Entnahmen Einlagen}}{\text{Anzahl Anforderungen}}$$

- Umschlag Ersatzteillager:

$$\frac{\text{Wiederbeschaffungswert entnommene Ersatzteile}}{\text{Wiederbeschaffungswert Ersatzteile-Bestand}}$$

Diese Kennzahlen werden als Ist-Werte der laufenden Periode sowie der Vorperiode und als Plan- bzw. Soll-Werte der laufenden Periode geführt. Analysen und entsprechende Interpretationen der Abweichungen bilden die Grundlage für eine optimale Steuerung des Ersatzteilbestandes.

8.2.2.2.5 EDV-System-Einsatz

Die fortwährenden Veränderungen auf den Absatzmärkten und die damit einhergehenden Flexibilitätserwartungen an die Unternehmen bei gleichzeitigem Bestreben die Wochenarbeitszeiten reduzieren zu müssen, haben u. a. zur erhöhten Automatisierung und zu Komplexitätssteigerungen in der Anlagentechnik geführt. Darüber hinaus ist zu erkennen, daß die Anzahl und die Spezialisierung der vom Unternehmensbereich Instandhaltung zu betreuenden technischen Einrichtungen ständig zunimmt und immer mehr Spezialwissen für das Instandhalten erforderlich wird.

In diesem Zusammenhang steigt auch der Aufwand für die jeweils notwendige, insbesondere *manuelle* Informationsverarbeitung an. Wenn diesen Kausalitäten nicht Rechnung getragen wird, dann vergrößert sich die Distanz zwischen den Ereignissen an den Anlagen und den Entscheidern (Betriebsleitung, Betriebsingenieur, Meister, Arbeitsvorbereiter usw.) mit der Folge, einmal erworbenes Erfahrungswissen nicht wirkungsvoll nutzen, sowie technische und organisatorische Schwachstellen nicht systematisch ermitteln zu können.

Wieder verringert werden kann diese Distanz durch den Einsatz problemangepaßter, *automatisierter* Informationssysteme. Dies wurde bereits in einigen Unternehmen erkannt, wie die Auswertung einer Firmenbefragung (81 Unternehmen) im Jahr 1992 zeigt (Bild 8.39). Danach liegen beispielsweise in Chemieunternehmen über ein umfangreiches Funktionsprofil von "Objektverwaltung (Anlagen/Maschinen)" bis zum "Einkauf" - EDV-Systemeinsatzerfahrungen vor. Die Analyseergebnisse zeigen des weiteren, daß in der Nahrungsmittelindustrie eine mehr ausfallorientierte Instandhaltungsstrategie verfolgt wird: Optimierte Ersatzteilverwaltung ermöglicht ein sofortiges Austauschen von Bauteil und Ersatzteil, wobei eine kurzfristige, exakte Schadensursachenbestimmung nicht erforderlich zu sein scheint. Die planbare Instandhaltung besitzt in diesem Fall keinen hohen Stellenwert.

Bevor ein EDV-System zur Unterstützung der Ablauforganisation im Instandhaltungsbereich eingeführt wird, sind die in Bild 8.40 dargestellten grundsätzlichen Zusammenhänge zu beachten und zu bewerten:

- Ziele des Fachbereiches/der Abteilung Instandhaltung
- Zielkonflikte mit anderen Unternehmensbereichen
- Technisch-organisatorische Funktionen/Aufgaben sowie
- der jeweilige Methoden- und Hilfsmitteleinsatz.

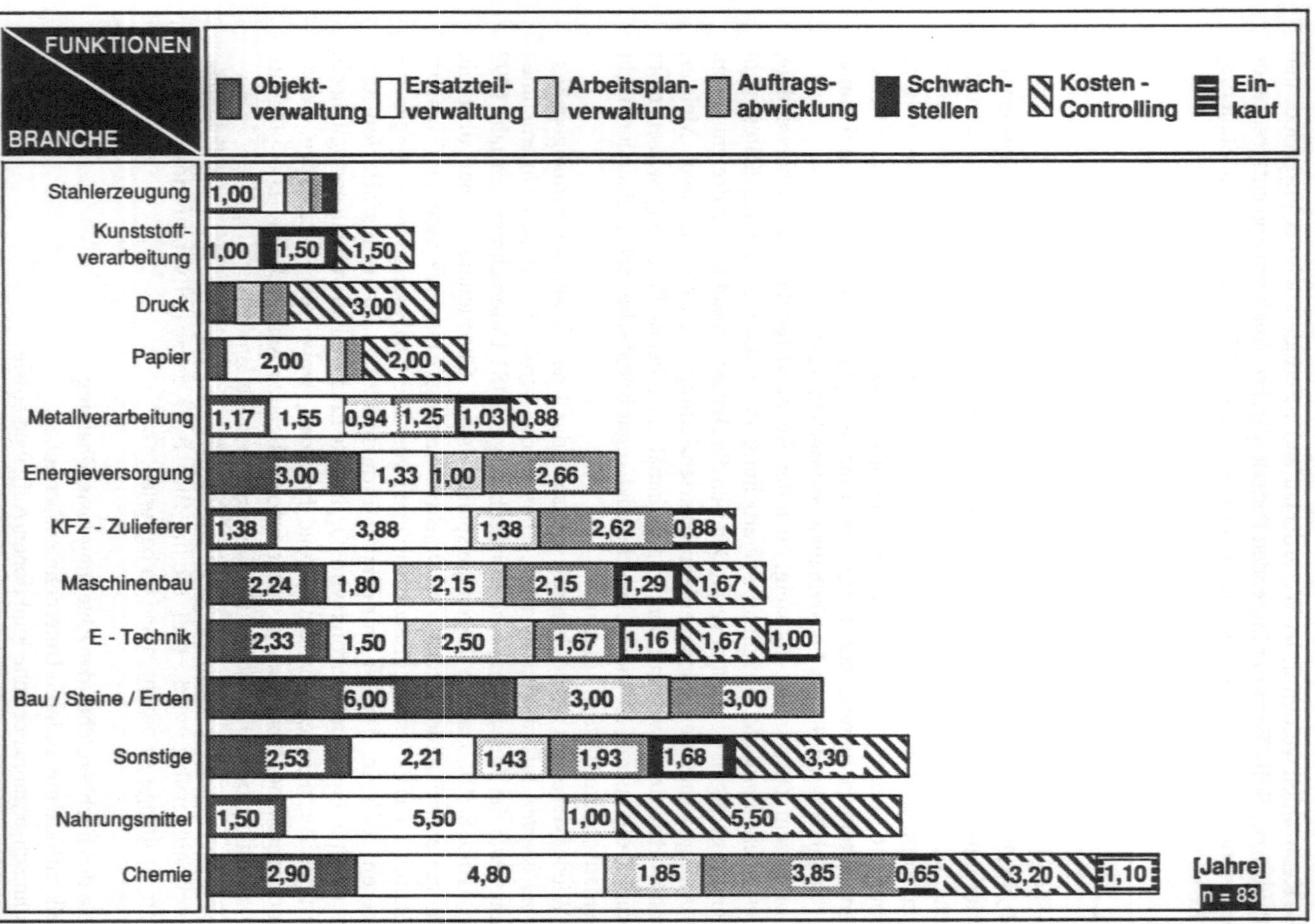

Bild 8.39 Durchschnittliche Einsatzdauer von EDV-Systemen in verschiedenen Branchen [8.34]

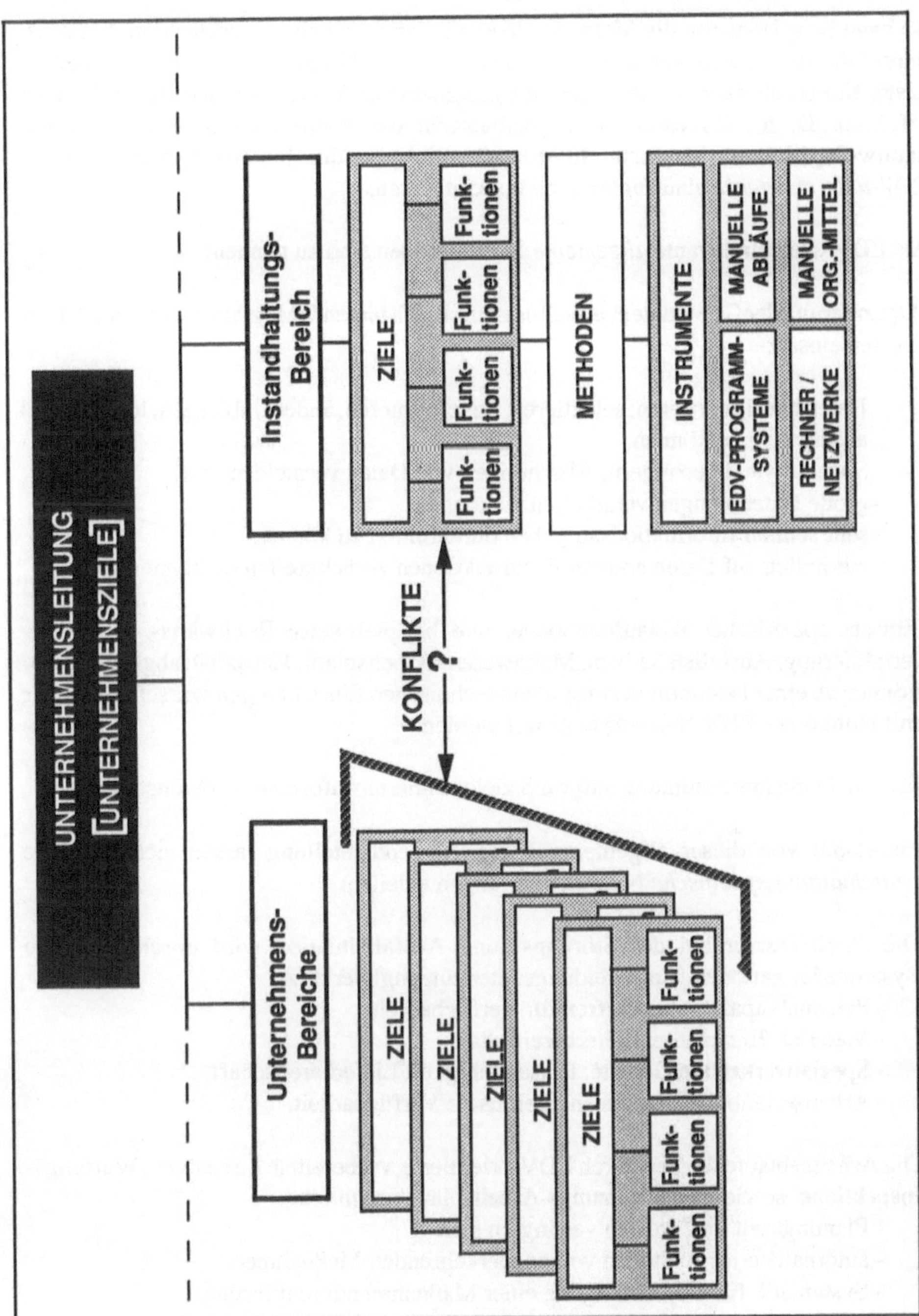

Bild 8.40 Zusammenhänge, Ziele, Funktionen/Aufgaben, Methoden, Instrumente

So kann beispielsweise die Methode "Vorkalkulation bei einer anstehenden Auftragsdurchführung" sowohl manuell mit entsprechenden Hilfsmitteln (Vergleichstabellen: Liste, Kartei) als auch automatisiert mit geeigneten EDV-Programmsystemfunktionen erfolgen. D. h., insbesondere in Anbetracht der zahlreichen Dokumentationsnachweispflichten im Instandhaltungsbereich ist der jeweilige Nutzen einer *EDV-unterstützten* Ablauffunktion zu konkretisieren.

Als EDV-systemrelevante *allgemeine* Nutzengrößen sind zu nennen:

- Optimierung der Grunddatenverwaltung durch sich bietende Möglichkeiten beim EDV-Systemeinsatz

    - Daten häufig sortieren, selektieren, transformieren, ändern, abfragen, löschen und ausdrucken zu können
    - Suchaufwand verringern, Abschreiben von Daten vermeiden usw.
    - große Datenmengen verarbeiten zu können
    - sehr schnell Informationsaufgaben durchführen zu können
    - zusätzlich auf Daten anderer Fachfunktionen zurückgreifen zu können.

- Einsatz spezifischer Ablaufmethoden, wie beispielsweise Rückwärts-, Vorwärtsterminierung, Ausfallstatistiken, Mahnwesen (Arbeitsplan), Kapazitätsabgleiche usw. können ab einer bestimmten Anzahl von technischen Einrichtungen wirtschaftlich nur mit Hilfe eines EDV-Systems realisiert werden.

- Entscheidungsunterstützung aufgrund zielorientierter Informationsbereitstellung.

Ausgehend von dieser allgemeingültigen Nutzendarstellung lassen sich folgende *instandhaltungsspezifische* Nutzenerwartungen ableiten:

- Die *Reaktionszeit* bei der Störungs- und Ausfallsituation wird durch passende Systeminformationen (Entscheidungsunterstützung) verkürzt:
    - Personalkapazität (eigen/fremd): Verfügbarkeit
    - Material-/Ersatzteile: Lieferbereitschaft
    - Spezialwerkzeuge/Gerüste: Einsatzfähigkeit/Lieferbereitschaft
    - Arbeitserlaubnis/Arbeitssicherheit usw.: Verfügbarkeit.

- Die Arbeitsabläufe werden durch EDV-orientierte, vorbereitete Revisions-, Wartungs- Inspektions- sowie Instandsetzungs-Arbeitspläne optimiert.
    - Planungszeit und -kosten verringern sich
    - automatisiertes Anstoßen von wiederkehrenden Maßnahmen
    - Systematik für die Bestätigung einer Maßnahmendurchführung.

- Störungs- und ausfallbedingte Instandsetzungen können durch anlagenstruktur- und/ oder bauteil(typ)bezogene Schwachstellenanalysen reduziert werden.

- Material- und Ersatzteilbestände lassen sich durch
    - Verwendungsnachweise,
    - Verbrauchsstatistiken und
    - entsprechende Schwachstellenanalysen

  optimieren.

- Sämtliche Ereignisse und Vorgänge (Störungen, Ausfälle, Arbeitsplanausführung, Material- und Ersatzteilbewegungen, Aufträge usw.) können automatisiert rückgemeldet, registriert und dokumentiert werden.

Die Darstellung dieser Nutzungsgrößen, die Einbeziehung des instandhaltungsorientierten Zielsystems (vgl. Abschnitt 8.1.2) sowie die Ergebnisse mehrerer Organisationsanlaysen (vgl. auch Firmenbefragung, Bild 8.39) erlauben es, eine quasi Standard-Konzeption für die EDV-Unterstützung im Instandhaltungsbereich zu entwickeln. Diese Konzeption besteht aus den wesentlichen Komplexen

- Anlagen-/Maschinen
    - Anlagenstrukturierung
    - Baugruppen, Bauteile, Bauteiltypen
    - Dokumentationen
    - Prozeßdaten
    - Daten: Arbeitssicherheit, Betriebssicherheit, Umweltschutz

- Auftrag
    - Personalkapazität (eigen)
    - Fremdleistung
    - Ersatzteile/Material
    - Arbeitsplan (präventive/zustandsabhängige Instandhaltung)
    - Vor- und Nachkalkulation

- Instandhaltungsbudget
    - Instandhaltungsprogramm
    - Kostenarten/Kostenstellen,

wobei diese Bausteine einzubetten sind in das betriebliche Informationsumfeld, wie Materialwirtschaft, Kostenrechnung, Produktionsplanung und -steuerung.

Individuelle Umsetzungen dieser Konzeptionsstruktur werden in den Bildern 8.41, 8.42, 8.43, 8.44 beispielhaft dargestellt.

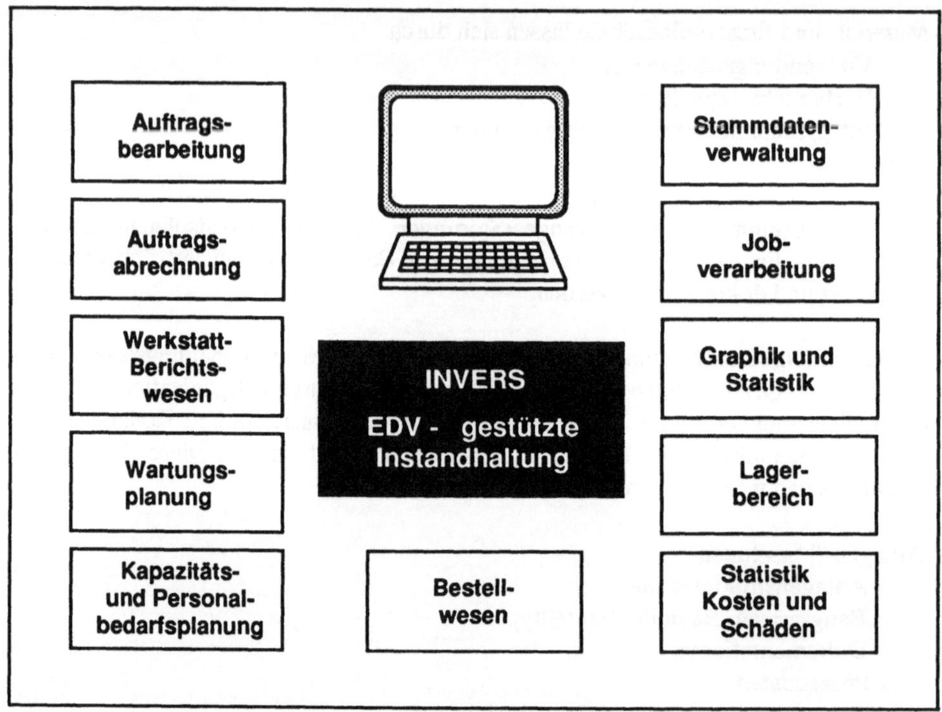

Bild 8.41 Systemüberblick INVERS der Fa. Ford Werke AG, Köln [8.35]

Die Realisierung der Konzeption in Programmsystem- und Hardwareplattformen erfolgt in der Regel für drei unterschiedliche Anforderungstypen:

- Integrierte Instandhaltungssysteme auf Hostrechnern
- Dezentrale Instandhaltungslösungen auf Systemen der mittleren Datentechnik
- PC-orientierte Instandhaltungslösungen der individuellen Datenverarbeitung.

Diese Anforderungstypen sind betriebsspezifisch in einer Vor- und Nachteile-Diskussion zu beschreiben. Beispielsweise kann eine derartige Vorgehensweise zu folgenden Ergebnissen führen:

Integrierte Instandhaltungssysteme auf Hostrechnern
Vorteile:

- Umfassende Instandhaltungsfunktionalität
- Integrierte Kostenrechnung: Auftragskalkulation und Abrechnung, Werkstattabrechnung, Instandhaltungs-Budgetierung und Controlling
- Integrierte Materialwirtschaft/Ersatzteilwirtschaft, Stücklisten, Bestandsführung, Ersatzteile, Reservierungen, Disposition, Beschaffung, Wiederaufbereitung

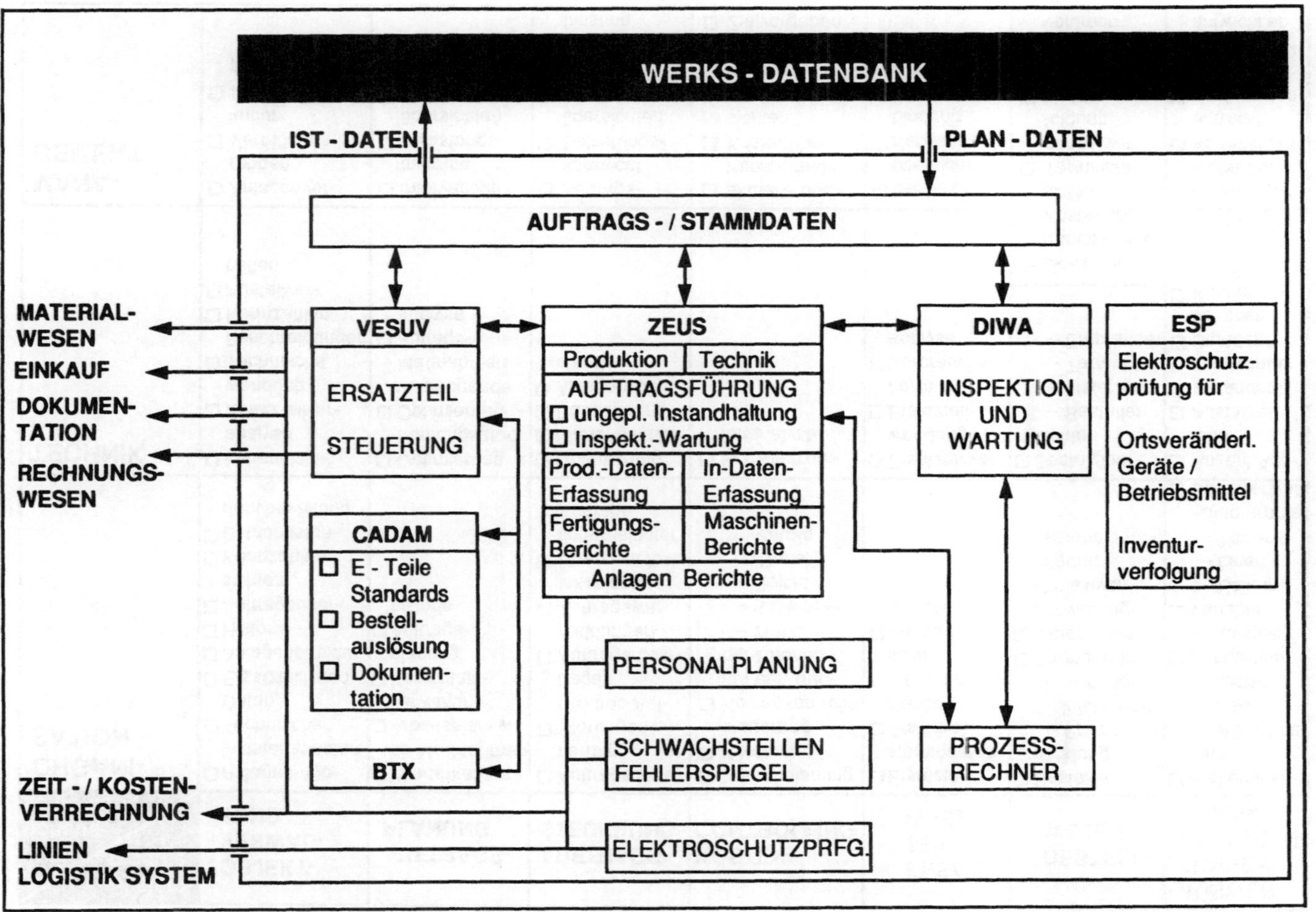

Bild 8.42 Anlagen-Informationssystem der IBM-Werke [8.36]

Systemmodule / Funktionsbeschreibung	OBJEKT-VERWALTUNG	AUFTRAGS-PLANUNG	AUFTRAGS-STEUERUNG	KOSTEN-CONTROLLING	ERSATZ-TEIL-WESEN	BESTELL-WESEN	AUSWERTUNGEN ANALYSEN GRAFIK
ORGANISATION	□ Anlagen-/Objektstammdaten □ Technische Daten □ Ersatzteillisten □ Anlagenstruktur □ Historie □ Auftragsübersichten □ Kennzahlen □ Betriebsstundenverwaltung	□ Wiederkehrende Maßnahmen □ Arbeitsplanverwaltung □ Kapazitätsplanung □ Auftragshistorie	□ Auftragsgenerierung □ Störungen (Ad-hoc-Aufträge) □ Auftragsrückmeldungen □ Auftragswarteschlange □ Übersicht fertiggemeldeter Aufträge	□ Kostenplanung □ Kostensteuerung □ Kostenkontrolle auf den Budget-Ebenen -- Werk -- Kostenstelle -- Objekt -- (Dauer) Auftrag	□ Ersatzteilstammdaten □ Ersatzteilklassen (Merkmalslisten) □ Bestandsführung	□ Bestellabwicklung -- Fremdleistungen -- Material □ Formulardruck □ Lieferantenverwaltung □ Projektverfolgung □ Wareneingang	□ Frei definierbare -- ABC-Analysen -- Listen □ Sonderauswertungen □ Variable -- Balken -- Linen -- Torten-Diagramme □ Grafikverwalt.
TECHNIK	□ Lebenslaufanalyse □ Ersatzteilverwendung □ Technische Beschreibungen □ Kennzahlen □ Ausfallverhalten	□ Optimierung Planungsgrad □ Optimierung vorbeugende Maßnahmen □ Autragsanalyse	□ Optimierung □ Planungsgrad □ Reduzierung □ Anlagenstillstände	□ Schwachstellenanalyse	□ Ersatzteilverwendung □ Ersatzteilnormung □ Verbrauchsanalyse	□ Bestellübersichten -- Besteller -- Lieferant -- Termin -- Empfänger	□ Anzahl Ausfälle □ Ausfallrate □ Instandsetzungsdauer □ Stundenvolumen □ Kosten □ MTTR □ MTBF □ Kostenrate
MANAGEMENT	□ Anlagenvermögen □ Vermögenskultur □ Investitionsplanung	□ Intervalloptimierung □ Belastungsübersichten □ Personalplanung □ Make or Buy	□ Auftragsübersicht □ Belastungsübersichten □ Auftragssteuerung □ Datenerfassung	□ aktuelle und transparente □ Kostenübersichten □ Kostenvergleiche und -entwicklungen □ Zielvorgaben	□ Bestandsübersicht □ Kapitalbindung □ Verbrauchsstatistik □ Inventur	□ aktuelle und transparente Kostenübersichten □ Terminplanung/- verfolgung □ Lieferantenübersichten □ Bestellvolumen	□ Anlagenverfügbarkeit □ Kennzahlenentwickl. □ Kostenratenentwickl.en □ Belastungsentwickl.en

Bild 8.43 Funktionaler Überblick über das EDV-System EDVIN [8.37]

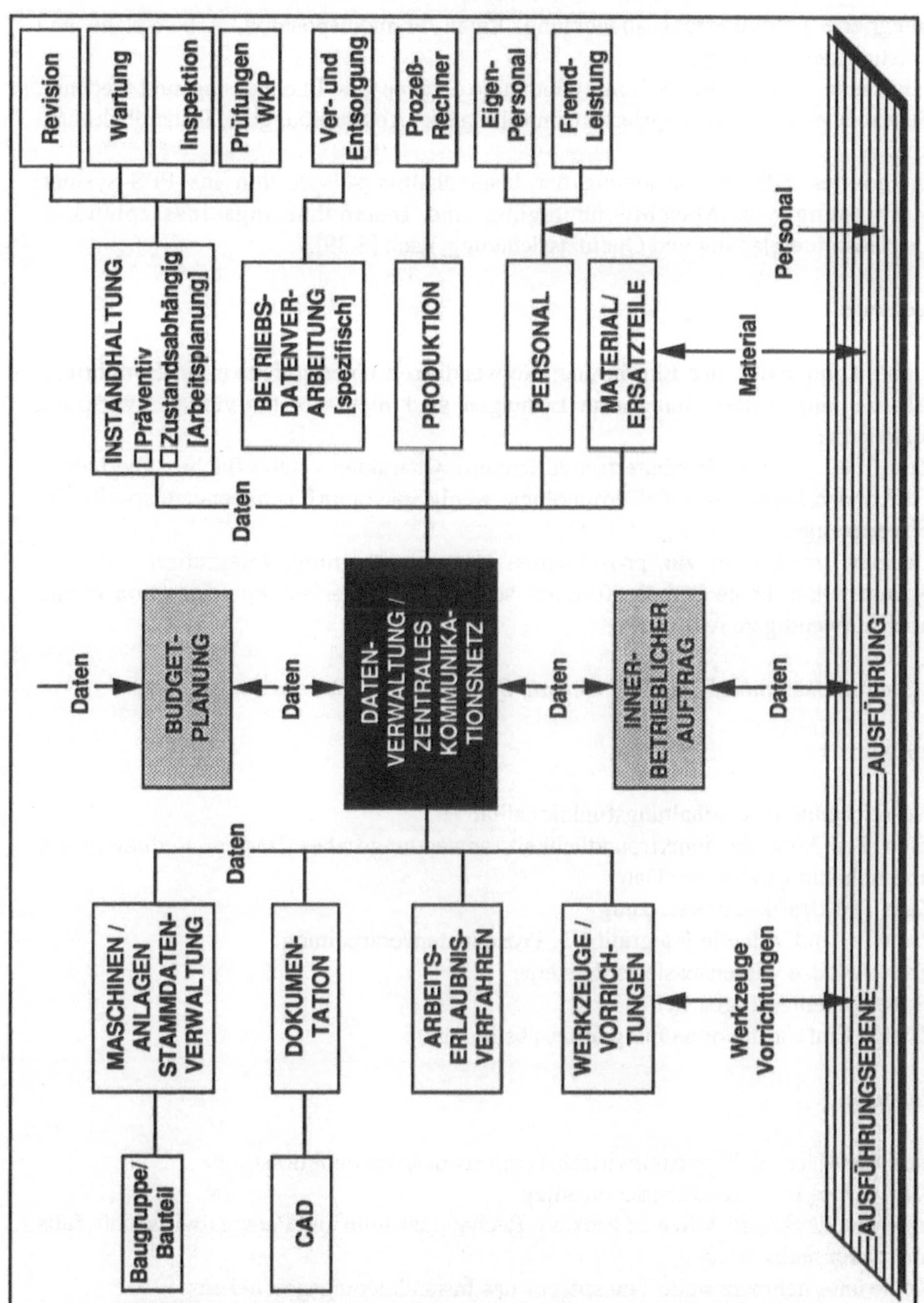

Bild 8.44 Konzeptionsbausteine für ein EDV-System in der Kraftwerksindustrie [8.38]

- Integrierte Fremdleistungsabwicklung: Eigen-/Fremddisposition, Arbeitspläne und Leistungsverzeichnisse
- Integrierte Anlagenbuchhaltung: Getrennte Sichten aus Buchhaltung und Technik, Stammdatenreferenz. Integriertes Controlling über Abschreibung und Instandhaltungskosten
- Integriertes PPS: Einbeziehung der Instandhaltungsdisposition ins PPS-System, Verbindung von Maschinenbelegung und Instandhaltungseinsatzplanung, Betriebsmittelplanung und Qualitätssicherung, nach [8.39].

Nachteile:

- Hohe Komplexität der Einführung: Notwendigkeit einer stufenweisen Einführung, Abstimmungsbedarf. Integrierte Lösungen sind nicht als Individualentwicklung realisierbar.
- Zum Teil geringe Bedienerfreundlichkeit: Charakter - Oberfläche, überladene Funktionen, betriebsfremde Terminologie, wenig Spielraum für endbenutzerspezifische Erweiterungen.
- Geringe Integration zur prozeßnahen Datenverarbeitung, Integration nur über Schnittstellen, keine Standardformate, selbst BDE-Zeiterfassungsintegration immer noch aufwendig zu realisieren.

Dezentrale Instandhaltungslösungen auf Systemen der mittleren Datentechnik

Vorteile:

- Ausreichende Instandhaltungsfunktionalität
- Zum Teil hohe Bedienerfreundlichkeit, anwendungsnahes Design, Reduktion auf instandhaltungsrelevante Daten
- Zum Teil Grafik-Unterstützung
- Zum Teil individuelle Integration in Prozeßdatenverarbeitung
- Erste Ansätze wissensbasierter Systeme
- Hohe Systemverfügbarkeit
- Zügige Einführung ohne Integrationsabstimmung.

Nachteile:

- Isolierte Material-/Ersatzteilwirtschaft mit reduzierter Funktionalität
- Kein echtes Instandhaltungscontrolling
- Individuelle Schnittstellen zu Einkauf, Rechnungswesen und Personalwirtschaft, falls überhaupt realisierbar
- Keine unternehmensweite Transparenz des Instandhaltungsgeschehens
- Ungesicherte Zukunftsentwicklung bei i. d. R. großer Abhängigkeit von der Hardwarelösung
- Begrenzte Datenhaltung

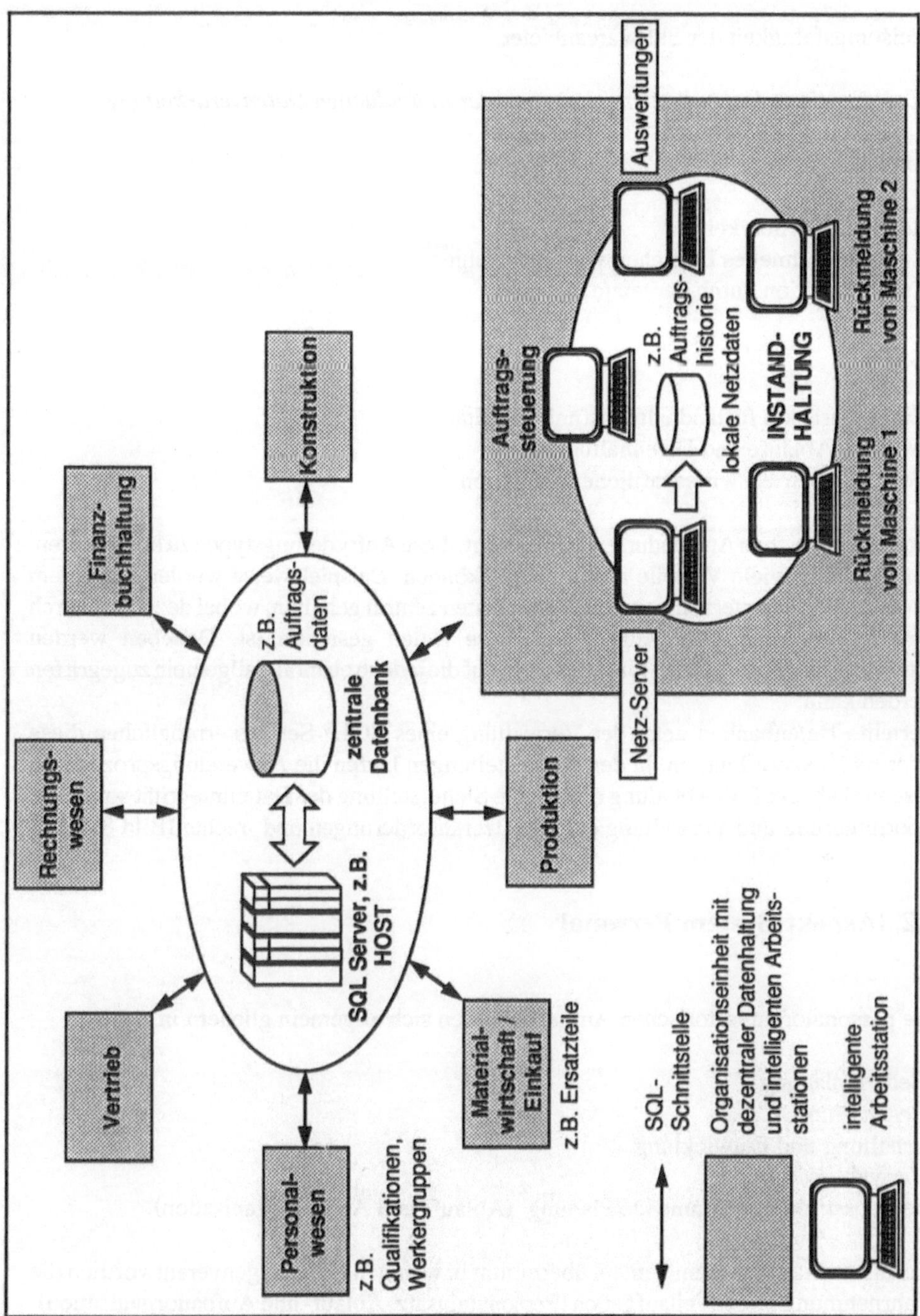

Bild 8.45 **Abbildung der Organisationseinheiten und -abläufe im Unternehmen mit verteilten Datenbanken und dezentralen intelligenten Arbeitsstationen [8.28]**

- Leistungsfähigkeit der Softwareanbieter.

PC - orientierte Instandhaltungslösungen der individuellen Datenverarbeitung

Vorteile:

- Leichte Erlernbarkeit
- Zum Teil schnelles Erreichen von Teilerfolgen
- Zukunftsoption durch vernetzte Systeme.

Nachteile:

- Eingeschränkte Instandhaltungsfunktionalität
- Isolierte Abläufe und Datenhaltung
- Fehlende betriebswirtschaftliche Integration.

In der betrieblichen Anwendung wird versucht, diese Anforderungstypen zu koordnieren, um möglichst viele Vorteile ausnutzen zu können. Beispielsweise werden auf einem Hostrechner die unternehmensrelevanten Daten zentral gehalten, wobei dezentral durch verteilte Intelligenz der Zugriff auf diese Daten gesichert ist. Daneben werden abteilungsspezifische Daten lokal gehalten, auf die jedoch ebenfalls allgemein zugegriffen werden kann.
Verteilte Datenbanken unter der Verwaltung eines SQL[5)]-Servers ermöglichen diese Informationskoordination. In den Fachabteilungen laufen die Anwendungsprozeduren dezentral ab, der DV-Abteilung obliegt die Sicherstellung der Datenintegrität sowie die Koordinierung und Verwaltung der Benutzeranforderungen und -rechte (Bild 8.45).

8.2.3 Aspekt-System Personal

Die personalorganisatorischen Aufgaben lassen sich allgemein gliedern in

- Bedarfsplanung,
- Beschaffung,
- Erhaltung und Entwicklung,
- Verwaltung sowie
- betriebsstrukturbestimmende Planung (Ablauf- und Aufbauorganisation).

Das Instandhaltungsmanagement übernimmt in wenigen Fällen eigenverantwortlich die Wahrnehmung dieser Teilaufgaben (Personaleinsatz, Ablauf- und Aufbauorganisation). In der Regel arbeiten die Bereiche "Personal" und "Instandhaltung" eng zusammen, um insbesondere die verschiedenen Belange bei der Bedarfsplanung, Beschaffung, Entwicklung und Personalkapazitätsabstimmung einbringen zu können.

Der Bedarf an Instandhaltungsleistungen bezieht sich im wesentlichen auf die bei den Instandhaltungsaufträgen angegebene Arbeitsleistung des Personals. Beeinflußt wird dieser Bedarf überwiegend durch den Produktionsprozeß und die dabei zu nutzenden Anlagen. Verdeutlicht wird der Zusammenhang von Produktionsparametern und personellem Instandhaltungsbedarf in Bild 8.46.

Dienstleistungen, wie beispielsweise die Erfüllung der Instandhaltungsaufgaben, können kaum auf Vorrat produziert werden. Werden sie angefordert, so müssen sie in der Regel sofort oder innerhalb eines kurzen Zeitraums erbracht werden. Instandhaltungsmaßnahmen durchzuführen ist somit eine Aufgabe, die von allen Beteiligten hohe Flexibilität erfordert.

- *fachlich* vielseitig, auch den laufenden technischen Änderungen angepaßt,
- *örtlich* beweglich, unter Inkaufnahme laufender Veränderungen des Arbeitsplatzes,
- *arbeitszeitlich* bereit, Schwankungen zu akzeptieren, nicht nur Überstunden, Samstags-/Sonntags- oder Nachtarbeit zu leisten, sondern auch im Falle schwankenden Arbeitsvolumens Arbeitsplatz- oder Aufgabenwechsel mit zu tragen [8.40].

Für die Ermittlung des Personalbedarfs im Instandhaltungsbereich sind zur Zeit keine theoretisch fundierten Methoden bekannt. In der betrieblichen Praxis werden folgende Vorgehensweisen einzeln und/oder in Kombination angewandt:

- *Bedarfsermittlung auf der Grundlage von Vergangenheitswerten*

Auf der Grundlage von Personal-Istwerten der Vorperioden werden um die zu erwartenden periodenbezogenen Steigerungen die Personalkosten für die zukünftige Periode hochgerechnet. Die bestehende Personalsituation wird ohne Berücksichtigung von Einflußgrößen, Randbedingungen sowie von tatsächlichen Zuständen der Sachanlagen fortgeschrieben.

- *Deduktive Bedarfsermittlung*

Bei der deduktiven Vorgehensweise geht man von einer allgemeinen Relation aus und versucht im besonderen, den Personalbedarf abzuleiten. Diesem Ansatz liegt die Annahme zugrunde, daß eine Relation zwischen dem indizierten Anschaffungswert und den Instandhaltungskosten besteht. Wenn diese Annahme zutrifft und sich darüber hinaus die Instandhaltungskosten überwiegend aus Personalkosten zusammensetzen, dann läßt sich diese Beziehung - *Instandhaltungskostenrate* genannt - als globale Vorgehensweise zur Personal*bestands*prognose nutzen. Unter Berücksichtigung zusätzlicher Kriterien erfolgt in einem weiteren Schritt die Personal*bedarfs*prognose.

$$\text{Instandhaltungs-Personalkosten} = \frac{\text{Instandhaltungskostenrate [\%]} \times \text{indizierter Anschaffungswert [GE]}}{100\ [\%]}$$ [6)]

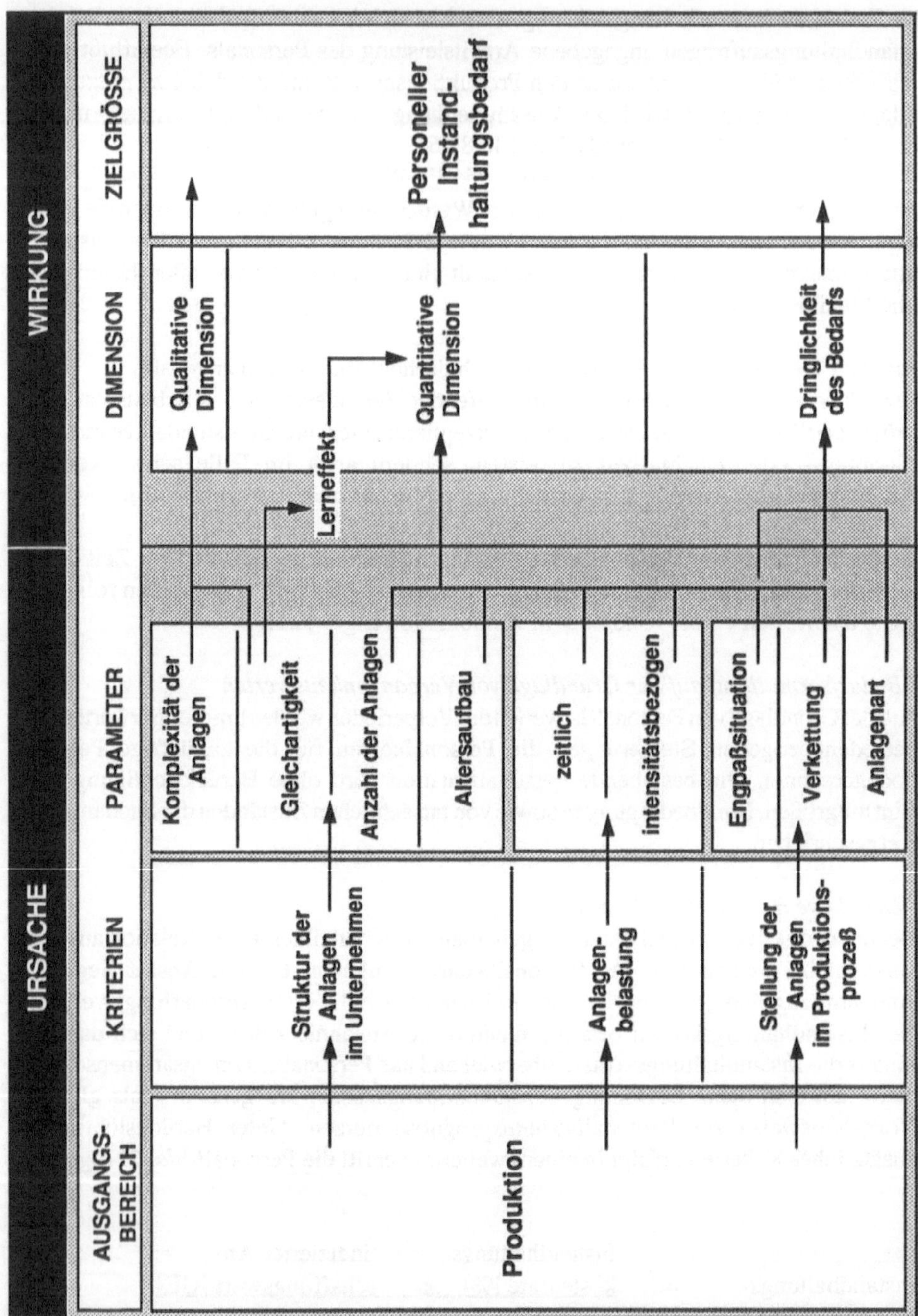

Bild 8.46 Zusammenhang von Produktionsparametern und personellem Instandhaltungsbedarf, nach [8.42]

-Induktive Bedarfsermittlung
Der Zeitaufwand pro Arbeitsgang und/oder Instandhaltungsauftrag gilt als Grundlage für die induktive Vorgehensweise. Voraussetzung für die Anwendung ist eine entsprechende Strukturierung der Sachanlagen - Arbeitsplätze der Instandhaltungswerker - und der unterschiedlichen Auftragszeiten. Die Summe der Zeitanteile für die zukünftigen, planbaren Instandhaltungsmaßnahmen kann so als Personalanforderung verwendet werden. Zusätzlich sind für die ausfall- und störungsbedingte Instandhaltung die zu erwartenden Auftragszeiten abzuschätzen und ebenso als Personalanforderung umzusetzen.

Die erzielten Ergebnisse bei den drei Vorgehensweisen sind darüber hinaus in bezug auf die Prognosegenauigkeit unter den Gesichtspunkten

- zukünftige Kapazitätsauslastung der Anlagen,
- zukünftig geforderte Verfügbarkeit der Anlagen,
- geplante Rationalisierung im Instandhaltungsbereich,
- zusätzliche Arbeitssicherheits- und Umweltschutzbestimmungen und
- Wertschöpfung

zu diskutieren und gegebenenfalls anzupassen. Ein für den Instandhaltungsbereich allgemeingültiges Schema wurde bereits in Bild 8.34 wiedergegeben.

Zur Kennzeichnung der qualitativen Dimension des Personalbedarfs steht in der Regel die Könnensphäre im Vordergrund. Hierbei erscheint eine Eingruppierung nach der beruflichen Ausbildung und dem Spezialisierungsgrad angebracht.
Berufliche Ausbildungen für den Instandhaltungsbereich gliedern sich in:

- Mechanische Instandhaltung
Betriebsschlosser, Maschinenschlosser, Kfz-Schlosser, Stahlbauschlosser, Aufzugsschlosser, Rohrschlosser, Pumpenschlosser, Kranschlosser, Installateur, Feinmechaniker, Schmied, Schweißer, Kühl- und Schmierdienst, Mechanische Fertigung (Dreherei, Fräserei, Bohrerei usw.).

- Elektrische Instandhaltung
Elektriker (allgemein), Elektriker (Förderanlagen, Hebezeuge), Elektriker (Nachrichtentechnik), Elektromechaniker, Elektroniker, Meß- und Regeltechniker.

- Bauhandwerk und sonstige
Maurer, Schreiner, Tischler, Glaser, Maler, Isolierer, Sattler/Vulkaniseur, Klempner, Transport.

Der Spezialisierungsgrad ist durch folgende Eingruppierungen gekennzeichnet:

- Hilfskräfte (ungelerntes ortskundiges Personal)
- Facharbeiter (gelernte Handwerker mit Betriebskenntnis)

- Facharbeiter (gelernte Handwerker mit Betriebskenntnis und Betriebserfahrung)
- Spezialisierter Facharbeiter (gelernter Handwerker mit speziellen Kenntnissen und Erfahrungen)

Die Gliederung nach Berufsbildung und Qualifikation führt zu einer Bedarfsprofil-Matrix, wie sie beispielhaft in Bild 8.47 angegeben wird.

Die vorangegangenen Bemühungen zur Ermittlung des Personalbedarfs können zu dem Ergebnis führen, daß Personalbedarf und -angebot sowohl unter quantitativen als auch qualitativen Gesichtspunkten nicht übereinstimmen und beispielsweise eine Unterdeckung in Kauf zu nehmen ist. Um die Deckungslücke (Reservebedarf) zu schließen, bietet es sich u. a. an, Fremdhandwerker einzusetzen. Die Auswirkungen der in Bild 8.48 angegebenen Vor- und Nachteile eines Fremdfirmeneinsatzes sind in der Regel von folgenden Einflußgrößen abhängig:

- Anzahl der instandzuhaltenden Betriebsmittel,
- Art des Fremdleistungsunternehmens,
  - Anlagen- und Maschinenhersteller (Monteure),
  - Handwerksbetrieb,
  - Instandhaltungsfachfirma,
- Standort des Fremdleistungsunternehmens,
- Auslastung des Fremdleistungsunternehmens,
- Abgrenzbarkeit, Art und Qualität der auszuführenden Instandhaltungstätigkeit,
- Kosten der Fremdleistung.

Die im Rahmen der *Personalentwicklung* zu erfolgende *Weiterentwicklung* bezieht sich zum einen spezifisch auf neue Anlagen/Maschinen, zum anderen allgemein auf neue Techniken, neue Werkstoffe usw.

Für den Instandhaltungsbereich bedeutet dies, rechtzeitig vor der Inbetriebnahme qualifiziertes Personal in ausreichender Zahl bereitzustellen. In Anbetracht des wachsenden Einflusses der Mikroelektronik auf moderne Fertigungsbereiche werden bei der Fa. BMW die Instandaltungswerker zweigleisig zum Hybrid-Facharbeiter ausgebildet [8.43].

Auf eine Maschinenschlosser-/Werkzeugmacherausbildung mit zusätzlichen Kenntnissen und Fertigkeiten in Hydraulik und Pneumatik (3 Jahre für Hauptschüler/-innen bzw. 2 1/2 Jahre für Realschüler/-innen) folgt jeweils eine verkürzte Ausbildung zum Elektroanlageninstallateur/-in bzw. zum Energieanlagenelektroniker/-in (jeweils 1 Jahr). Gesamtausbildungszeit demnach: 4 Jahre (Hauptschüler/-innen) bzw. 3 1/2 Jahre (Realschüler/-innen).

Der Umsetzungserfolg sämtlicher Personalplanungsaufgaben schlägt sich unter anderem in entsprechenden Darstellungen der Personalstatistik nieder. Diese Vergangenheitsdaten sind zur Prognose über die künftigen Entwicklungen unerläßlich. Das Instandhaltungsmanagement hat in diesem Zusammenhang die Aufgabe, das geplante und das Ist-Arbeitsvolumen mit der vorhandenen Instandhaltungspersonalkapazität abzugleichen sowie den täglich verfügbaren Personalkapazitätsbestand zu beobachten (Bild 8.49 Personalkapazitätsübersicht). Bei Unter- oder Überdeckung

- PERSONALBEDARF -
Gliederung nach Berufsbild und qualitativen Anforderungen

MITARBEITER		DIREKT					INDIREKT	
Berufsbild	Fachrichtung / Qualitative Anforderungen	Hilfsarbeiten	Facharbeiten	Facharbeiten mit hoher Anforderung	GESAMT:	davon Fremdpersonal	Führungskräfte Meister Hilfskräfte	GESAMT:
Industrie-mechaniker/-in	Produktions-							
	Betriebs-							
	Masch.-u.System-							
	Geräte- u.Feinwerk-							
Werkzeug-mechaniker/-in	Stanz- u. Umform-							
	Formen-							
	Instrumenten-							
Zerspanungs-mechaniker/-in	Dreh-							
	Fräs-							
	Automaten-Dreh-							
	Schleif-							
Konstruktions-mechaniker/-in	Metall- und Schiffbau-							
	Ausrüstungs-							
	Feinblech-							
Anlagen-mechaniker/-in	Apparate-							
	Versorgungs-							
Energie-elektron/-in	Anlagen-							
	Betriebs-							
Industrie-elektroniker/-in	Produktions-							
	Geräte-							
Kommunikations-elektroniker/-in	Informations-							
	Telekommunikations-							
	Funk-							
Maurer								
Schreiner								
Gerüstbauer								
Maler, Glaser								
Transporteur								
	Gesamt Anzahl							
	%				100			100

(Fachrichtungen: - technik -)

Bild 8.47 Personalbedarfsmatrix, nach [8.41]

VORTEILE

- ☐ **Spezialkenntnisse und / oder Spezialwerkzeuge können genutzt werden**

  → Zeitersparnis

- ☐ **Überbrückung von Personalkapazitätsengpässen**

  (bei unvorhersehbarer sowie wiederkehrender Instandhaltung, Krankheit, Urlaub des Zeitpersonals, Überstunden)

  → Zeitersparnis

- ☐ **Vertraglich abgesicherter Anspruch auf Nachbesserungen**

  (Gewährleistungszusagen, Kulanzleistung, usw.)

- ☐ **Einmal- und laufende Kosten für die Errichtung und das Betreiben eigener Instandhaltungswerkstätten verringern sich**

NACHTEILE

- ☐ **Abhängigkeit von Fremdfirmen**
  - Einsatzzeit
    (kurzfristiger Bedarf, längere Anfahrtswege, usw.)
  - Motivation
  - Leistungsbereitschaft

- ☐ **Geringe Vertrautheit mit den Betriebsverhältnissen**

  → Einweisungszeit

- ☐ **Unzureichende Integration des Fremdpersonals in die bestehende Instandhaltungs-Organisation**

- ☐ **Mehraufwand bei der Auftragsvergabe und Auftragsabrechnung**

- ☐ **Doppelarbeit möglich**
  (Eigeninstandhaltung - Fremdinstandhaltung)

- ☐ **Gefährdung der Geheimhaltung**

Bild 8.48 Vor- und Nachteile beim Fremdfirmeneinsatz

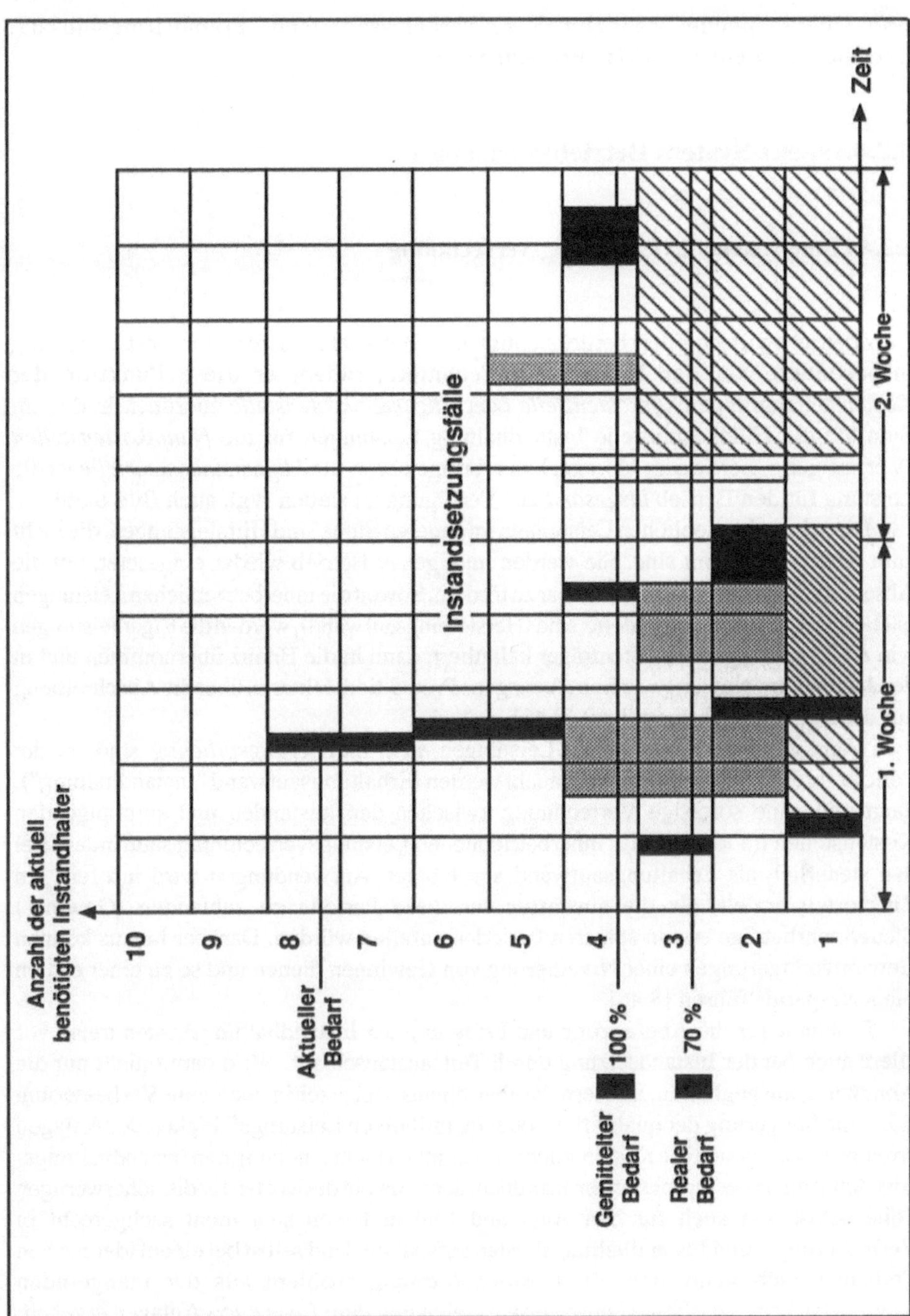

Bild 8.49 Personalkapazitätsübersicht, nach [8.44]

sind entsprechende Maßnahmen zu veranlassen: mehr Fremdfirmeneinsatz, Überstundenzuordnung, Urlaubsregelung usw.

8.2.4 Aspekt-System Betriebswirtschaft

8.2.4.1 Innerbetriebliche Leistungsverrechnung

Der Betriebswirtschaftler berücksichtigt die Unternehmensfunktion Instandhaltung insbesondere bei der Kostenstellenrechnung, indem er diese Funktion der Kostenstellengruppe *Hilfskostenstelle* oder *Allgemeinkostenstelle* zuordnet. In diesem Sinn hat die Hilfskostenstelle Instandhaltung Leistungen für die *Hauptkostenstellen* (Vorfertigung, Fertigung, Montage) zu erbringen bzw. als *Allgemeinkostenstelle* ist die Leistung für den Betrieb *insgesamt* zur Verfügung zu stellen (vgl. auch Bild 8.50).

Diese innerbetrieblichen Leistungen im engeren Sinne sind Hilfsleistungen, die nicht zum Absatz bestimmt sind. Sie werden im eigenen Betrieb wieder eingesetzt, um die Absatzreife der Erzeugnisse mittelbar zu fördern. Soweit die innerbetrieblichen Leistungen (steuerlich) *aktivierungspflichtig* sind (Herstellungsaufwand), werden die Eigenleistungen wie Außenaufträge als Kostenträger kalkuliert, dann in die Bilanz übernommen und in den Jahren ihrer Nutzung wie fremdbezogene Produktionsfaktoren über die Abschreibung auf die Kostenträger verrechnet [8.45].

Wenn die innerbetrieblichen Leistungen *nicht aktivierungspflichtig* sind, in der Periode ihrer Erstellung auch verbraucht werden (Erhaltungsaufwand "Instandhaltung"), dann muß eine sofortige Verrechnung zwischen den leistenden und empfangenden Kostenstellen im Rahmen der innerbetrieblichen Leistungsverrechnung stattfinden. Bei den steuerlich als Erhaltungsaufwand absetzbaren Aufwendungen wird insofern ein Zinsvorteil erzielt, als die ansonsten für diese Periode zu zahlenden (Gewinn-) Steuermehrbeträge erst in späteren Perioden anfallen würden. Darüber hinaus können Gewinnverlagerungen einer Nivellierung von Gewinnen dienen und so zu einer echten Steuerersparnis führen [8.46].

Probleme für die Abgrenzung und Erfassung der Instandhaltungskosten treten vor allem auch bei der Instandsetzung durch Teileaustausch auf. Wird damit nicht nur die Abnutzung ausgeglichen, sondern darüber hinaus gleichzeitig auch eine Verbesserung z. B. eine Steigerung der qualitativen oder quantitativen Leistungsfähigkeit der Anlagen erreicht, so lassen sich die Kosten solcher Leistungen nicht eindeutig den Instandhaltungs- oder Anlagenverbesserungskosten zuordnen; denn sowohl die Kosten für die höherwertigen Teile selbst wie auch für den Aus- und Einbau lassen sich nicht sachgerecht in Verbesserungs- und Instandhaltungskosten aufspalten. Und selbst bei einem identischen Teileaustausch kann sich ein Kostenzuordnungsproblem aus der mangelnden Abgrenzbarkeit zwischen Abnutzungsausgleich und dem Ersatz von Anlagen ergeben; denn vom Ergebnis her besteht zwischen beiden kein prinzipieller Unterschied. Wird z.B. ein Transportband ausgewechselt, kann das sowohl eine Instandhaltungsmaßnahme für die Transferstraße als auch Ersatz einer (Transport-)Anlage sein. Außerdem kann technikbezogen durch sukzessiv vollständigen Austausch aller Teile einer Anlage eine komplett neue (Ersatz-)Anlage entstehen oder die Nutzungsdauer einer Anlage durch den Austausch von produktionsprozeßrelevanten Teilen erheblich verlängert werden.

Das Hauptproblem der innerbetrieblichen Leistungsverrechnung selbst entsteht dadurch, daß die Hilfskostenstellen eines Betriebes sich gegenseitig mit Leistungen beliefern können. Wenn z. B. die Hilfskostenstelle 1 Leistungen der Hilfskostenstelle 2 verbraucht und selbst Leistungen für diese Stelle erbringt, dann läßt sich der Verrechnungssatz der Kostenstelle 1 nicht ermitteln ohne den Verrechnungssatz der Kostenstelle 2 zu kennen; dieser wiederum ist nur zu ermitteln, wenn der Verrechnungssatz der Kostenstelle 1 bekannt ist.

Für die Abrechnung der innerbetrieblichen Leistungen im engeren Sinne hat die Praxis zahlreiche Verfahren entwickelt, die sich vor allem hinsichtlich der Genauigkeit und des Anwendungsbereiches unterscheiden. Einige Verfahren sind nur bei aktivierten innerbetrieblichen Leistungen anwendbar, während andere den sofortigen Verbrauch der innerbetrieblichen Leistungen in der Periode ihrer Erstellung veraussetzen[7]. Als Beispiel soll die zum *Kostenstellenumlageverfahren* zuzuordnende Technik des *Simultanverfahrens* dargestellt werden. Das Simultanverfahren ist das einzige genaue Verteilungsverfahren, weil die Verteilungssätze nicht sukzessiv, sondern simultan ermittelt werden. Dieses Verfahren wird auch als mathematisches Verfahren oder als Gleichungsverfahren bezeichnet, weil für n Kostenstellen ein System von n Gleichungen mit n Unbekannten angesetzt wird.

Beispiel: Da sich die Stromversorgung und die Instandhaltungsabteilung gegenseitig beliefert haben, läßt sich der Stromkostensatz erst festlegen, wenn der Instandhaltungskostensatz bekannt ist. Dieser läßt sich aber nur festlegen, wenn bereits der Stromkostensatz ermittelt ist (Bild 8.50).

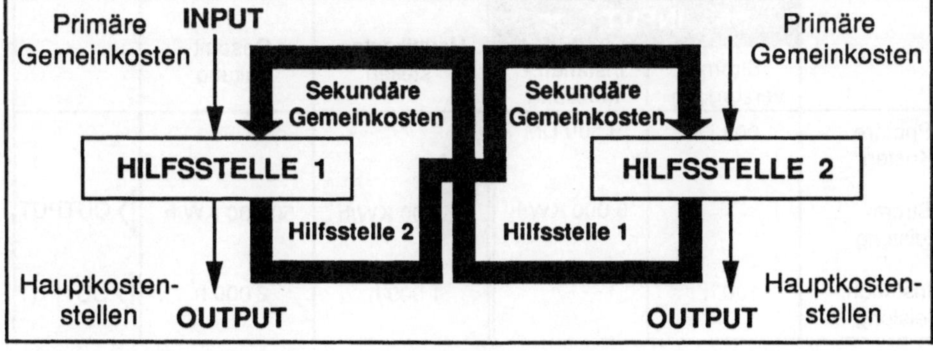

Bild 8.50 Innerbetriebliche Leistungsverflechtung [8.45]

Dieses Problem läßt sich nur dann genau lösen, wenn die beiden Kostenstellenverrechnungssätze simultan errechnet werden. Da die Hilfskostenstellen ihre Leistungen kostendeckend an die anderen Kostenstellen abgeben sollen, gilt der Grundsatz:

Inputwert = Outputwert

Der Input besteht in jeder Kostenstelle aus den primären Kosten und den von anderen Kostenstellen empfangenen Leistungen. Der Output ergibt sich aus der Gesamtleistung der Hilfskostenstelle.

Lösung:
Input und Output lassen sich in folgender Übersicht darstellen (Bild 8.51).

Für die beiden Hilfskostenstellen werden die Kostenstellenverrechnungssätze gesucht, die mit q_1 (Stromkostensatz) und q_2 (Instandhaltungskostensatz) bezeichnet werden sollen.
Aus der Übersicht lassen sich nach dem Grundsatz Inputwert = Outputwert zwei Gleichungen mit zwei Unbekannten ableiten, wobei sich der Input aus der senkrechten Spalte ergibt, der Output dagegen in der waagrechten Zeile abzulesen ist (Bild 8.52) [8.45].

Diese beiden Gleichungen lassen sich mit der Additionsmethode lösen. Die Gleichung I wird mit 20 multipliziert und die Gleichung II umgestellt:

$$
\begin{array}{lrcrl}
 & 80\,000\text{ DM} + 2\,000\,q_2 & = & +\,1\,000\,000\,q_1 & \text{I} \\
+ & 19\,500\text{ DM} - 2\,000\,q_2 & = & -\quad 5\,000\,q_1 & \text{II} \\
\hline
 & 99\,500\text{ DM} & = & 995\,000\,q_1 &
\end{array}
$$

	INPUT		Hauptkostenstellen	Gesamtleitung	
	Stromversorgung	Instandh.-abteilung			
Primäre Kosten	4 000 DM	19 500 DM			
Stromleistung	- - -	5 000 KW/h	45 000 KW/h	50 000 KW/h	OUTPUT
Instandh.-leistung	100 h	- - -	1 900 h	2 000 h	OUTPUT

Bild 8.51 Input-/Outputdarstellung

		INPUTWERT = OUTPUT-WERT
I	Stromversorgung	4 000 DM + 100 q_2 = 50 000 q_1
II	Instandh.-Abteilung	19 500 DM + 5 000 q_1 = 2 000 q_2

Bild 8.52 Input-Output Beziehungen

$$q_1 = \frac{99\,500\ \text{DM}}{995\,000\ \text{DM}}$$

$$q_1 = 0{,}10\ \text{DM/k Wh (Stromkostensatz)}$$

q_2 ergibt sich durch Einsetzen der gefundenen Lösung in eine der beiden Gleichungen:

$$4\,000\ \text{DM} + 100\ q_2 = 50\,000\ \text{DM} \cdot 0{,}10\ \text{DM}$$

$$100\ q_2 = 5\,000\ \text{DM} - 4\,000\ \text{DM}$$

$$q_2 = \frac{1000\ \text{DM}}{100}$$

$$q_2 = 10\ \text{DM/h (Instandhaltungskostensatz).}$$

Mit Hilfe dieser Verrechnungssätze läßt sich die innerbetriebliche Leistungsverrechnung durchführen, indem die von den Hauptkostenstellen empfangenden Leistungen mit den Verrechnungssätzen bewertet werden. Dabei werden die primären Gemeinkosten der Hilfskostenstellen unter Berücksichtigung der gegenseitigen Belieferung vollständig auf die Hauptkostenstellen verrechnet (Bild 8.53).

Kostenstellen ▷ / Kostenarten ▽	Summe (DM)	ALLGEMEINE KOSTEN-STELLEN		HAUPTKOSTENSTELLEN			
		Strom-versorg. (DM)	IH-Abt. (DM)	Mat.-Stelle (DM)	Fertig.-Stelle (DM)	Verwal-tung (DM)	Ver-trieb (DM)
Primäre Gemeinkosten	160 000	4 000	19 500	26 500	80 000	10 000	20 000
Umlage Strom	5 000	--	500	1 000	3 000	200	300
" Instandhaltung	20 000	1 000	--	3 000	15 000	200	800
Primäre u. sekundäre Gemeinkosten	185 000	5 000	20 000	30 500	98 000	10 400	21 100
Verrechnete primäre und sekundäre Kosten	- 25 000	- 5 000	-20 000				
Gemeinkosten	160 000	0	0	30 500	98 000	10 400	21 100

Bild 8.53 Ergebnis der innerbetrieblichen Leistungsverrechnung [8.45]

8.2.4.2 Abgrenzung "Instandhaltungskosten", "Ausfallkosten", "Ausfall(folge)-kosten"

Mit dem Begriff *Instandhaltung* werden unter anderem die durchzuführenden *Maßnahmen* klassifiziert, d. h., im Zusammenhang mit einer *Auftrags*abwicklung können Instandsetzungs-, Wartungs- und Inspektionsmaßnahmen geplant, gesteuert, durchgeführt und überwacht werden. Zu unterscheiden ist im Definitionsverständnis die störungs- und ausfallbedingte von der planbaren Maßnahmenergreifung (vgl. Bild 8.2, 8.3, 8.5).

Als planbare Maßnahmenklassen gelten: Wartung, Inspektion, *geplante* Instandsetzungen. Diese Klassen werden in der Regel bei den "planbaren Instandhaltungs*aufträgen*" differenziert zusammengeführt. Die störungs- bzw. ausfallbedingten *Aufträge* sollen überwiegend Instandsetzungsmaßnahmen (Ausbessern, Austauschen) beinhalten, wobei hier im engen Sinne Definitionsschwierigkeiten auftreten können: Inspektionen und Wartungen sind u. U. auch im Ablauf von ausfallbedingten Instandsetzungen anzutreffen. Im einzelnen müssen diese möglichen Zuordnungsschwierigkeiten im jeweiligen Anwendungsfall gelöst werden.

Die für die Durchführung der Instandhaltungsmaßnahmen anfallenden Kosten können als *Auftragskosten* bezeichnet werden, womit die Auftraggeber (Fertigungsbereich, Verwaltungsbereich usw.) über die innerbetriebliche Leistungsverrechnung in ihrer

Kostenstellenposition "Instandhaltung" belastet werden. Die Auftragskosten lassen sich in *Arbeitskosten* - überwiegend innerbetriebliche Leistungsverrechnung - sowie die Kostenarten *Material-/Ersatzteile* und *Fremdleistungen* gliedern. Die Arbeitskosten stehen für die Eigenpersonalkosten, die jeweils mit dem bewerteten Personalkapazitätsbestand der Instandhaltungskostenstellen abzugleichen sind. Unter Instandhaltungskosten wird in der Praxis oft verstanden:

- Auftragskosten
  - für die planbaren Instandhaltungsmaßnahmen
  - für störungs- und/oder ausfallbedingte Instandsetzungsmaßnahmen, die darüber hinaus Bestandteil der Ausfallkosten sein können und/oder

- Kosten der Kostenstelle Instandhaltung.

Die Aussage zu letzerem ist - bezogen auf den technischen Begriffsinhalt "Instandhaltung" - als ungenau zu bezeichnen. Denn die wesentliche Position der Kostenstellenkosten, das Personal, muß in der Regel auch nicht instandhaltungsorientierte Maßnahmen wie Erweiterung, Modernisierung, Umzug usw. ausführen, die keinen direkten Bezug zur Schadensbeseitigung und/oder Schadensverhütung aufweisen. Eine Beurteilung derunternehmensbezogenen Kostenposition *INSTANDHALTUNG* hinsichtlich der erzielten technischen Anlagenverfügbarkeiten - allein aufgrund der Kostenstellenkosten "Instandhaltung" - wäre somit nicht korrekt.

Bei der *AUSFALLKOSTEN*-Betrachtung steht primär die *technische Verfügbarkeit* der Sachanlage als Zeitbeziehung im Vordergrund. Die Dauer und die Anzahl der instandhaltungsbedingten Unterbrechungszeiten - bezogen auf eine geplante Anlagenlaufzeit - bilden die Grundlage für die Bewertung der Ausfallzeit im engen Sinn. Diese Ausfallkostensituation läßt sich beschreiben durch die

- Stillsetzungkosten
  - Auslaufkosten der Anlage

- Stillstandskosten
  - Anlagekosten
  - Auftragskosten "Fertigung"
  - Auftragskosten "Instandhaltung" usw.

- Wiederanlaufkosten
  - Rüstkosten
  - Anlaufkosten der Anlage.

Für den Instandhaltungsverantwortlichen liegt die Schwierigkeit nicht darin, die technischen Störungs- und/oder Ausfallzeiten sowie die Häufigkeiten festzustellen,

sondern vielmehr in der nicht eindeutigen Erkennung der Gesamtwirkungen bei der fallbezogenen, vollständigen Ausfallkostenermittlung.
Eine weiter gefaßte Ausfall(folge)kostenbetrachtung erläutert MÄNNEL [8.47] und führt dazu aus (vgl. Bild 8.53):

Die sämtliche aus Anlagenausfällen möglicherweise resultierenden wirtschaftlichen Nachteile einschließende Fassung des Begriffs *Anlagenausfallkosten* steht zwar mit den in der Betriebswirtschaftslehre vorherrschenden Varianten des Kostenbegriffs nicht voll in Einklang. Sie ist aber dennoch zweckmäßig oder sogar notwendig, weil es für die Planung von Instandhaltungsmaßnahmen in der Praxis wichtig zu wissen ist, welche den Unternehmenserfolg negativ beeinflussende Konsequenzen das Versagen einer bestimmten Anlage haben kann. Zu den Anlagenausfallkosten werden daher neben den letztlich zu Auszahlungen führenden pagatorischen Kosten auch Erlöseinbußen bzw. entgehende Deckungsbeiträge als Opportunitätskosten und darüber hinaus auch die den von einem Anlagenausfall betroffenen Betrieb nicht zwingend belastenden volkwirtschaftlichen Kosten sowie die sozialen Kosten einer Beeinträchtigung der Umwelt gezählt.

Um das Instandhaltungsgeschehen insgesamt verbessern zu können ist es unerläßlich, sowohl die Entwicklung der Bereichskosten/Auftragskosten (Instandhaltungskosten) als auch der instandhaltungsrelevanten Anlagenkosten (Ausfall(folge)kosten) zu beobachten. D. h., die zu erwartenden Kosten sind zu planen und die Planumsetzung ist zu kontrollieren. Notwendig hierzu sind Auswertungen. Diese Auswertungen können nach den Kriterien *auftragsbezogen*, *objektbezogen* und *betriebsbezogen* gegliedert werden [8.48].
Die *auftragsbezogene Auswertung* wird sich bei vorangegangener Vorkalkulation auf einen Soll/Ist-Vergleich beziehen. Sie dient dem bestellenden Unternehmensbereich zur Kontrolle seiner Kostenstellenbelastung und zur Überprüfung seiner Planansätze.

Die *objektbezogene Auswertung* dient überwiegend zur Unterstützung der Schwachstellenerkennung bei den technischen Einrichtungen. Durch die Instandhaltungsauftragsabwicklung erhält man die Zuordnungen

Auftrag - Sachanlage/Baugruppe/Bauteil - Schadensbild - Schadensursache

und damit entweder über die Kostenabweichungen (Plan-Ist) oder über die Häufigkeit der Schadensfälle Hinweise auf technische Schwachstellen. Darüber hinaus ist unter objektbezogener Auswertung auch die Interpretationen der anlagenbezogenen technischen Meßwerte zu verstehen (vgl. Bild 8.54).

Die unternehmensbezogenen Auswertungen beziehen sich auf die Kostenstellenrechnung für den Instandhaltungsbereich und dienen letztlich zu innerbetrieblichen Vergleichen. Methodisch können die Auswertungen durch entsprechende Kennzahlensysteme systematisiert werden.

8.2.4.3 Kennzahlensystem für das Instandhaltungsmanagement

Unter Kennzahlen werden Zahlen verstanden, die Informationen über zahlenmäßig erfaßbare, betriebswirtschaftliche Tatbestände beinhalten und rückblickend darüber informieren oder diese vorausschauend festlegen. Auf die Arten betrieblicher Kennzahlen und die unterschiedlichen Systematisierungsmerkmale soll hier nicht näher eingegangen werden. Als Besonderheit ist festzuhalten, daß Kennzahlen (als Verhältniszahlen und/ oder absolute Zahlen) in konzentrierter Form über quantifizierbare betriebswirtschaftlich-technisch oder organisatorisch interessierende Sachverhalte informieren. Das Spezifische an Kennzahlen ist die konzentrierte und präzise Berichterstattung [8.49].

Ausgehend von der Zielplanung eines Instandhaltungsbereiches dienen Kennzahlen bzw. Kennzahlensysteme als Informationsinstrumentarium zur Unterstützung der Planung, Steuerung und Überwachung der Instandhaltungsmaßnahmen im weiten Sinn, der Ersatzteilbestände, der Anlagenbestände sowie der Personalstruktur. Wie diese Kennzahlen strukturiert werden können, zeigt die Auflistung [8.13] unter 8.6 Formelsammlung.

Sowohl zielorientierte Informationsanalysen als auch bedarfsgerechte Informationsverdichtungen sollen auf den verschiedenen Informationsebenen des Instandhaltungsbereiches zielgerichtetes Verhalten ermöglichen. Eine derartig zielgerichtete Strukturierung der Kennzahlen zu den entsprechenden Informations- und Entscheidungsebenen wird in seinen grundlegenden Inhalten in Bild 8.54 dargestellt.

Die Instandhaltungskennzahlen der Unternehmensebene haben dabei globalen, übergreifenden Charakter: Das Management bzw. die technische Leitung überprüfen und legen damit generelle Unternehmensziele oder Teilziele fest, die als mögliche Spitzenkennzahlen für den gesamten Instandhaltungsbereich verwendet werden. Letztendlich dienen Kennzahlen auch dazu, das Instandhalten in die Wirkungsrichtung "Wirtschaftlichkeit" und "Produktivität" zu lenken.

8.2.4.4 Wirtschaftlichkeitsfragen

Das Wirtschaftlichkeitsprinzip als normatives Prinzip läßt sich im Sinn einer "Verhaltensregel" beschreiben:

> "Verhalte Dich und Handle beim Wirtschaften so, daß sich (stets gemessen an eigenen früheren Ergebnissen oder denen fremder Betriebe) bei vergleichsweise niedrigen Stoff-, Kraft-, Zeit- und Wegeeinsätzen (Aufwand bzw. Kosten) ein vergleichsweise hochwertiges Ergebnis (Ertrag bzw. Leistung) und ein vergleichsweise hoher (angemessener) Nutzen (Gewinn bzw. Reinvermögenszuwachs) ergibt."[8.50]

Managementebene	Kennzahlen
LEITUNGSEBENE	☐ Spitzenkennzahlen des Kennzahlensystems ☐ Strukturierung der IH-Kosten (KZ 1.05, 1.07, 1.08, 1.09, 1.11, 1.12, 1.13) ☐ Dispositionsqualität (KZ 2.01, 2.04, 2.05, 2.11, 2.12, 2.13, 2.14, 2.15) ☐ Arbeitsbelastung (KZ 3.01, 3.02, 3.03) ☐ Arbeitsproduktivität (KZ 4.01 - 4.06) ☐ Aufbauorganisation (KZ 5.01 - 5.04 jährlich)
BETRIEBSINGENIEURE WERKSTATTLEITUNG ARBEITSVORBEREITUNG	☐ Kennzahlensystem tiefer in die Objekt- bzw. Durchführungsebene, inkl. KZ 1.01 ☐ Einzelkennzahlen wie bei Leitungsebene allerdings stärker anlagen- und durchführungsorientiert ☐ Zur Schwachstellenanalyse Kennzahlenreihungen ("Top ten"), ABC - Analysen, kombinierte Trenddarstellungen, "Scatterdiagramme" zur optischen Darstellung von Abhängigkeiten
MEISTER	☐ Abwicklungs- und durchführungsorientierte Kennzahlen mit höchstem Detaillierungsgrad zur optimalen Auftragserfüllung (KZ 1.13, 2.01, 2.02, 2.04, 2.05, 2.08)

Bild 8.54 Kennzahlenzuordnung zu Managementebenen

Im umfassenden Verständnis wird die Kennziffer "Wirtschaftlichkeit" durch folgenden Quotienten ausgedrückt:

$$\textbf{Wirtschaftlichkeit} = \frac{\text{Erlös bzw. Leistung/Ertrag der Bezugsperiode in DM}}{\text{Kosten / Aufwand der Bezugsperiode in DM}}$$

Haupteinflußgrößen für den Erfolg einer Industrieunternehmung pro Periode sind

- einerseits Art, Menge und Verkaufspreis bzw. Bewertung des Output
- andererseits Art, Menge bzw. Beschäftigungszeit des verwendeten INPUT in Abhängigkeit von der Prozeßgestaltung (technische Verfahrensweise) sowie die Einstandspreise bzw. Bewertungsgrößen des INPUT [8.31].

Danach ist neben den Erfolgsauswirkungen die Mengenergiebigkeit oder *Produktivität* des Produktionsprozesses für die Wirtschaftlichkeit des Unternehmens von großer Bedeutung.

$$\textbf{Produktivität} = \frac{\text{Output der Bezugsperiode (Produktionsmenge)}}{\text{Input der Bezugsperiode (Faktoreinsatzmenge und/oder \textit{-zeiten})}}$$

Es lassen sich dabei unterschiedliche Produktivitäts-Kennziffern abgrenzen. Als spezifische *Teilproduktivitäten* in Abhängigkeit von der Inputart eines Bezugsprojektes und -zeitraumes werden insbesondere die "Arbeitsproduktivität", "Anlagenproduktivität", "Materialproduktivität" und "Energieproduktivität" gebildet. In der Praxis werden diese Kennziffern vor allem als Steuerungsgrößen für die Einleitung und Durchführung von *Rationalisierungsmaßnahmen* verwendet.

- Die *Produktivität der Arbeit* besteht aus dem Verhältnis der in einer Bezugsperiode erstellten Produktmengen zur Zahl der erforderlichen Arbeitskräfte oder auch Arbeitsstunden (Leistung je Mann; Mannstunden je Leistungseinheit).

- Mit der *Produktivität des Sachkapitals* (Sachanlagevermögens) soll eine Beziehung zwischen den in einer Periode erzeugten Produktmengen und den Einsatz von Produktions*anlagen* hergestellt werden (Produktmenge je Zeiteinheit des Maschineneinsatzes).

- Die *Produktivität des Fertigungsmaterials* (Materialergiebigkeit) umfaßt das Verhältnis zwischen der in den Produkten enthaltenen Materialmenge zur gesamten Materialeinsatz- bzw. Materialverbrauchsmenge (Verschnittanteil usw.).

- Die *Produktivität der Energieumwandlung* entspricht dem Energiewirkungsgrad (genutzte Energiemenge zur verbrauchten Energiemenge).

Von den Erfolgskomponenten "Erlös" und "Kosten" bzw. "Ertrag" und "Aufwand" werden durch das Produzieren im wesentlichen Kosten und Aufwand beeinflußt. Grundsätzlich folgt daraus als *ökonomisches Unterziel der Produktion* die *Minimierung der Kosten* (bzw. des *Aufwandes*) zur Realisierung eines bestimmten vorgegebenen Produktprogrammes bei Erfüllung entsprechender Produktqualität.
Die Leistungswerte im Sinne der Wirtschaftlichkeit sind beim Instandhalten (neuer Abnutzungsvorrat, Vermeiden von Störungs-/Ausfallzeiten, Folgeschäden usw.) nicht direkt meßbar, so daß auch hier das ökonomische Unterziel "Minimierung der Kosten" zum Tragen kommt, wobei darüber hinaus bei nicht hinreichend genau zu erfassenden Kostenelementen Ersatzgrößen als Kosteneinflußgrößen verwendet werden. Als Beispiele seien genannt:

- für die Instandhaltungskosten die Instandhaltungsauftragszeiten
- für die Ausfallkosten die Ausfallzeiten der Anlagen/Maschinen
- für die Lagerkosten die Lagermengen unter Berücksichtigung der Lagerdauer
- für die Fehlmengenkosten die Fehlmengen unter Berücksichtigung der Lieferzeitüberschreitung usw.

Diese Einflußgrößen können in Zusammenhang mit Wirtschaftlichkeitsüberlegungen in *theoretischer* Sicht nicht befriedigen, da nicht zu erkennen ist, wie weit das isoliert gefundene Bereichsoptimum mit dem Gesamtoptimum des Unternehmens harmoniert. Jedoch in der Praxis sind auch *begrenzte "Optima"* von größter Bedeutung [8.51]. Sie ermöglichen es, den Entscheidungsträgern eine gegebene Problemsituation in der Regel wirtschaftlich günstiger zu lösen, als ohne die Anwendung von beispielsweise technisch und/oder organisatorischen Methoden und Instrumenten zur Systematisierung der Abläufe. In diesem Sinn kann die Formulierung der o.g. Teilproduktivitäten dazu dienen, die Wirtschaftlichkeitsaspekte beim Instandhalten zu strukturieren.

Bezogen auf die *PRODUKTIVITÄT DER ARBEIT* sind Wirkungsdimensionen bei der Durchführung von Instandhaltungsmaßnahmen festzustellen:

Maßnahmenergreifung vor der Störung/ dem Ausfall (präventiv Instandhaltungskosten (-zeiten) in Kauf nehmen mit der Zielrichtung ,Ausfallkosten zu vermeiden)

- determiniertes Vorgehen: Erwartungswert für die zusätzlichen Kosten infolge vorzeitigem Ersatz des Bauteiles ist pro Nutzungsperiode kleiner als die anzunehmenden Störungskosten bei einem Ausfall.

Voraussetzung: Ausfallverhalten ist bekannt; Verschleißverhalten

- Vorgehen aufgrund von Wahrscheinlichkeitswerten: Erkenntnisse aus der Ausfallratenerfassung (λ) umsetzen und präventiv instandhalten.

- Instandsetzungen aufgrund von Inspektionsergebnissen (zustandsabhängiges Instandhalten).

Maßnahmendurchführung nach einer Störung / einem Ausfall

Dieses Vorgehen wird zwangsläufig dort gewählt, wo durch vorzeitigen Ersatz keine größere Zuverlässigkeit oder längere Standdauer mit Hilfe eines neuen Bauteils erreicht werden kann, wie bei Bauteilen mit charakteristischen Frühausfällen oder vollkommen zufälligem Ausfallverhalten. Durch diese Methode werden die niedrigstmöglichen Bauteil- bzw. Instandhaltungskosten pro Nutzungsperiode erreicht. Deshalb kann diese Vorgangsweise auch das Ergebnis von Prüfkritierien bei Bauteilen sein, die informationstechnisch für einen vorzeitigen Ersatz prädestiniert sind, besonders dann, wenn Ausfallkosten der Höhe nach vernachlässigbar sind (Perioden geringer Beschäftigung bzw. vorhandene Schaltredundanzen); oder wenn es sich um sehr teure Bauteile handelt und der Grenznutzen aus der zusätzlichen Nutzung bis zum vollkommenen Ausfall die bei einem vorzeitigen Ersatz vermeidbaren Ausfallkosten übersteigt [8.25].

Über den Maßnahmenbezug hinausgehend ist im Zusammenhang mit der *PRODUKTIVITÄT DER ARBEIT* der Wirtschaftlichkeitsaspekt "Eigen-/Fremdinstandhaltung" anzuführen. Das Instandhaltungsleistungsspektrum kann grundsätzlich - insgesamt oder auch in Kooperation - sowohl auf dem Weg der Eigeninstandhaltung als auch auf dem der Fremdinstandhaltung erbracht werden. Fremdinstandhaltungsleistungen werden von Handwerksbetrieben, von Anlagenherstellern sowie von spezialisierten Instandhaltungsunternehmen angeboten. Die Anlässe zur Wahl zwischen Eigen- und Fremdinstandhaltung werden in Bild 8.55 aufgelistet.

Die zwischen einer Eigen- und Fremdinstandhaltung bestehenden qualitativen Unterschiede entziehen sich einer genauen, quantitativ meßbaren Bewertung. Deshalb wird vorgeschlagen, den Kostenvergleich durch den Einsatz eines Punktwertverfahrens zu ergänzen (vgl. ausführliche Darstellung in [8.52]).

Die *PRODUKTIVITÄT DES SACHKAPITALS* wird u. a. durch die Anzahl und Dauer der nicht vorhersehbaren instandhaltungsrelevanten Unterbrechungszeiten bestimmt. Um das Risiko des Auftretens dieser Zeiten einzugrenzen, kommen präventiv Einzelmethoden zum Einsatz, die darauf abzielen, wirtschaftlich vertretbar die Systemzuverlässigkeit und die technische Verfügbarkeit zu erhöhen:

-Anordnung von Redundanzen(vgl. Kap.8.2.1.1)

Das Verfahren, Elemente (Bauteile, Baugruppen, Maschinen, Anlagen) mehrfach anzuordnen ("Redundanz"), wird vor allem dort angewendet, wo die Kosten eines zusätzlichen Elementes erheblich kleiner als die Störungskosten bei einem Systemausfall sind. Aufgrund der Ausfallwahrscheinlichkeiten in Serie geschalteter Elemente (geringere Gesamtzuverlässigkeit) sowie parallel geschalteter Elemente (erhöhe Gesamtzuverlässigkeit) werden für in Serie angeordnete Funktionen Serien-Parallel-Systeme bevorzugt. Ziel ist es, entweder die Systemzuverlässigkeit bei gegebenen Kosten-, Raum- oder Gewichtsgrenzen zu maximieren oder einen vorgegebenen Zuverlässigkeitswert bei minimalen Kosten zu erreichen [8.25].

ANLÄSSE

Unternehmensinterne Anlässe

- Neugründungen von Unternehmen und Unternehmensbereichen
- Senkung u.Flexibilisierung d. Kosten
  - Optimierung der Produktions- und Dienstleistungstiefe
  - Maßnahmen zur Senkung der Instandhaltungskosten
  - Maßnahmen zur Flexibilisierung der Instandhaltungskosten
  - Abbau von Instandhaltungsbedarfsspitzen
- Änderung der Fertigungsorgan.
  - Bildung von Profit-Centern
  - Fertigungssegmentierung
  - Erweiterung und Freisetzung von Kapazitäten
- Änderung der Fertigungstechnologie
- Veränderung der Anforderungen an das Leistungsniveau der IH
  - Erhöhung der Anlagenverfügbarkeit
  - Erhöhung der Instandhaltungsqual.
  - Erhöhung der Elastizität
- Änderung der Instandhaltungsorgan.
- Änderung der Instandhaltungsstrategie
- Veränderung der Beschäftigungslage

Unternehmensexterne Anlässe

- Veränderungen der Leistungsstruktur bei Fremdinstandhaltern
  - Neue Instandhaltungsverfahren und Materialien durch Fremdinstandhalter
  - Qualitätssteigerungen von Fremdinstandhaltern
  - Verkürzung von Reaktions- und Wegezeiten durch Fremdinstandhalter
- Veränderungen der Preisstruktur bei Fremdinstandhaltern
- Änderungen der Markstruktur durch Marktein- und austritte
- Erfüllung neuer Gesetze, Verordnungen und Vorschriften

Bild 8.55 Systematisierung bedeutsamer Anlässe der Wahl zwischen Eigen- und Fremdinstandhaltung [8.52]

-Gruppenweiser Bauteilersatz

Werden mehrere gleiche Bauteile in einem technischen System verwendet (z. B. Glühlampen), so sind die Austauschkosten pro Bauteil bei gruppenweisem Ersatz oft geringer als bei Einzelersatz, etwa durch das Verteilen der fixen Rüstkosten auf eine größere Anzahl von auszutauschenden Elementen. Zur Bestimmung der wirtschaftlichsten Vorgehensweise ist unter Berücksichtigung der Ausfallrate die Kostensumme pro Nutzungsperiode aus intervallmäßigem Gruppenersatz, aus den innerhalb dieses Intervalls nötigen Einzelersetzungen sowie aus dem Erwartungswert der Störungskosten bei Einzelersetzungen zu minimieren.

-Ersatzteilbewirtschaftung

Mit der Festlegung des Bestandes (vgl. Kap. 8.2.2.2.4) und des Beschaffungszeitpunktes sind bereits die wesentlichen Ansatzpunkte für eine wirtschaftliche Ersatzteilhaltung genannt. Ersatzteile werden bereitgehalten, um bei einer technischen Störung/einem Ausfall keine Fehlmengenkosten entstehen zu lassen. Eine Lagerhaltung von Reserveteilen wird deshalb dann als wirtschaftlich angesehen, wenn die zu erwartenden Fehlmengenkosten höher als die Kosten der Bereithaltung sein können und ist optimal, wenn das Verhältnis dieser Kosten ein Minimum annimmt [8.25].

$$\frac{KL}{KF} \leq 1 \Rightarrow \min!, \; KF = KA \times TB$$

KL Kosten der Bereithaltung (bzw. Lagerung)
KF Fehlbestandskosten
KA Ausfallkosten pro Zeiteinheit
TB Beschaffungsdauer für Ersatzteil.

Die Fehlmengenkosten umfassen einen Teil der Ausfallkosten. Sie stellen diejenigen nicht nutzbaren betrieblichen Verbräuche und Erfolgsausfälle dar, die während der Beschaffungsdauer des im Zeitpunkt des Anlagenausfalls nicht vorhandenen Ersatzteiles entstehen.

Ob die Grenzzeit für die Lagerung überschritten wird, hängt ganz wesentlich vom Beschaffungszeitpunkt ab. Dieser Zeitpunkt kann entsprechend der Informationslage über den Ausfallzeitpunkt mehr oder minder exakt bestimmt werden. Herrscht vollkommene Unsicherheit über das Ausfallverhalten eines Bauteils und sind die möglichen Schadensfolgekosten hoch (z. B. mehrmonatige Beschaffungsdauer), wird nach einer Minimax-Strategie über das Bereitlegen eines Reserveteils entschieden. Dies geschieht unter Ansatz des subjektiven Risikoverhaltens mit der Zielsetzung, mit minimalem Aufwand den maximalen Schaden zu vermeiden bzw. zu begrenzen. Die so beschafften Reserverteile werden in der betrieblichen Praxis recht treffend als "Riskikoteile" im Gegensatz zu den "Verschleißteilen" bezeichnet. Bei letzteren sind die Informationen über den Ersatzbedarf nach den Gesetzmäßigkeiten der Abnutzung präziser. Risikoteile können bis zu 30 % des wertmäßigen Bestandes der Ersatzteilhaltung (z. B. Eisen- und Stahlindustrie) ausmachen und kommen in vielen Fällen nicht zum Einsatz [8.25].

Darüber hinaus können durch den technischen Fortschritt angestoßene konstruktive Änderungen dazu führen, das Abnutzungsverhalten und die Instandhaltbarkeit der Anlagen verbessern zu müssen und so die Produktivität sichern:

- Einsatz neuer Werkstoffe (hauptsächlich Auswirkung auf das Bauteil selbst),
- Änderungen von Zuordnungen, z. B. neues Lagerungssystem (Auswirkungen hauptsächlich auf benachbarte Bauteile),
- Änderungen im Schmiersystem, z. B. anderer Schmierstoff oder konstruktive Änderung (Auswirkung auf das Abnutzungsverhalten anderer Bauteile) usw.

Die oben beschriebenen Beurteilungskriterien für Einzelmaßnahmen mit der Zielrichtung "Kostenvergleich" sind im Zusammenhang mit der Produktivität des Sachkapitals um Methoden der "Investitionsrechnung" zu ergänzen, wo insbesondere das Instandhaltungsmanagement mit zu entscheiden hat: Instandhalten oder Ersetzen der Anlage.

Grundsätzlich kann jede Anlage als System von Maschinenelementen verstanden werden, die entweder nutzungsabhängig oder zeitabhängig abgenutzt werden. Ein derartiges System von Abnutzungsteilen kann beliebig lang durch sukzessiven Austausch aller Elemente funktionstüchtig erhalten werden. Falls dies wirtschaftlich sinnvoll ist, kann damit auch die sogenannte *technische* Lebensdauer einer Anlage kürzer als die mögliche *wirtschaftliche* Nutzungsdauer sein, nämlich dann, wenn infolge des sukzessiven Ersatzes auch der letzte Teil der ursprünglich beschafften Anlage erneuert wurde.

Für die optimale Nutzungsdauer von Anlagen sei vorausgesetzt: die Ausbringungsmenge Zeiteinheit ist gegeben, die laufenden Betriebs- und Instandhaltungsksoten steigen aufgrund von Abnutzungserscheinungen mit dem Alter der Anlage an, der Restwert der Anlage nimmt mit dem Alter ab. Bei der Bestimmung der optimalen Nutzungsdauer der Anlage reicht es dann nicht aus, die Entwicklung der laufenden Kosten und des Restwerts zu berücksichtigen. Es muß auch berücksichtigt werden, daß die Anlage am Ende ihrer Nutzungsdauer durch eine neue ersetzt wird.

Die alte Anlage ist solange zu nutzen, bis die Erhöhung der Kosten durch die weitere Nutzung größer wird als die Kosteneinsparungen, die dadurch erzielt werden können, daß der Einsatz des Nachfolgers hinausgezögert wird. Da die Kosten des Nachfolgers wiederum davon abhängen, wann dieser ersetzt wird, kann die optimale Nutzungsdauer der Anlage erst dann bestimmt werden, wenn die Nutzungsdauern und die Kosten aller Nachfolger bestimmt sind. Die Ermittlung des optimalen Ersatzzeitpunktes führt auf das Problem der Bestimmung der Nutzungsdauern der Glieder einer *unendlichen Investitionskette*; die Lösung läßt sich mit Hilfe der dynamischen Programmierung bestimmen [8.54].

BIEDERMANN und WOLFBAUER [8.25] verweisen bei der Entscheidungssituation "Instandhaltung oder Anlagenersatz" auf die Lösungsansätze:

- Beurteilung einer anstehenden Instandhaltung
- Instandhaltungsgrenzwerte bei vergleichbaren Anlagen einbeziehen
- determinierte Ersatzentscheidung.

Die weiteren Teilproduktivitäten ... des Fertigungsmaterials und ... der Energieumwandlung werden aufgrund der geringeren Einflußmöglichkeiten nicht vertieft.

8.2.5 Bestandteile einer Definition des Begriffs "Instandhaltungswissenschaft"

Ausgehend von den zuvor beschriebenen unterschiedlichen Themen zur betrieblichen Funktion INSTANDHALTUNG soll die entwickelte Systematik INSTANDHALTUNGSWISSENSCHAFT den methodischen und instrumentellen Fortschritt im Instandhaltungsbereich und damit das systematische Vordringen in die Breite und Tiefe der jeweiligen Problemstellungen unterstützen (Bild 8.56).

INSTANDHALTUNGSWISSENSCHAFTEN

ALLGEMEIN: Ziele, Konzeptionen, Terminologie, Methodologie, Geschichte ...

TECHNISCHE SYSTEME

THEORIE DER OBJEKTE (BETRACHTUNGSEINHEITEN)

- Gebäude, Gebäudeeinrichtungen, Haustechnik, usw. (Definition, Funktion, Struktur)
- Anlage, Maschine, Baugruppe, Bauteil usw. (Definition, Funktion, Struktur)
- Ersatzteile (Definition, Funktion, Struktur)

Instandhaltungssachwissen

- Mechanik, Elektrik, Elektronik, Hydraulik, Pneumatik, Werkstoffkunde, Tribologie, Regelungstechnik, Energietechnik, Informatik
- Maschinenelemente / Konstruktion
- Umweltschutz / Arbeitssicherheit
- Kosten- und Wirtschaftlichkeitsrechnung
- ......

INSTANDHALTUNGSPROZESSE

THEORIE DER INSTANDHALTUNGSPROZESSE

- Prozeßelemente / -modelle
- Abnutzungsvorrat, Abnutzungsverläufe
- Zuverlässigkeitstheorie, Wahrscheinlichkeitsrechnung, Restnutzungsdauerprognose, Verfügbarkeit
- ....

Instandhaltungsmethoden

- Technische Methoden
  - Inspektion (Diagnose), Wartung, Instandsetzung
- Organisatorische Methoden
  - Planungsmethoden (Reihenfolge, Terminierung, Prognose, usw.)
  - Steuerungsmethoden (Auftragsleitstand, usw.)
  - Durchführungsmethoden
  - Überwachungsmethoden (Statistik, Kennzahlen, usw.)
- Personalbezogene Methoden
  - Aus- und Weiterbildung
  - ...
- Betriebswirtschaftliche Methoden
  - Vor- / Nachkalkulation (Auftrag)
  - Plan-/Istkostenrechnung
  - Wirtschaftlichkeitsrechnung (Eigen-/Fremdleistung, usw.)
  - ...

Bild 8.56 Systematik einer "Instandhaltungswissenschaft" (Teil A)

Bild 8.56 Systematik einer "Instandhaltungswissenschaft" (Teil B)

8.3 Wiederholungsfragen

1. In welche 3 Maßnahmearten gliedert sich der Begriff Instandhaltung? Erläutern Sie diese.

2. Charakterisieren Sie den Begriff Abnutzungsvorrat. In welche Phasen läßt sich der Abnutzungsverlauf differenzieren?
   Wie kann der Abnutzungsverlauf durch Instandhaltung beeinflußt werden?

3. Definieren Sie den Begriff Verfügbarkeit.

4. Unterscheiden Sie den Verfügbarkeitsbegriff vom Nutzungsgrad.

5. Welche Ziele ergeben sich für den Instandhaltungsbereich?

6. Welcher Zielkonflikt ergibt sich für die Instandhaltung?

7. Erläutern Sie die Auswirkungen der Reihen- und Parallelanordnug von Elementen auf die Zuverlässigkeit einer Anlage.

8. Welche Auftragsarten existieren zur Instandhaltungsablauforganisation? Beschreiben Sie diese.

9. Welche Programm- bzw. Hardwareebenen gibt es für Instandhaltungssysteme? Welche Ebene hat Ihrer Meinung nach die meisten Zukunftschancen?

10. Definieren Sie die Instandhaltungskostenrate.

11. Nennen Sie die Ausfallfolgekosten.

12. Welchen Vorteil bieten Kennzahlen in der Instandhaltung?

8.4 Literaturverzeichnis

8.1 DKIN: Empfehlungen Nr. 4, Grundlagen der Inspektion. Hrsg.: DKIN e. V., Düsseldorf: DKIN, 1979.

8.2 Sturm, A.; Förster, R.: Maschinen- und Anlagendiagnostik für die zustandsbezogene Instandhaltung. Berlin: Verl. Technik, 1988.

8.3 Brandt, H.; Dietrich, E.: Lagebericht Diagnose an Werkzeugmaschinen und Fertigungsüberwachung. Werkstatt und Betrieb 115 (1982), Heft 6, S. 353-363.

8.4 Schneider-Fresenius, W.: Technische Fehlerfrühdiagnose-Einrichtungen. München; Wien: Oldenburg, 1985.

8.5 Schwager, J.: Diagnose steuerungsexterner Fehler an Fertigungseinrichtungen. Diss., Universität Stuttgart, 1983.

8.6 DKIN: Empfehlung Nr. 2 Gliederung der Instandhaltungsmaßnahmen, Hrsg.: DKIN e. V., Düsseldorf: DKIN, 1980.

8.7 DKIN: Empfehlungen Nr. 7, Schwachstellenermittlung an bestehenden industriellen Anlagen. Hrsg.: DKIN e. V., Düsseldorf: DKIN, 1982.

8.8 Messerschmitt-Bölkow-Blohm: Technische Zuverlässigkeit, zweite Auflage, Berlin, Heidelberg, New York: Springer, 1977.

8.9 Arnold, D.: Die Verfügbarkeit - Selbstzweck oder Kostenfaktor? In: Verfügbarkeit von Materialfluß-Systemen, VDI-Berichte 833, Düsseldorf, VDI-Verlag 1990.

8.10 Eichler, Ch.: Instandhaltungstechnik, Köln, TÜV Rheinland, 1985.

8.11 Schneider, H.-J.: Erhöhung der Verfügbarkeit von hochautomatisierten Produktionseinrichtungen mit Hilfe der Fertigungstechnik, Diss. Universität Karlsruhe 1988.

8.12 Männel, W.: Ausrichtung der Anlagenwirtschaft auf kundenorientierte Unternehmensstrategien, neue Fabrikstrukturen und moderne Fabrikstrukturen und moderne Produktionsformen. In: Kongreß Anlagenwirtschaft '91, Hrsg.: W. Männel, Lauf a.d. Pegnitz, GAB 1991.

8.13 Biedermann, H.: Anlagenmanagement, Köln, TÜV Rheinland 1990.

8.14 Bussmann, K.F.: Produktionsrisiken, in: Handwörterbuch der Produktionswirtschaft, Hrsg.: W. Kern, Stuttgart, Poeschel 1979.

8.15 Mesarovic, M.; Macko, D.; Takahara, Y.: The Theory of Hierarchical Multi-level Systems, Academic Press, 1970.

8.16 Hübner, H.: Integration und Informationstechnologie im Unternehmen. München: Minerva-Publikation, 1979.

8.17 Uetz, H.; Lewandowski, K.: Allgemeine Kriterien des instandhaltungsgerechten Konstruierens. In: Handbuch Instandhaltung, Band 1. Instandhaltungsmanagement. Hrsg.: Warnecke, H.-J.; Köln: Verl. TÜV Rheinland, 1992.

8.18 Rosemann, H.: Zuverlässigkeit und Verfügbarkeit technischer Anlagen und Geräte. Berlin; Heidelberg; New York: Springer, 1981.

8.19 Deixler, A.: Zuverlässigkeitsplanung. In: Handbuch der Qualitätssicherung. Hrsg.: W. Masing. München; Wien: Hanser, 1988.

8.20 Mexis, N. D.: Informations- und Datenfluß zwischen Anwendern und Herstellern. In: Handbuch Instandhaltung, Band 1. Instandhaltungsmanagement. Hrsg.: Warnecke, H.-J.. Köln: Verl. TÜV Rheinland, 1992.

8.21 Van Laak, H.: Brauchen Unternehmen eine Instandhaltungsorganisation nach Maß? In: Anlagentechnik. Hrsg.: Kottsieper, H.; Krause, H. Verl. TÜV Rheinland, 1988.

8.22 Broichhausen, J.: Schadenskunde. München; Wien: Hanser, 1985.

8.23 Stübig, H.: Moderne Formen der Instandhaltungsorganisation in der Automobilindustrie. In: Kongreß Anlagenwirtschaft '91. Hrsg.: Männel, W.; Lauf a. d. Pegnitz: Verlag der GAB, 1991.

8.24 Schwarz, M.: Betriebsorganisation als Führungsaufgabe, 9. Auflage, München 1983.

8.25 Biedermann, H.; Wolfbauer, J.: Wirtschafltichkeitsfragen der Instandhaltung. In: Handbuch Instandhaltung. Bd. 1. Instandhaltungsmanagement. Hrsg.: Warnecke, H.-J.. Köln: TÜV Rheinland, 1992.

8.26 Heck, K.: Planung und Budgetierung der Instandhaltungskosten In: Handbuch Instandhaltung, Band 1, Instandhaltungsmanagement. Hrsg.: Warnecke, H.-J. Köln: Verl. TÜV Rheinland, 1992.

8.27 VDI 2894: Personalplanung im Instandhaltungsbereich, Düsseldorf; VDI - Verlag, 1987

8.28 Stender , S.: Ablauforganisation für den Instandhaltungsbereich. In: Handbuch Instandhaltung, Band 1. Instandhaltungsmanagement. Hrsg.: Warnecke, H.-J.. Köln: Verl. TÜV Rheinland, 1992.

8.29 Jacobi, H.F.; Luft, H.: Expertensyteme im Instandhaltungsbereich. In: Handbuch Instandhaltung, Band 1. Instandhaltungsmanagement. Hrsg.: Warnecke, H.-J.. Köln: Verl. TÜV Rheinland, 1992.

8.30 Wincheringer, W.: Expertensystem zur Fehlerdiagnose an einer Radialbestückungsmaschine. Interner Bericht, Fraunhofer-Institut für Produktionstechnik und Automatisierung (IPA),Stuttgart, 1992.

8.31 Männel, W.: Typologisierender Marktüberblick über Standardsoftware - Lösungen für die Instandhaltung. In: Kongreß Anlagenwirtschaft '91, Hrsg.: W. Männel, Lauf a.d. Pegnitz, GAB 1991.

8.32 Hug, W.: Optimale Ersatzteilwirtschaft. Köln, TÜV Rheinland, 1986.

8.33 Redeker, G.: Bestimmung des optimalen Lagerbestandes an Instandhaltungsmaterial und Ersatzteilen. Frankfurt a. Main, Darmstadt, RKW, REFA, 1973.

8.34 Hader, K.; Jacobi, H.F.: Blick über den Zaun. Ergebnisse einer Leserumfrage, Teil 1, INSTANDHALTUNG, Januar 1992, S. 12-13.

8.35 Frisch, W.: Erfahrungsbericht "EDV-gestützte Instandhaltung" nach 8jährigem Einsatz. In: Moderne Softwaresysteme und erfolgreiche Praxislösung für die Instandhaltung. Hrsg.: W. Männel, Lauf a. d. Pegnitz, GAB 1990.

8.36 Giesebrecht, U.: DV-Unterstützung für die Instandhaltung der IB-Werke. In: Moderne Softwaresysteme und erfolgreiche Praxislösung für die Instandhaltung. In: W. Männel, Lauf a. d. Pegnitz, GAB 1990.

8.37 Sihn, W.: Kosten-Controlling-Bestandteil eines moderne Instandhaltungssystems. In: Instandhaltungs-Controlling. Hrsg.: D. Kalaitsis, Köln, TÜV-Rheinland, 1990.

8.38 Jacobi, H.F.: Modellierung einer individuellen Konzeption für die EDV-Unterstützung im Instandhaltungsbereich als Grundlage für einen Controlling-Ansatz. In: Anlagen-Controlling-Gestaltungssystem der integrierten Anlagenwirtschaft. Hrsg.: H. Biedermann, Köln, TÜV Rheinland,1992.

8.39 Zencke, P.: Stand und Entwicklungsperspektiven von Hardware-und Software-Technologien. In: Moderne Softwaresysteme und erfolgreiche Praxislösungen für die Instandhaltung. Hrsg.: W. Männel, Lauf a. d. Pegnitz, GAB 1990.

8.40 Krüger, H.G.: VDI-Z 122, 17 (1980), S. 192-196.

8.41 Bisani, F.: Personalwesen, Grundlagen, Organisation, Planung. Wiesbaden: Th. Gabler Verlag, 1980.

8.42 Herzig, W.: Die theoretischen Grundlagen betrieblicher Instandhaltung. Meisenheim am Glahn: Verlag Anton Hain, 1975.

8.43 Ingrisch, H.: Wie muß die Instandhaltung auf die Anforderungen durch die neuen Technologien reagieren? In: Fachtagung "Neue Produktionstechnologien und ihre Auswirkungen auf die Instandhaltungsorganisation". Dortmund: REFA, 1988.

8.44 Kauer, P.: Personal in der Instandhaltung von flexiblen automatisierten Produktionsanlagen. In: Personalentwicklung für neue Technologien in Produktion und Büro. Hrsg.: R. Bühner, St. Gallen, München: gfmt, 1989.

8.45 Däumler, K.-D.,; Grabe, J.: Kostenrechnung. Darstellung, Fragen und Aufgaben, Antworten und Lösungen. Herne/Berlin, Verlag Neue Wirtschafts-Briefe, 1989.

8.46 Heck, K.: Begriff, Wesen, Arten und Systematisierung der Instandhaltungskosten. In:Heck,K: Planung und Budgetierung der Instandhaltungskosten, 1992 [8.26].

8.47 Männel, W.: Anlagenausfallkosten. In: Handbuch Instandhaltung, Band 1. Instandhaltungsmanagement. Hrsg.: Warnecke, H.-J.. Köln: Verl. TÜV Rheinland, 1992.

8.48 Biedermann, H.: Erfassung und Auswertung der Instandhaltungskosten. In: Handbuch Instandhaltung, Band 1. Instandhaltungsmanagement. Hrsg.: Warnecke, H.-J.. Köln: Verl. TÜV Rheinland, 1992.

8.49 Biedermann, H.: Kennzahlengestütztes Controlling. In: Handbuch Instandhaltung, Band 1. Instandhaltungsmanagement. Hrsg.: Warnecke, H.-J.. Köln: Verl. TÜV Rheinland, 1992.

8.50 Radke, M.: Die große betriebswirtschaftliche Formelsammlung. 6. Auflage. Landsberg am Lech: Moderne Industrie, 1982.

8.51 Hahn, D.; Laßmann, G.: Produktionswirtschaft - Controlling industrieller Produktion; Heidelberg; Wien: Physika - Verlag, 1986.

8.52 Männel, W.; Gayer, S.: Entscheidungen über Eigeninstandhaltung und Fremdinstandhaltung in ihrer Bedeutung für die Optimierung der Produktions- und Dienstleistungstiefe. In: Kongreß Anlagenwirtschaft 1990. Hrsg.: W. Männel, Lauf a.d. Pegnitz: Verlag der GAB, 1990.

8.5 Anmerkungen

1) Annahme: Im Fachbereich "Instandhaltung" erfolgt keine Maßnahmedurchführung ohne Auftragserteilung.

2) Allgemein verwendbares Material (Kleinteile, Normteile usw.).

3) Vorverlegt : der technischen Störungen, dem Ausfall vorausgehenden Instandhaltungsmaßnahmen (präventiv, "vorbeugend").

4) Produktregel der Wahrscheinlichkeitsrechnung.

5) Standardisierte Datenbankabfragesprache SQL : Structured Query Language.

6) GE = Geldeinheit

7) Die Verfahren werden bei Kosiol, E.: Kosten- und Leistungsrechnung. Berlin, New York: Springer, 1979, ausführlich beschrieben.

8.6 Formelsammlung

KZ-Nr.	DEFINITION	BILDUNG	DATENQUELLE
1.01	IH-Intensität [%]	$\frac{\Sigma \text{ der IH-Kosten pro Jahr}}{\text{Wiederbeschaffungswert}} \times 100$	Kostenrechnung (KR) Auftragswesen (AW)
1.02	IH-Kostenquote[GE/Menge]	$\frac{\Sigma \text{ der IHK}}{\text{Produktionsmenge}}$ (je Betrachtungszeitraum)	KR, AW PRODUKTIONS-BERICHT (PB)
1.03	Anteil nicht IH-bedingter Kosten [%]	$\frac{\text{nicht IH-bedingte Kosten}}{\text{Gesamtkosten IH}} \times 100$	KR, AW
1.04	Planungsgrad [%]	$\frac{\text{Kosten f. vorb.geplante IH}}{\Sigma \text{ der IHK}} \times 100$	KR, AW
1.05	Fremdleistungsanteil [%]	$\frac{\text{Fremdleistungskosten}}{\Sigma \text{ der IHK}} \times 100$	KR, AW
1.06	Materilakostenanteil [%]	$\frac{\text{Materialkosten}}{\Sigma \text{ der IHK}} \times 100$	KR, AW
1.07	Lohnkostenanteil [%]	$\frac{\text{Lohnkosten}}{\Sigma \text{ der IHK}} \times 100$	KR, AW
1.08	Budgetabweichungsgrad [%]	$\frac{\text{Budget(Ist) - Budget(Soll)}}{\text{Budget(Soll)}} \times 100$	KR
1.09	IHK-Intensität [%]	$\frac{\Sigma \text{ der IHK}}{\Sigma \text{ der Prod. Kosten}} \times 100$ (zeit- und bereichsbezogen)	KR
1.10	IHK-Satz[GE/Std]	$\frac{\Sigma \text{ der IHK}}{\text{verfahrene IH-Stunden}} \times 100$	KR AW
1.11	Umsatzbezogene IH-Quote [%]	$\frac{\Sigma \text{ der IHK}}{\text{Umsatz}}$	KR
1.12	Materialkosten-intensität [%]	$\frac{\text{Materialkosten}}{\text{WBW der Anlage}} \times 100$	KR
1.13	Arbeitsintensität [GE/Std]	$\frac{\text{WBW der betreuten Anlage(n)}}{\text{verfahrene IH-Std}}$	KR AW
2.01	Vorbereitungsgrad [%]	$\frac{\text{geplante Arbeitsstunden}}{\text{Gesamtarbeitsstunden}} \times 100$	AW
2.02	Überstundenanteil [%]	$\frac{\text{Überstunden}}{\text{Gesamtstunden}} \times 100$	AW

KZ-Nr.	DEFINITION	BILDUNG	DATENQUELLE
2.03	Planungserfüllung [%]	$\frac{\text{Planzeit (Ist)}}{\text{Planzeit (Soll)}} \times 100$	AW
2.04	Ausfallzeitgrad [%]	$\frac{\text{Ausfallzeit}}{\text{Betriebszeit}} \times 100$ (anlagenbezogen)	BETRIEBSZEIT-ERFASSUNG (BE)
2.05	MTTR [Std]	$\frac{\Sigma \text{ Ausfallzeiten}}{\text{Ausfallanzahl}}$ (anlagenbezogen)	BE
2.06	MTBF [Std]	$\frac{\Sigma \text{ Betriebszeit}}{\text{Ausfallanzahl}}$ (anlagenbezogen)	BE
2.07	Ausfallzeitanteil [%]	$\frac{\Sigma \text{ Ausfallzeiten}}{\text{verfahrene IH-Std}} \times 100$ (anlagenbezogen)	BE AW
2.08	Anlagenverfügbarkeit [%]	$\frac{\text{MTBF}}{\text{MTBF + MTTR}} \times 100$ (anlagenbezogen)	BE
2.09	IH-Quote [Std/Menge]	$\frac{\text{verfahrene IH-Stunden}}{\text{Erzeugnismenge}}$ (anlagenbezogen)	AW PB
2.10	nicht IH-bedingter Stundenanteil [%]	$\frac{\text{verf.nicht IH-bed.Stunden}}{\text{insgesamtverfügbare Std.}} \times 100$	AW
2.11	Stundenanteil vorbeugende IH [%]	$\frac{\text{verf.Std.vorbeug.IH}}{\text{insges.verfügb.Std}} \times 100$	AW
2.12	Ersatzteilvorrat [%]	$\frac{\text{WBW vorh.Ersatzteile}}{\text{WBW der Anlagen}} \times 100$	KR
2.13	Servicegrad [%]	$\frac{\text{Anzahl Entnahmen ET-Lager}}{\text{Anzahl Bedarfsanforderungen}} \times 100$	AW
2.14	Umschlag Ersatzteillager	$\frac{\text{WBW entnommene ET}}{\text{WBW ET-Bestand}}$	KR AW
2.15	Rückstände	$\frac{\text{Anzahl Aufträge 1 Woche überfällig}}{\text{Anzahl erl. Aufträge (zeitraumbezogen)}}$	AW
2.16	Auftragsumschlag	$\frac{\text{Anzahl erledigte Aufträge}}{\text{Anzahl vorrätige Aufträge}}$	AW
3.01	Arbeitsüberhang[Tage]	$\frac{\text{noch auszuführende Aufträge in Std.}}{\text{vorhandene Hdwkapaziät in Std./Tag}}$	AW
3.02	Zentralisationsgrad [%]	$\frac{\text{verf. IH-Std.v. Zentralwerkstätte}}{\text{insgesamtverfahrene IH-Stunden}} \times 100$	AW
3.03	Dringlichkeitsgrad [%]	$\frac{\text{Anteil der Aufträge Prio 1}}{\text{Gesamtauftragszahl}} \times 100$	AW

KZ-Nr.	DEFINITION	BILDUNG	DATENQUELLE
4.01	Personalanteil [%]	$\frac{\text{IH-Personal}}{\text{Gesamtpersonal}} \times 100$	KR Personalwirtschaft
4.02	Personalstrukturierung [%]	$\frac{\text{Gehaltsempfänger IH}}{\text{Lohnempfänger}} \times 100$	KR Personalwirtschaft
4.03	Anlagenvermögensquote [GE/Mann]	$\frac{\text{WBW betreutes Anlagevermögen}}{\text{IH-Personal}} \times 100$	KR Personalwirtschaft

Index